国家出版基金资助项目

Projects Supported by the National Publishing Fund

钢铁工业协同创新关键共性技术丛书

主编 王国栋

中厚钢板热处理装备技术及应用

Technology and Application of Heat Treatment Equipment for Medium and Heavy Steel Plate

王昭东 李家栋 付天亮 李勇 等著

（彩图资源）

北 京

冶 金 工 业 出 版 社

2021

内 容 提 要

本书以中厚板连续热处理线关键装备及工艺技术为背景,从中厚板热处理工艺、中厚板热处理炉、中厚板连续淬火机、中厚板热处理线辅助设备、中厚板热处理产品五个方面,对热处理工艺、装备、产品的基础理论、关键技术和应用进行介绍。

本书可供金属材料的生产工作者、科研人员阅读,也可供高等院校师生参考。

图书在版编目(CIP)数据

中厚钢板热处理装备技术及应用/ 王昭东等著 . —北京:冶金工业出版社,2021.5

(钢铁工业协同创新关键共性技术丛书)

ISBN 978-7-5024-8985-4

Ⅰ.①中… Ⅱ.①王… Ⅲ.①厚钢板—热处理设备 Ⅳ.①TG162.8

中国版本图书馆 CIP 数据核字(2021)第 235791 号

中厚钢板热处理装备技术及应用

出版发行	冶金工业出版社	电　话	(010)64027926
地　址	北京市东城区嵩祝院北巷 39 号	邮　编	100009
网　址	www.mip1953.com	电子信箱	service@ mip1953.com

责任编辑　卢　敏　美术编辑　彭子赫　版式设计　郑小利
责任校对　李　娜　责任印制　李玉山
北京捷迅佳彩印刷有限公司印刷
2021 年 5 月第 1 版,2021 年 5 月第 1 次印刷
710mm×1000mm　1/16;17.25 印张;335 千字;260 页
定价 86.00 元

投稿电话　(010)64027932　投稿信箱　tougao@cnmip.com.cn
营销中心电话　(010)64044283
冶金工业出版社天猫旗舰店　yjgycbs.tmall.com
(本书如有印装质量问题,本社营销中心负责退换)

《钢铁工业协同创新关键共性技术丛书》
总　序

　　钢铁工业作为重要的原材料工业，担任着"供给侧"的重要任务。钢铁工业努力以最低的资源、能源消耗，以最低的环境、生态负荷，以最高的效率和劳动生产率向社会提供足够数量且质量优良的高性能钢铁产品，满足社会发展、国家安全、人民生活的需求。

　　改革开放初期，我国钢铁工业处于跟跑阶段，主要依赖于从国外引进产线和技术。经过40多年的改革、创新与发展，我国已经具有10多亿吨的产钢能力，产量超过世界钢产量的一半，钢铁工业发展迅速。我国钢铁工业技术水平不断提高，在激烈的国际竞争中，目前处于"跟跑、并跑、领跑"三跑并行的局面。但是，我国钢铁工业技术发展当前仍然面临以下四大问题。一是钢铁生产资源、能源消耗巨大，污染物排放严重，环境不堪重负，迫切需要实现工艺绿色化。二是生产装备的稳定性、均匀性、一致性差，生产效率低。实现装备智能化，达到信息深度感知、协调精准控制、智能优化决策、自主学习提升，是钢铁行业迫在眉睫的任务。三是产品质量不够高，产品结构失衡，高性能产品、自主创新产品供给能力不足，产品优质化需求强烈。四是我国钢铁行业供给侧发展质量不够高，服务不到位。必须以提高发展质量和效益为中心，以支撑供给侧结构性改革为主线，把提高供给体系质量作为主攻方向，建设服务型钢铁行业，实现供给服务化。

　　我国钢铁工业在经历了快速发展后，近年来，进入了调整结构、转型发展的阶段。钢铁企业必须转变发展方式、优化经济结构、转换增长动力，坚持质量第一、效益优先，以供给侧结构性改革为主线，推动经济发展质量变革、效率变革、动力变革，提高全要素生产率，使中国钢铁工业成为"工艺绿色化、装备智能化、产品高质化、供给服务化"的全球领跑者，将中国钢铁建设成世界领先的钢铁工业集群。

2014 年 10 月，以东北大学和北京科技大学两所冶金特色高校为核心，联合企业、研究院所、其他高等院校共同组建的钢铁共性技术协同创新中心通过教育部、财政部认定，正式开始运行。

自 2014 年 10 月通过国家认定至 2018 年年底，钢铁共性技术协同创新中心运行 4 年。工艺与装备研发平台围绕钢铁行业关键共性工艺与装备技术，根据平台顶层设计总体发展思路，以及各研究方向拟定的任务和指标，通过产学研深度融合和协同创新，在采矿与选矿、冶炼、热轧、短流程、冷轧、信息化智能化等六个研究方向上，开发出了新一代钢包底喷粉精炼工艺与装备技术、高品质连铸坯生产工艺与装备技术、炼铸轧一体化组织性能控制、极限规格热轧板带钢产品热处理工艺与装备、薄板坯无头/半无头轧制+无酸洗涂镀工艺技术、薄带连铸制备高性能硅钢的成套工艺技术与装备、高精度板形平直度与边部减薄控制技术与装备、先进退火和涂镀技术与装备、复杂难选铁矿预富集-悬浮焙烧-磁选（PSRM）新技术、超级铁精矿与洁净钢基料短流程绿色制备、长型材智能制造、扁平材智能制造等钢铁行业急需的关键共性技术。这些关键共性技术中的绝大部分属于我国科技工作者的原创技术，有落实的企业和产线，并已经在我国的钢铁企业得到了成功的推广和应用，促进了我国钢铁行业的绿色转型发展，多数技术整体达到了国际领先水平，为我国钢铁行业从"跟跑"到"领跑"的角色转换，实现"工艺绿色化、装备智能化、产品高质化、供给服务化"的奋斗目标，做出了重要贡献。

习近平总书记在 2014 年两院院士大会上的讲话中指出，"要加强统筹协调，大力开展协同创新，集中力量办大事，形成推进自主创新的强大合力"。回顾 2 年多的凝炼、申报和 4 年多艰苦奋战的研究、开发历程，我们正是在这一思想的指导下开展的工作。钢铁企业领导、工人对我国原创技术的期盼，冲击着我们的心灵，激励我们把协同创新的成果整理出来，推广出去，让它们成为广大钢铁企业技术人员手中攻坚克难、夺取新胜利的锐利武器。于是，我们萌生了撰写一部系列丛书的愿望。这套系列丛书将基于钢铁共性技术协同创新中心系列创新成果，以全流程、绿色化工艺、装备与工程化、产业化为主线，结合钢铁工业生产线上实际运行的工程项目和生产的优质钢材实例，系统汇集产学研协同创新基础与应用基础研究进展和关键共性技术、前沿引领技术、现代工程技术创新，为企业技术改造、转型升级、高质量发展、规划未来发展蓝图提供参考。这一想法得到了企业广大同仁的积极响应，全力支持及密切配合。冶金工业出版社的领导和编辑同志特地来到学校，热心指导，提出建议，商量出版等具体事宜。

国家的需求和钢铁工业的期望牵动我们的心，鼓舞我们努力前行；行业同仁、出版社领导和编辑的支持与指导给了我们强大的信心。协同创新中心的各位首席和学术骨干及我们在企业和科研单位里的亲密战友立即行动起来，挥毫泼墨，大展宏图。我们相信，通过产学研各方和出版社同志的共同努力，我们会向钢铁界的同仁们、正在成长的学生们奉献出一套有表、有里、有分量、有影响的系列丛书，作为我们向广大企业同仁鼎力支持的回报。同时，在新中国成立70周年之际，向我们伟大祖国70岁生日献上用辛勤、汗水、创新、赤子之心铸就的一份礼物。

中国工程院院士

2019 年 7 月

前　言

　　从 20 世纪 80 年代开始，我国中厚板生产装备及生产工艺得到了迅速发展，中厚板产品产量得到大幅度提高。但是数量众多的中厚板轧制生产线，加上技术水平层次不一的产品研发能力，导致普通中厚板产能，尤其是低档次的普通中厚板产能趋向饱和，甚至过剩。随着我国"十二五""十三五"规划和产业转型升级换代等战略规划的实施，高端的装备制造业得到了极大的发展，其中所用钢板材料向提高工程机械的能力和效率，延长使用寿命，减轻设备自重，降低能耗和原材料消耗的方向发展，因而对中厚板材料提出了更高的要求，这给我国中厚板行业发展提供重要战略机遇。

　　目前在中厚板的生产中，控制轧制和控制冷却技术（TMCP）已得到普遍应用，并在管线钢、高强度结构钢、海洋平台用钢、造船板等生产中发挥了积极作用，大大提高了钢板的综合性能，节约了宝贵的合金资源。但是，TMCP 处理的钢板性能离散度较大，而且一些钢种要求很苛刻的临界轧制。因此，对于性能均匀性和强度等级要求较高的低温压力容器钢板、桥梁钢板、工程机械用钢板、耐磨钢板、高层建筑钢板等仍需通过轧后离线热处理手段来改善组织，利用强韧化机制提高整体力学性能和加工性能，实现成分减量化。

　　轧后离线热处理是生产高性能和高附加值钢板的重要技术手段，是研发高端产品不可或缺的工艺技术。现代化的高质量、高控制水平中厚板离线热处理生产装备对于钢铁企业提高产品档次、保证产品性能均匀稳定、提高市场竞争力是不可缺少的。国外厂家，特别是日本、德国都早已配备完善的离线热处理设施，如 JFE、迪林根等。国内中厚板钢铁企业对离线热处理设备的关注较晚，但近十年发展迅速，热处理装备从国外引进走上了国产自主的道路，自主研制的热处理炉和淬火机等核心装备已经可以取代进口，部分指标甚至已经超越国外装备。

　　热处理炉是工业炉中要求比较高的一类炉子，其装备水平直接影响钢板的质量。传统的室式热处理炉炉型在正火处理中发挥了重要作用，但它无法快速出炉进行淬火处理，难以配置连续淬火机设备，限制了热处理生产厂产能最大化，难以满足高品质热处理钢板研发的需求。因此，连续式的辊底式热处理炉得到了迅速发展和应用。随着工程机械用高强钢、核电用不锈钢等的热处理产品对同/异板产品稳定性要求的提高，新建热处理炉的温度控制性能指标也在提升，热处理炉温度控制精度和均匀性从早期的±10℃提升至±5℃，甚至有些特殊产品炉型要求±3℃，使用燃气的加热系统普遍开始采用脉冲燃烧方式的高速烧嘴及控制方法。同时随着产品新工艺的出现，近年也出现了一些新工艺需求的热处理炉，如耐磨钢等某些特种钢板要求回火炉实现超低温回火，温度150~200℃左右，并且具备高均匀性要求，保证整板性能一致性。

　　淬火机是钢铁行业中厚板现代化大型离线热处理线的核心装备。相比其他板材淬火设备，辊式淬火机具有冷却强度大、淬火钢板表面硬度均匀、能以极高的冷速将钢板冷却至室温、钢板长度不受机架限制等优点，是高端中厚板热处理线的首选淬火设备。中厚板辊式淬火机及其核心淬火工艺技术曾被德国 LOI 公司、美国 DREVER 公司、日本 IHI 公司等少数国外公司长期垄断，但近十年来，我国的淬火机装备技术发展迅速，国产自主研制的淬火机装备打破了国外垄断，甚至装备水平已经逐渐超越进口装备。例如，进口设备不具备高品质薄规格板材的生产能力，而薄规格中厚板辊式淬火机（淬火厚度范围为 4~10mm）及其核心生产工艺技术更是被瑞典 SSAB 独家垄断，该公司只高价出售成品板，对其核心的薄板淬火工艺技术严格保密，致使国内急需的薄规格淬火成品板生产技术"一价难求"，产品完全依赖进口，极大地阻碍了热处理行业的整体发展。我国自主研制的薄板辊式淬火机装备打破了国外的技术垄断，目前已经实现了国产化。

　　本书以中厚板连续热处理线关键装备及工艺技术为背景，从中厚板热处理工艺、中厚板热处理炉、中厚板连续淬火机、中厚板热处理线辅助设备、中厚板热处理产品五个方面，对热处理工艺、装备、产品的基础理论、技术进展和应用情况进行介绍，希望对从事中厚钢板热处理行业和技术研究的人员有所帮助。

　　本书由王昭东、李家栋、付天亮、李勇、邓想涛、叶其斌、李海军、胡文超撰写。本书在撰写过程中参考和引用了一些单位和著作权人的文献资料，已在参考文献中尽力列出，在此谨致谢意。

　　由于我们水平有限，书中不足和疏漏之处恳请读者不吝批评指正。

作　者

2021 年 2 月

目　　录

1 中厚板热处理工艺概述

1.1 中厚板的定义、生产工艺及品种

中厚板是我国现代化建设和制造业不可或缺的重要原材料，被广泛应用于造船、压力容器、桥梁、输油/气管线、海洋平台、建筑构件、机械装备和军工等领域制造，是国民经济重要的组成部分。

中厚钢板通常是指厚度规格在 4~60mm 范围的钢板，行业中习惯称为中厚板，其中厚度在 4~20mm 的钢板通常称为中板，厚度在 20~60mm 的钢板称为厚板，厚度在 60mm 以上的钢板称为特厚板[1]。也有部分习惯把中板、厚板和特厚板统称为中厚板。国际上多数国家把厚度在 3mm 以上的钢板称为中厚板[2]。我国在《钢铁产品分类》（GB/T 15574—2016）中，将公称厚度小于 3mm 钢板称为薄板，公称厚度不小于 3mm 称为厚板。

中厚板的生产过程主要包括冶炼、连铸/模铸、热轧和轧后冷却等工序，根据性能要求或用途的需要，热轧后的钢板部分还会进行热处理改善性能。

中厚板按照用途，可以分为碳素结构钢、低合金高强度结构钢、船舶及海洋工程用钢、锅炉和压力容器用钢、水电用钢、风电用钢、管线钢、建筑用钢、桥梁用钢、工程机械用钢、核电用钢、工模具用钢以及一些特殊用途钢等。按照强度等级，中厚板可以分为普通强度级别钢板、低合金高强钢板和超高强度钢板等。通常情况下，屈服强度在 355MPa 以下的钢板称为普通强度级别钢板，屈服强度在 355~1000MPa 之间的钢板称为高强度级别钢板，屈服强度大于 1000MPa 的钢板通常被称为超高强度级别钢板，也有部分观点认为屈服强度大于 1300MPa、抗拉强度大于 1500MPa 的钢称为超高强度钢。按照组织类型中厚板可以分为珠光体-铁素体钢、贝氏体钢、马氏体钢和双相钢或复相钢等。

1.2 中厚板热处理工艺原理

钢板的热处理是将板材放在一定介质中加热、保温和冷却的工艺过程，通过改变板材表层的化学成分、表面或内部显微组织的结构，以此来改变其性能。根据中厚板热处理的加热、冷却方法及获得的组织和性能的不同，其热处理可分为淬火、正火、回火、退火等处理方式。对于不锈钢板，还包括固溶处理等方式。

淬火：是将钢加热至临界点 A_{c3} 或 A_{c1} 以上一定温度，保温后以大于临界冷却

速度冷却得到马氏体（或下贝氏体）的热处理工艺。其目的主要为：使奥氏体化后的工件获得尽量多的马氏体组织，然后再配以不同温度回火获得各种需要的性能。淬火是将钢板加热至 A_{c3} 及 A_{c1} 以上，随后急冷。目的是取得一定的物理、力学性能。如不锈钢进行固溶处理，加热至 1050~1150℃ 水冷淬火，获得均一的奥氏体组织，保证有高的抗蚀性能。

正火：将钢板加热至 A_{c3} 或 A_{ccm} 以上适当温度，保温一定时间以后空冷，其目的主要为：改善低碳钢的切削加工性能，消除碳钢的热加工缺陷，如中碳结构钢铸、锻、轧、焊接件热加工后出现魏氏组织、粗大晶粒、带状组织等，通过正火工艺可以减轻或消除；消除过共析钢的网状碳化物，便于球化退火；获得所需钢板的力学性能。

正火也叫常化或正常化，其目的在于使上一道工序中产生的非正常组织（如铁素体晶粒粗大、魏氏组织、带状组织、非铁素体+珠光体组织产物等亚共析钢组织缺陷）通过重结晶、均匀化组织予以改善（对低碳钢为细小等轴铁素体+均匀分布的块状珠光体组织），从而改善其力学性能和工艺性能。正火可以作为预备热处理，也可以作为最终热处理。对机加工零件的结构钢来说，正火多半作为预备热处理，为随后的切削加工和最终热处理做组织准备；对低碳低合金钢板来说，正火都是作为最终热处理，使钢板具有所要求的组织，从而使其具有所要求的力学性能和工艺性能。钢板正火处理后晶粒细、碳化物分布均匀，力学性能良好。正火工艺可使目前普遍应用了铌、钒、钛等强碳、氮化物形成元素的低（微）合金高强度钢板的延伸、低温冲击韧性和冷弯性能大幅改善[3-5]。

退火：是将钢板加热至临界点 A_{c1} 以上或以下温度，保温以后随炉缓慢冷却以获得近于平衡状态组织的热处理工艺，其目的是均匀钢的化学成分及组织，细化晶粒，调整硬度，消除内应力和加工硬化，改善钢的成形及切削加工性能，并为淬火作好组织准备。

回火：是将淬火后的钢板加热到低于临界点 A_1 以下的某一温度保温一定时间，使淬火组织转变为稳定的回火组织，然后以适当方式冷却到室温。

一般以高温回火为主，将钢板加热至 600℃ ~ A_{c1} 后缓慢冷却。目的是消除内应力、降低硬度、防止"白点"形成，主要用于铬、镍等合金钢。

1.3　中厚板热处理工艺流程概述

热处理工艺可分为 3 个阶段，5 个要素。3 个阶段分别为加热、保温和冷却，5 个要素分别是加热介质、加热速度、保温温度、保温时间、冷却速度和冷却温度。

（1）加热介质。在高温下加热介质可能与钢板表面发生化学反应而改变表层成分。在氧化性介质（如空气）中进行加热使钢板表面发生氧化，对钢铁材料还会发生脱碳使表层含碳量降低。在特定的介质中加热，可以使钢板表面渗入特定的合金元素，如渗碳或渗氮。常规中厚板热处理，应保持表面的光洁，表面尽可能地少氧化与脱碳，因此加热过程要严格控制炉内加热介质。

（2）加热速度。加热速度影响加热时的热应力、组织应力和相变过程。例如对钢板进行快速加热得到奥氏体晶粒比慢速加热时得到奥氏体晶粒更细小。但加热速度越大，钢板表面温度和心部温度差越大，导致出现大的热应力和组织应力。因此加热优化控制过程中要保证钢板加热速度合理。

（3）保温温度和保温时间。通过保温使材料趋近于热力学平衡状态，使成分均匀、晶粒长大、应力消除、位错密度降低。通过保温可以使钢板内外温度均匀，相变充分进行。由于钢板成分和热处理目的的不同，保温温度和保温时间也相差很多。所以加热控制过程中，保温温度和保温时间要根据合金成分和热处理目的而定。

（4）冷却速度和冷却温度。冷却是热处理生产中最重要的一个环节。钢板冷却过程中的冷却速度，与冷却设备及淬火介质的冷却特性直接相关。通过合理控制冷却速度到达适合的冷却温度，可以得到希望的组织和性能。碳素钢钢板以大于临界淬火冷却速度进行快速冷却得到马氏体（或下贝氏体）组织；奥氏体不锈钢以较大冷却速度快速冷却获得均匀的奥氏体组织。在快速冷却条件下，钢板内外温差增大，热应力和组织应力也增大，容易导致钢板变形和开裂，因此要严格控制钢板快速冷却过程中冷却速度、冷却温度、冷却均匀性，以防止产生这样的缺陷。

1.3.1 碳钢等中厚板热处理工艺流程

中厚板碳钢的热处理工艺主要为正火、淬火、退火、回火、调质处理等，不同的热处理工艺有不同的工艺流程。碳钢中厚板的热处理可以分为在线热处理和离线热处理，在线热处理采用超快冷装置，可以实现直接淬火、超快冷或层流冷却功能，一般与轧制工艺结合，即新一代 TMCP 工艺；离线热处理是指在钢板冷却后再进行加热并采用合适的冷却方式的热处理，即通常所说的正火、淬火、退火、回火、调质处理等。工艺流程如图 1-1 所示。

现代化钢铁企业的热处理车间一般配置三种热处理线：正火热处理线、淬火热处理线和回火热处理线。由于辊底炉的产量和机械化、自动化程度相对较高，相对于其他炉型，具有可实现高速出炉的特性，缩短了钢板淬火转移时间，炉后可配备先进的辊式淬火机设备，目前在国内外中厚板厂得到了广泛应用，三种热处理线的布置如图 1-2 所示。

基本工艺流程如下：

（1）抛丸。碳钢等中厚板在热处理前一般需要抛丸处理，以清理钢板上、下表面氧化铁皮等附着物。

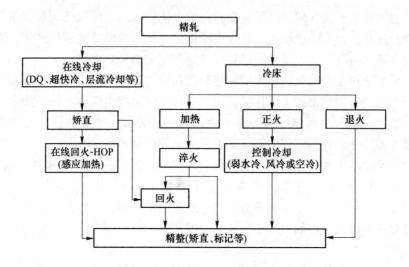

图 1-1　中厚板碳钢在线及离线热处理工艺流程

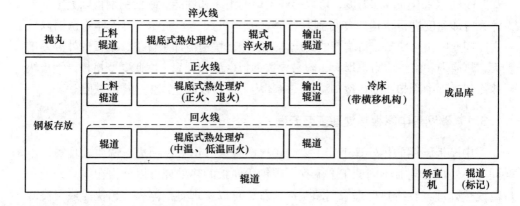

图 1-2　中厚板碳钢三种热处理线的典型布置

（2）上料。钢板进入淬火炉、正火炉之前在上料辊道上进行对中、测宽、测长，根据需要还可以进行测厚、称重，在入炉前还可设置刷辊、吹扫装置，进一步清理中厚板上下表面的灰尘、铁屑等附着物。

用吊车（磁力吊等）将待处理的中厚板吊上上料辊道，通过操作者输入或者工厂的三级自动化系统从 HMI 来料界面选择中厚板 ID，获得板材的 PDI 数据。信息确认后点击开始生产按钮。

首先，板材将被对中装置自动对中和测宽。提升装置将板材抬离辊面，液压或电机驱动的挡板从两侧夹紧、对中钢板，压力大于一定值时，保存对中编码器的值为板材宽度，两侧挡板退回，板材重新下落到辊道上。

　　板材完成对中测宽后，等待下一段辊道空出足够空间，将自动移动至下一段辊道，同时测长装置完成测长。测量出的宽度和长度数据将与板材 PDI 数据进行校核，差异在一定范围内时，以实测数据为准进行控制，差异较大时，操作者必须人工确认或下线板材。

　　板材移动到炉门前的辊道，如果已经有一块钢板在那里，后来的停在离前块板材尾部约 1m 处。

　　（3）装炉和炉内运动。在炉内板材位置微跟踪系统检测到炉内有空间可装入炉门前辊道上的板材时，进料炉门打开，板材以最大入炉速度（通常 20m／min）装炉，进炉后炉门自动关闭。

　　板材在炉内辊的运动方式及炉内运动速度、在炉时间、炉温设定值等由一级和二级自动控制系统依据板材厚度、宽度、材质、工艺温度和保温时间等自动确定。

　　板材在炉内可以有三种运动方式：连续前进、步进前进和摆动模式，无论板材在炉内的运动方式如何，一级自动控制系统都通过对炉底辊运动速度的监控进行在炉内位置的高精度的微跟踪，同时在炉长方向上设置一定数量的激光检测器，用于对板材的微跟踪位置进行修正。

　　（4）出炉通过淬火机。炉内板材在炉温度达到工艺温度、保温时间达到工艺要求时，板材移送到待出炉位置。这时，如果淬火机有足够空间，淬火机控制系统根据是否需要淬火进行自动操作。

　　如果板材需要淬火或 NAC 处理，冷却水打开，同时上喷嘴和上辊系根据板厚停在预先设定的位置。如果板材不需要淬火或 NAC 处理，即正火、退火或者回火处理时，上喷嘴和上辊系停在最高位置，板材以最快速度通过。

　　一切就绪后，出炉炉门打开，板材按淬火工艺控制系统的要求速度离开炉子进入淬火机组，这些操作由基础自动化系统（L1）根据过程控制系统（L2）的指令完成。

　　淬火机后设一套吹干装置，吹干板材上表面残水。

　　（5）板材输出。板材出淬火机时，淬火机后输出辊道执行淬火机的速度制度。

　　正火炉、回火炉生产线辊底炉后没有淬火机，板材达到保温温度及时间后，炉后辊道有空间时，炉门自动打开，板材可以高速出炉。

　　板材完全进入输出辊道后，控制系统判断后续辊道或冷床是否有空间，若有空间，在生产线板材顺序控制系统的控制下，自动移动到后续装置。

1.3.2　不锈钢等特殊钢中厚板热处理工艺流程

　　不锈钢等特殊钢中厚板与碳钢等中厚板热处理线基本工艺流程相同，不同之处为：

（1）上料装置一般采用吸盘吊，而不是磁力吊；

（2）热处理的中厚板在入炉前一般不需要抛丸处理，但在酸洗前需要抛丸；

（3）热处理炉的炉温最高达 1200℃，碳钢等中厚板热处理炉炉温一般在 1000℃以内；

（4）固溶淬火后需要进行酸洗处理，故其热处理线与酸洗线一般是连接的。图 1-3 是某不锈钢厂中厚板热处理及酸洗线的布置图。

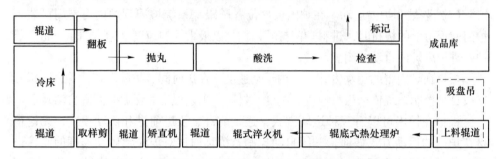

图 1-3　某不锈钢厂中厚板热处理及酸洗线布置示意图

1.4　中厚板热处理装备技术发展趋势

中厚板的热处理技术发展分为在线热处理和离线热处理。本书重点介绍的是离线热处理装备技术发展。

1.4.1　中厚板在线热处理装备技术进展

1.4.1.1　在线热处理直接淬火工艺原理及进展

直接淬火工艺（direct quenching）是在热轧终了钢材组织处于完全奥氏体状态时，经过快速冷却发生马氏体相变，即奥氏体全部转变为马氏体的工艺过程[6,7]。对同样厚度、材质的钢板，直接淬火的冷却速度要大于控制冷却的冷却速度。与常规淬火相比，直接淬火的优点在于对同一合金成分的钢板具有更高的淬透性，并且对铌和钛等合金元素的使用要求更加灵活。利用这些合金元素可以在钢中形成稳定的氮化物和碳化物，在板坯高温加热时，它们在奥氏体相中产生固溶，从而提高淬透性和充分发挥析出强化功能。直接淬火后的钢板必须进行回火处理，目前在国外的同类生产线上已设有在线回火炉等设备，实现了钢板淬火+回火处理连续化生产。

直接淬火工艺对冷却设备的苛刻要求，使其在很长一段时间内只是处于实验室研究阶段。20 世纪 80 年代后，板材在线加速冷却系统在日本问世，部分系统已达到直接淬火时的冷却速度，使得直接淬火技术进入了真正意义的工业化。工业实践表明，通过优化化学成分和合理地控制淬火前的热轧条件，直接淬火工艺比再加热淬火工艺具有更加优良的强韧匹配。至此，直接淬火+回火技术陆续在工业发达国家的中厚板企业得到推广应用。以日本 JFE 钢铁公司为例，JFE 钢铁公司近年来开发成功了新型快速冷却技术——Super-OLAC[8-10]。在 600~1000℃范围内，其冷却强度为常规加速冷却技术的 2 倍以上，成为引领日本厚板发展潮流的新技术之一，并得到迅速推广应用。从 1998 年开始先后更新其下属的 3 家中厚板企业的在线快速冷却系统，如图 1-4 所示。2004 年在其福山厚板厂超快速冷却装置的后部安装了世界首条感应加热在线热处理线（heat treatment online process，HOP），并成功开发了一系列具有优异性能的高品质中厚板产品。

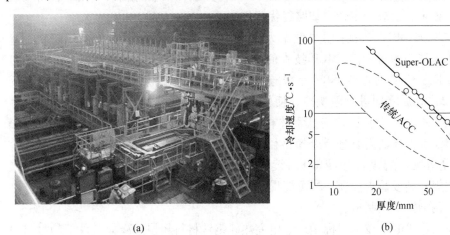

(a)　　　　　　　　　　(b)

图 1-4　JFE 公司 Super-OLAC 设备及与传统层冷设备冷却速度比较

（a）JFE 公司 Super-OLAC 设备；（b）Super-OLAC 与层冷设备冷却速度比较

　　根据世界各中厚板厂家统计，需要控轧控冷和热处理的钢板量占年总产量的 32%，其中控制冷却的钢板占 8%~12%[11]。这些控冷的钢板均为强度≤600MPa 级的管线钢、船板、低合金钢和结构钢等，强度大于 600MPa 级钢板应采用淬火工艺保证其强度要求。所以每个中厚板厂除了设有控轧、控冷或直接淬火工艺外，还安装了离线热处理设备。

1.4.1.2　基于超快速冷却的中厚板新一代 TMCP 技术

　　传统 TMCP 工艺过程实现的两个要素"低温大压下"和"微合金化"，一方面导致轧制生产工艺过程受到设备能力等的限制，轧制生产过程操作方面的问题不容回避；另一方面导致钢铁材料产品生产过程中大量的资源和能源消耗。为了克服传统 TMCP 工艺过程的缺点，即采用节约型的成分设计和减量化的生产工艺方法，获得高性能、高附加值、可循环的钢铁产品。2007 年，东北大学轧制技术及连轧自动化国家重点实验室（RAL）王国栋院士带领的科研团队将超快速冷却技术应用于热轧钢铁材料轧制技术领域，与控制轧制相结合，提出了以超快速冷却技术为核心的新一代 TMCP 技术[12,13]。

随后在 RAL 开展的系列实验室研究结果表明，超快速冷却使热轧钢板的性能指标与以往相比有了质的飞跃，而材料成本和生产过程中的各类消耗则大幅度降低。这种技术在生产中的初步应用使人们认识到，使用水的冷却过程不仅仅可以丰富轧后冷却路径控制手段，而且会衍生出很多新的钢材强韧化机理。目前，轧后超快速冷却技术已经成为热轧板带材生产线改造的重要方向。与常规冷却方式相比，超快速冷却技术不仅可以提高冷却速度，且与常规 ACC 相配合可实现与性能要求相适应的多种冷却路径优化控制。

与传统 TMCP 技术采用"低温大压下"和"微合金化"不同，以超快速冷却技术为核心的新一代 TMCP 技术的中心思想是：（1）在奥氏体区间，趁热打铁，在适于变形的温度区间完成连续大变形和应变积累，得到硬化的奥氏体；（2）轧后立即进行超快冷，使轧件迅速通过奥氏体相区，保持轧件奥氏体硬化状态；（3）在奥氏体向铁素体相变的动态相变点终止冷却；（4）后续依照材料组织和性能的需要进行冷却路径的控制。即，通过采用适当控轧+超快速冷却+接近相变点温度停止冷却+后续冷却路径控制，通过降低合金元素使用量、采用常规轧制或适当控轧，尽可能提高终轧温度，来实现资源节约型、节能减排型的绿色钢铁产品制造。

新一代 TMCP 技术目标是通过研究热轧钢铁材料超快速冷却条件下的材料强化机制、工艺技术以及产品全生命周期评价技术，采用以超快冷为核心的可控无级调节钢材冷却技术，综合利用固溶、细晶、析出、相变等钢铁材料综合强化手段，实现在保持或提高材料塑韧性和使用性能的前提下，80% 以上的热轧板带钢（含热带、中厚板、棒线材、H 型钢、钢管等）产品强度指标提高 100 ~ 200MPa 以上；或节省钢材主要合金元素用量 30% 以上，实现钢铁材料性能的全面提升，大幅度提高冲击韧性，节约钢材使用量 5% ~ 10%；提高生产效率 35% 以上；节能贡献率 10% ~ 15% 左右。

2011 年，新一代 TMCP 技术相继被列为工业和信息化部《产业关键共性技术发展指南（2011 年）》中钢铁产业五项关键共性技术之一，《钢铁工业"十二五"发展规划》重点领域和任务以及新工艺、新装备、新技术创新和工艺技术改造的重点内容，国家发展和改革委员会《产业结构调整指导目录（2011年本）》中钢铁部分的鼓励类政策之一，新一代 TMCP 技术获得国家政府部门的高度重视，凸显了其在钢铁行业发展中的重要作用。

1.4.2 中厚板离线热处理装备技术发展

相比在线热处理技术具有成本低、生产效率高的特点，离线热处理技术具有整批产品性能稳定等优点，对于性能均匀性和强度等级要求较高的品种钢来说，离线热处理仍然是不可替代的。离线热处理工艺流程涉及加热和冷却，加热装备采用热处理炉，冷却装备采用淬火机。

1.4.2.1 中厚板热处理加热装备技术

A 中厚板热处理炉技术发展

热处理是中厚钢板生产的重要工序，与其他工序的加热工艺相比，对其加热温度控制的准确性和加热的均匀性要求更高，工艺更加复杂[1-3]。热处理加热炉，称为热处理炉，是工业炉中要求比较高的一类炉子，其装备技术选择和水平直接影响钢板的质量和生产成本。

随着工程机械用高强钢、核电用不锈钢等热处理产品对同/异板产品稳定性要求的提高，新建热处理炉的温度控制指标也在提升，热处理炉温度控制精度和均匀性从早期的±10℃提升至±5℃，甚至有些特殊产品要求±3℃，使用燃气的加热系统普遍开始采用脉冲燃烧方式的高速烧嘴及控制方法[4,5]。同时随着新工艺的出现，近年也出现了一些有新工艺需求的热处理炉，如耐磨钢等某些特种钢板回火温度要求回火炉实现超低温回火，温度200℃左右，并且具备高均匀性要求，保证整板性能一致性，因此，也出现了以东北大学研发的烟气循环式回火炉为代表的新型高均匀性中低温回火炉[14]。

随着我国高端制造水平的发展和产品研发水平的提升，越来越多的国产高性能钢板可以代替进口钢板用于高端装备的制造，这类产品对钢板表面质量要求较高，因此新建设的热处理炉对如何保证产品表面质量也越来越重视，传统辊底式不锈钢高温固溶炉采用耐热合金炉底辊，容易发生结瘤，划伤钢板表面，纤维炉底辊可以有效防止该问题的发生，辊底式不锈钢热处理炉已经普遍采用了纤维炉底辊技术[15]。

毫无疑问，智能化也是热处理炉设计、生产自动化的发展方向。热处理炉全自动化生产和操作是智能化的重要基础，我国的热处理炉装备整体自动化水平较为先进，已经开始向智能化方向发展。热处理炉智能化方面，专家系统技术可以用于工程设计、工艺过程设计、生产调度、故障诊断等；也可以将人工智能算法等先进的计算机智能方法应用于工艺规程、炉温制度、生产调度等，实现热处理过程智能化。融合热处理环节开发产品全流程质量在线监控、诊断与优化技术是未来趋势。同时，热处理炉仪表、设备数量庞大，维护任务和安全级别较高，发展智能运维管理技术可以大幅降低人员的工作强度、解决运维效率差、不及时、不专业，进而影响工艺执行精度、机械及控制系统安全和产品质量的问题。

随着环保要求的提高，热处理炉的排放物控制也越来越严格。2018 年生态环境部发布《钢铁工业大气污染物超低排放标准（征求意见稿）》提出 8% 基准氧含量时，轧钢热处理炉的氮氧化物（以 NO_2）超低排放标准分别为 $150mg/m^3$、二氧化硫超低排放标准 $50mg/m^3$，2019 年河北省率先颁布了该标准的地方版本，当前很多新建热处理炉也开始采用该超低排放标准。并且随着环保要求的严格，各地《炼焦化学工业大气污染物超低排放标准》的颁布，越来越多的焦炉被关停，很多钢企缺少高热值的焦炉煤气，只有 $2928.8 \sim 3556.4kJ/Nm^3$ 的高炉煤气。因此，开发超低排放的燃烧控制技术以及处理技术必然是热处理炉发展的重要方向，对于缺少高热值煤气的企业，如果能开发一种超低排放型低热值煤气炉型也可以缓解钢铁企业的环保压力和缺少焦炉煤气的问题。2018 年，东北大学轧制技术及连轧自动化国家重点实验室承担河北普阳钢铁中板厂热处理线项目，成功突破了面向低热值高炉煤气的超低排放加热技术，研制出了超低排放型低热值煤气辐射管烧嘴装置及热处理炉成套设备，这为钢铁企业因国家环保升级缺焦、氮氧化物排放超标问题提供了一条有效的解决途径[16]。

　　B　中厚板热处理炉型发展

　　由于热处理工艺种类和热处理钢板规格尺寸的多样性，热处理炉炉型和构造各式各样，热处理炉分类方法也很多，不同分类方法代表它不同的特征，截至目前中厚钢板热处理炉炉型主要有如下几种类型[17-19]：

　　(1) 按照机械化方式分：辊底式炉、步进式炉、台车式炉、外部机械化室式炉、链式炉、转底式炉、振底式炉、罩式炉等。

　　(2) 按照最高温度分：热处理炉的温度范围大，由于工艺要求不同，温度高的可达 1300℃，低的只有 100℃ 左右。炉温大于 1000℃ 可以称为高温热处理炉；$650 \sim 1000$℃ 可以称为中温热处理炉；650℃ 以下为低温热处理炉。

　　(3) 按照主要热处理工艺种类分：固溶、淬火、正火、回火、退火等热处理炉。固溶炉主要用于不锈钢固溶热处理，常用炉温范围一般为 $1000 \sim 1180$℃；淬火/正火炉主要目的是得到塑性好的奥氏体钢，其常用炉温范围一般为 $900 \sim 980$℃；传统回火炉常用工作温度一般为 $400 \sim 800$℃，随着高强耐磨等高端产品的发展，400℃ 以下的低温回火需求也越来越多。因此，新建回火炉温度范围一般选取 $150 \sim 800$℃，可以一炉实现高温回火、中温回火和低温回火；一般以退火为主要用途的热处理炉会兼顾固溶或淬火功能。

　　(4) 按照生产作业方式分：周期式和连续式热处理炉。前者主要用作 150mm 以上特厚板或产能需求不大、产品加热时间长、连续作业投资大的生产条件。车底式炉、外部机械化式炉、罩式炉都属于周期式、间歇性生产的热处理炉。步进式和辊底式两类炉型属于可连续生产式。步进式炉主要优点是没有辊印和划伤，用于特厚板热处理有一定的优势，但投资大，维护要求高，钢板最大输送速度受到限制。连续炉的产量和机械化、自动化程度相对较高，相对于其他炉型，它具有可实现高速出炉的特性，缩短了钢板淬火转移时间，炉后可配备先进的辊式淬火机设备，目前在国内外中厚板厂得到了广泛应用。关于连续式和周期式热处理炉的详细介绍参见第2章。

（5）按照加热热源分：有以燃料燃烧为热源的燃煤炉、燃油炉和燃气炉；此外还有以电能为热源的电阻炉、电极炉、感应加热炉等。相比而言电加热方式控温均匀、精度较高，一般可控制在±3℃。但是电加热方式需要的供电量较大，钢铁企业一般不具备。因此钢铁企业的热处理炉基本采用燃料式，其中又以采用煤气或天然气为能源的燃气式炉应用较为普遍，煤气主要以高炉或转炉煤气与焦炉煤气混合，但是随着越来越多的焦炉被关停，这种煤气在逐渐减少，有些企业采用天然气和高炉或转炉煤气进行混合。

（6）按炉内加热介质分：以气体为加热介质的，如空气、烟气、控制气氛、真空等；以液体为加热介质的，如熔盐、熔铅等；以固体为加热介质的，如流动粒子炉等。在中厚钢板生产线主要以空气和烟气加热为主，其中碳钢淬火炉一般要进行控制气氛，防止钢板表面氧化，降低金属炉底辊结瘤的气氛条件。

（7）按照加热方式分：分为直接加热方式，如明火炉等；间接加热方式，如辐射管炉等，近年又发展出强制对流型热处理炉，它采用烧嘴明火加热炉内的烟气或烧嘴外设置辐射管加热烟气，配置强制对流风机，驱动炉内烟气以特殊的流动方式加热钢板，主要用于高品质钢板的高精度低温回火。

1.4.2.2　中厚板热处理淬火装备技术

离线淬火最早是水槽浸入式淬火，其在现代的特厚板淬火中仍然得以应用。为了提高淬火冷却效率和淬火后板形，发展到中厚板喷淬式淬火，其设备主要包括压力淬火机设备和辊式淬火机设备。

A　浸入式淬火

浸入式淬火方式是利用大型卡具将钢板直接浸入冷却介质中进行淬火。浸入式淬火设备通过池内冷却水搅拌加速钢板表面对流换热过程，实现钢板较快速冷却。由于搅拌水流速度受淬火池或淬火槽容积及装置限制，相对于壁面射流换热，浸入式淬火冷却强度偏低，且因搅拌产生的水流速度在池内各处不一致，钢板板面各处冷却强度分布不均，导致钢板冷后淬硬层深度及组织分布不均。另外，由于很难保证钢板同时进入淬火介质里，钢板冷却有先有后，冷却速度不同，很容易造成钢板的瓢曲和性能不均。

一般来说，对于不容易发生淬火变形的特厚板，目前国内主要利用浸入式水槽进行淬火冷却，但钢板进入冷却水槽中时，钢板冷却过程中表面会形成一层水膜，大大降低表面换热效率，目前各大中厚板企业也在考虑采用基于高压射流冲击换热原理的辊式淬火设备对厚板进行高强度淬火。浸入式水槽淬火相关生产图片如图1-5所示。

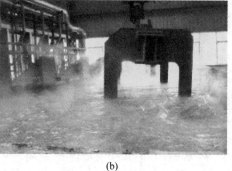

　　　　　　　　(a)　　　　　　　　　　　　　　　　　(b)

图 1-5　浸入式水槽淬火生产图片

(a) 淬火框架吊起入水；(b) 钢板水中冷却

B　压力淬火机

　　太钢五轧厂热处理车间曾从国外引进一套压力淬火机，采用高压水喷射冷却方式，通过调整水压、流量及冷却时间实现不同的热处理制度。但是投入使用后，在钢板的淬火生产中，钢板冷却不均匀造成变形严重且不可控，且在压块处，存在淬火软点，因此，压力淬火机自引进以来，一直未能正常稳定地连续生产。压力淬火机的工作原理示意图如图 1-6 所示。

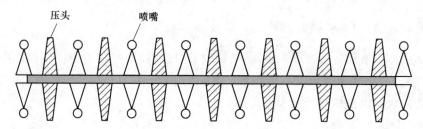

图 1-6　压力淬火机示意图

　　压力淬火机组由上下两组固定在框架上的压头组成，喷嘴位于压头之间，上框架可垂直移动，下框架固定，位于下压头之间的一系列辊道装在一个可上下移动的框架上。钢板从炉内抽出后，压力淬火机组的上框架带动上压头向上运动，同时位于下压头之间的运输辊道上升，钢板经运输辊道进入上下压头之间，运输辊道下降，上压头压下。上下压头将钢板夹紧，位于压头间的喷嘴从钢板上下表面同时喷水，进行淬火处理。随后上压头打开，运输辊道上升，钢板经运输辊道出淬火机组，完成淬火过程。喷嘴沿宽度方向可分为三个区域进行控制，这样可针对不同宽度的钢板采用不同的区段控制，从而可节省耗水量。

　　压力淬火机的主要特点是：利用上、下机架压力，抑制钢板淬火变形；上下喷水量不均匀，造成钢板变形不均匀，淬硬层不均匀；压块的约束暂时性限制了钢板的热变形，却加大了淬火过程中板材内部的热应力，待淬火后脱离上下压块的约束，应力释放后变形依然存在；同时压头造成淬火钢板表面存在软点和压痕；机架长度限制淬火钢板长度。

C　辊式淬火机

现在钢铁企业大规模板材淬火生产所用的淬火机均为辊式淬火机。与传统的压力淬火机相比，辊式淬火机采用冷却强度不同的高、低淬火区连续淬火，钢板在运动中进行淬火，高压区采用高水压、大流量以最大限度吸收钢板表面的热量；然后，钢板进入低压淬火区以适当水量继续冷却，最终使钢板温度降到室温。

淬火过程中板材的平直度通过水量、水压和辊速等工艺参数的调节予以保证，处理的钢板基本上不受机械设备长度约束。由于辊式淬火机具有钢板表面淬火均匀、无软点、冷却速率高、钢板长度不受机架限制等优点，被广泛应用于现代化的中厚板调质热处理线，成为当前高强中厚板淬火生产的首选设备形式。

为满足国内钢铁企业中厚板产品的淬火需求，国内部分科研单位基于中厚板轧后层流冷却技术原理，采用同中厚板轧后加速冷却方式相同的层流冷却设备，通过加密集管、增大水流量提高一定的冷却能力，进行板材的淬火处理。但是这种设备由于冷却机理及结构设计等原因，从冷却能力和保证板形方面并不适合淬火冷却工艺。在冷却机理上，层流冷却设备的冷却能力和冷却均匀性并不能满足中厚板材的淬火冷却工艺要求。从技术发展及实际应用来看，中厚板辊式淬火机已成为现代化热处理线淬火设备的主流设备形式。

辊式淬火机淬火冷却系统通常由两个淬火冷却区组成，分别为高压淬火冷却区和低压淬火冷却区，通过配置不同形式的喷嘴、供水配置以及不同的冷却介质压力，获得高、低不同的冷却强度。淬火过程中，淬火钢板连续通过辊式淬火机冷却强度不同的高、低压淬火区，完成板材淬火过程。

由于中厚板辊式淬火过程涉及流场、温度场、应力场、组织场等耦合作用，工艺参数多，控制过程复杂，此前仅 LOI 公司、DREVER 公司、SSAB 公司等几家国外企业能够提供相关设备和技术，形成了垄断。进口设备供货周期长（18个月），价格昂贵（4000 万～6000 万元），且不单独供货（与热处理炉捆绑供货），使企业整体投资加倍，难以满足国内中厚板企业的工期和投资规模要求，成为企业建设现代化热处理生产线、提高产品结构层次的重要制约因素。此外，进口设备不具备高品质薄规格中厚板的生产能力，薄规格淬火成品板生产技术"一价难求"，极大地阻碍了热处理行业的整体发展。

以湘钢为例，2008 年底该公司从国外某公司高价引进 3800mm 辊式淬火机设备，并完成了厚度大于 12mm 的板材淬火工艺调试。但在实际生产过程中，该进口设备仅能满足厚度规格 16mm 以上板材的连续稳定淬火生产，严重制约了公司薄规格高等级调质板的工艺开发和产品升级。2006 年底，东北大学在太钢集团临汾钢铁有限公司中板厂研发了国内首套具有自主知识产权的辊式淬火机设备，并陆续在国内推广应用 30 余台套。

1.5　中厚板热处理产品发展趋势

中厚板热处理产品主要涉及高级别的低合金高强度结构钢、船舶及海洋工程用钢、锅炉和压力容器用钢、水电用钢、建筑用钢、桥梁用钢、工程机械用钢、核电用钢、工模具用钢和部分特殊用途钢等。钢板通过热处理不但可以改善其强韧性，还可以提高力学性能的稳定性，改善并获得更加优异的服役性能等。目前，系列热处理产品在国内外主要呈现出以下发展趋势：

（1）向更高的强度方向发展。钢板通过热处理尤其是淬火或回火处理，可以改善或者增加钢板的强度，从而得到更高的力学性能。钢板在淬火后，通常会发生马氏体相变强化，从而得到更高的强度和硬度。目前工业化大生产通过热处理中的淬火和低温回火工艺，可以得到抗拉强度 2000MPa 以上的高强钢板，如耐磨钢板中 NM600 和 HB600 级的防弹钢板等，其强度级别远远超过普通碳锰钢。通过高温回火处理，可以实现部分钢板二次析出强化，从而获得在更高强度的同时，具有优异的低温冲击韧性。

（2）向更薄或更厚的极限规格发展。目前，由东北大学开发的极薄受约束式淬火机，在国内华菱涟钢实现最薄 2mm 规格淬火钢生产；在最厚规格钢板常规热处理方面，舞阳钢铁已经可以生产最厚 700mm 钢板；东北大学开发的超厚规格辊式淬火装备也可以实现 300mm 规格辊式淬火生产[20]。系列设备和工艺技术的突破，为系列热处理钢板的极限规格生产提供了条件和便利。

（3）向极限或特殊性能方向发展。部分特殊用途装备要求钢板具有特殊的性能，部分性能可以通过热处理来获得。如液化天然气储运用镍系超低温钢板，通过两相区逆相变热处理，可以实现在−196℃超低温苛刻条件下仍然具有优异的韧性[21,22]。此外，部分不锈钢板通过固溶热处理，可以消除晶间大颗粒碳化物，从而提高其耐蚀性能[23,24]。

参 考 文 献

[1] 石泽汉. 中厚钢板的应用与发展 [J]. 金属世界, 1995 (5): 12.
[2] 滕长岭, 唐一凡, 邓濂献. 各国厚宽钢板标准对比分析 [J]. 冶金标准化与质量, 1996, (Z1): 17~24.
[3] 刘年富, 刘金源. 正火对船板钢低温时效冲击性能的影响 [J]. 热处理技术与装备, 2010, 31 (4): 43~46, 50.
[4] 袁永旗, 于飒, 唐郑磊, 等. 不同正火工艺对钢板力学性能的影响 [J]. 轧钢, 2016, 33 (5): 71~74.
[5] 唐家宏, 麻永林, 刘泽田, 等. 正火型 DH36 高强度船板钢的开发 [J]. 金属热处理,

2015, 40 (1): 143~146.

[6] 李小琳, 王昭东. 一步 Q&P 工艺对双马氏体钢微观组织和力学性能的影响 [J]. 金属学报, 2015, 51 (5): 537~544.

[7] 李晓磊, 李云杰, 康健, 等. 低碳 Si-Mn 钢的直接淬火-动态配分 (DQ&P) 工艺 [J]. 金属热处理, 2017, 42 (12): 95~99.

[8] 梁亮, 邓想涛, 王昭东, 等. 基于超快冷技术开发低合金高强度耐磨钢 [J]. 材料热处理学报, 2019, 40 (5): 83~88.

[9] 王昭东, 王国栋. 热轧钢材一体化组织性能控制技术 [J]. 河北冶金, 2019, 280 (4): 1~6.

[10] 王国栋, 王昭东, 刘振宇, 等. 基于超快冷的控轧控冷装备技术的发展 [J]. 中国冶金, 2016, 26 (10): 9~17.

[11] 王国栋. 高质量中厚板生产关键共性技术研发现状和前景 [J]. 轧钢, 2019, 36 (1): 1~8.

[12] 康永林, 丁波, 陈其安. 我国轧制学科发展现状与趋势分析及展望 [J]. 轧钢, 2017, 34 (6): 1~9.

[13] 冯路路, 周雯, 李萍萍, 等. 超快冷+层流冷却工艺试制 Q550q [J]. 钢铁钒钛, 2018, 39 (5): 130~135.

[14] 李家栋, 王昭东, 田勇, 等. 一种烟气循环式钢板中低温回火炉及低温控制方法: 中国, 201910347651.0 [P]. 2019-04-28.

[15] 李勇, 曹世海, 王昭东, 等. 中厚板特殊钢热处理线的新发展和新技术 [J]. 冶金设备, 2013 (5): 40~48.

[16] 轧制技术及连轧自动化国家重点实验室研制的面向低热值煤气的超低排放型热处理炉生产线在普阳钢铁成功稳定应用 [EB/OL]. http://www.ral.neu.edu.cn/2019/0123/c4422a125969/page.html, 2019-01-23.

[17] 陈鸿复. 冶金炉热工与构造 [M]. 北京: 冶金工业出版社, 1990: 234.

[18] 邵正伟. 国内中厚板热处理工艺与设备发展现状及展望 [J]. 山东冶金, 2006, 28 (3): 11~15.

[19] 魏军广. 辊底式炉在中厚板热处理中的应用 [J]. 工业炉, 2008, 30 (5): 32~34.

[20] 付天亮, 王昭东, 邓想涛, 等. 超厚特种钢板连续辊式淬火装备技术与应用 [C] // 中国金属学会. 第十二届中国钢铁年会论文集——3. 轧制与热处理, 2019.

[21] 肖大恒, 汤伟, 罗登, 等. 超大型液化石油气船用低温钢组织性能 [J]. 钢铁, 2020, 55 (4): 82~87.

[22] 王斌, 綦国新. LNG 储罐国产 06Ni9 低温钢的焊接工艺评定 [J]. 化工设备与管道, 2010, 47 (5): 66~70.

[23] 龚利华, 崔景海, 张禹. 热处理对 0Cr18Ni9Ti 不锈钢耐蚀性的影响 [J]. 腐蚀科学与防护技术, 2008, (1): 38~40.

[24] 吴忠忠, 宋志刚, 郑文杰, 等. 固溶温度对 00Cr25Ni7Mo4N 超级双相不锈钢显微组织及耐点蚀性能的影响 [J]. 金属热处理, 2007, (8): 50~54.

2 中厚板热处理炉

2.1 核心工艺要素

中厚板热处理加热工艺控制的核心主要包括以下几个方面:

(1) 加热温度精准性和均匀性。它包括两方面,一是炉温、二是板温。板温指标受炉温控制精度和均匀性影响,一般偏差要求不超过 10℃,它是热处理钢板组织转变控制的基础要求。高端产品为保障质量稳定性和一致性,板温均匀性甚至要求到达 ≤±5℃。

(2) 热处理炉生产率、吨钢能耗。它由热处理炉传热方式和炉型设计决定,高强度的加热技术是高生产效率、低能源消耗的重要保障。

(3) 钢板表面质量控制。这里包括两个方面,一个是尽量减少表面氧化铁皮的形成,要尽可能将炉内气氛控制为微氧化性气氛或接近还原性气氛,以尽量减少加热过程中的表面氧化铁皮,辐射管间接加热要在炉内通入氮气等保护气体,减少或避免钢板氧化;另一个方面是减轻或避免炉辊结瘤给钢板下表面造成压痕的麻点缺陷,特别是对于不锈钢板的高温固溶处理,最好采用防结瘤耐高温的纤维辊。

(4) 钢板加热速度和保温时间。除钢板最终达到目标温度外,加热过程的加热速度、保温时间也是钢板热处理过程的重要工艺参数,加热速度影响加热时的热应力、组织应力和相变过程。例如对钢板进行快速加热得到的奥氏体晶粒比慢速加热时得到的奥氏体晶粒更细小。通过保温可以使钢板内外温度均匀,相变充分进行。由于钢板成分和热处理目的不同,保温时间也相差很多。所以加热控制过程中,加热速度和保温时间要可控,满足钢板热处理组织转变时间控制要求。

(5) 环保要求。随着环保要求的提高,热处理过程的排放物控制也越来越严格。2018 年生态环境部发布《钢铁工业大气污染物超低排放标准(征求意见稿)》提出轧钢热处理炉的氮氧化物和二氧化硫超低排放标准分别为 $150mg/m^3$ 和 $50mg/m^3$,2019 年河北省率先颁布了该标准的地方版本。2019 年 4 月 28 日生态环境部、国家发展和改革委员会、工业和信息化部、财政部和交通运输部发布的"关于推进实施钢铁行业超低排放的意见"环大气 [2019] 35 号明确要求轧钢热处理炉的氮氧化物和二氧化硫超低排放标准分别为 $200mg/m^3$ 和 $50mg/m^3$,明确了企业热处理炉的排放控制标准。

2.2 基本加热原理和常用加热方法

2.2.1 基本加热原理

2.2.1.1 热能传递的三种基本方式

热能的传递有三种基本方式：传导、对流和辐射[1]。

A 传导

物体各部分之间不发生相对位移时，依靠分子、原子及自由电子等微观粒子的热运动而产生的热量传递称为导热（或称热传导）。例如，固体内部热量从温度较高的部分传递到温度较低的部分，以及温度较高的固体把热量传递给与之接触的温度较低的另一固体都是导热现象。

从微观角度来看，气体、液体、导电固体和非导电固体的导热机理是有所不同的。气体中，导热是气体分子不规则热运动时相互碰撞的结果。众所周知，气体的温度越高，其分子的运动动能越大。不同能量水平的分子相互碰撞的结果，使热量从高温处传到低温处。导电固体中有相当多的自由电子，它们在晶格之间像气体分子那样运动。自由电子的运动在导电固体的导热中起着主要作用。在非导电固体中，导热是通过晶格结构的振动，即原子、分子在其平衡位置附近的振动来实现的。晶格结构振动的传递在文献中常称为弹性波[2]。至于液体中的导热机理，还存在着不同的观点。有一种观点认为定性上类似于气体，只是情况更复杂，因为液体分子间的距离比较近，分子间的作用力对碰撞过程的影响远比气体大，另一种观点则认为液体的导热机理类似于非导电固体，主要靠弹性波的作用[3,4]。

通过对实践经验的提炼，导热现象的规律已经总结为傅里叶定律。考察如图 2-1 所示的两个表面均维持均匀温度的平板的导热。这是个一维导热问题。对于 x 方向上任意一个厚度为 dx 的微元层来说，根据傅里叶定律，单位时间内通过该层的导热热量与当地的温度变化率及平板面积 A 成正比，即

$$\Phi = -\lambda A \frac{dt}{dx} \tag{2-1}$$

式中，λ 是比例系数，称为热导率，又称导热系数，负号表示热量传递的方向同温度升高的方向相反。

单位时间内通过某一给定面积的热量称为热流量，记为 Φ，单位为 W。单位时间内通过单位面积的热流量称为热流密度（或称面积热流量），记为 q，单位为 W/m^2。当物体的温度仅在 x 方向发生变化时，按照傅里叶定律，热流密度的表达式为：

$$q = \frac{\varPhi}{A} = -\lambda \frac{\mathrm{d}t}{\mathrm{d}x} \tag{2-2}$$

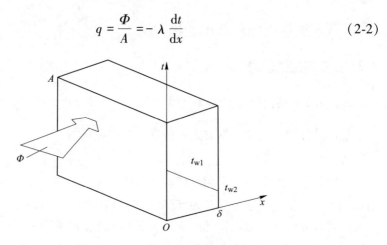

图 2-1　通过平板的一维导热

傅里叶定律又称导热基本定律。式（2-1）和式（2-2）是一维稳态导热时傅里叶定律的数学表达式。由式（2-2）可见，当温度 t 沿 x 方向增加时 $\frac{\mathrm{d}t}{\mathrm{d}x}>0$，而 $q<0$，说明此时热量沿 x 减小的方向传递；反之，当 $\frac{\mathrm{d}t}{\mathrm{d}x}<0$ 时 $q>0$，此时热量则沿 x 增加的方向传递。

导热系数是表征材料导热性能优劣的参数，是一种物性参数，其单位为 $\mathrm{W/(m \cdot K)}$。不同材料的导热系数值不同，即使是同一种材料，导热系数值还与温度等因素有关。这里仅指出：金属材料的导热系数最高，良导电体，如银和铜，也是良导热体；液体次之；气体最小。

基于傅里叶定律，根据热现象中能量守恒定律，经过数学推导[5-11]可以导出具有内热源瞬态三维非稳态导热微分方程为：

$$\rho c \frac{\partial t}{\partial \tau} = \frac{\partial}{\partial x}\left(\lambda \frac{\partial t}{\partial x}\right) + \frac{\partial}{\partial z}\left(\lambda \frac{\partial t}{\partial y}\right) + \frac{\partial}{\partial z}\left(\lambda \frac{\partial t}{\partial z}\right) + \dot{Q} \tag{2-3}$$

当导热系数为常数并认为无内热源时，式（2-3）简化为：

$$\frac{\partial t}{\partial \tau} = a\left(\frac{\partial^2 t}{\partial x^2} + \frac{\partial^2 t}{\partial y^2} + \frac{\partial^2 t}{\partial z^2}\right) \tag{2-4}$$

式中，$a = \frac{\lambda}{\rho c}$，称为热扩散率（又称导温系数），$\mathrm{m^2/s}$。

求解导热问题实质上归结为求导热微分方程式的温度分布，求解过程须给出使微分方程获得适合某一特定问题的解的附加条件，称为定解条件。定解条件有两个方面：初始条件和边界条件。初始条件是指给出初始时刻温度分布；边界条件是指给出导热物体边界上温度或换热情况，边界条件主要有以下三类：

（1）规定了边界上的温度值（第一类边界条件）；

（2）规定了边界上的换热系数值（第二类边界条件）；

（3）规定了边界上物体与周围流体间的表面换热系数值和流体温度（第三类边界条件）。

B 对流

对流是指由于流体的宏观运动，从而流体各部分之间发生相对位移、冷热流体相互掺混所引起的热量传递过程。对流仅能发生在流体中，而且由于流体中的分子同时在进行着不规则的热运动，因而对流必然伴随有导热现象。工程上特别感兴趣的是流体流过一个物体表面时的热量传递过程，并称之为对流换热，以区别一般意义上的对流。

就引起流动的原因而论，对流换热可区分为自然对流与强制对流两大类。自然对流是由于流体冷、热各部分的密度不同而引起的，暖气片表面附近受热空气的向上流动就是一个例子。如果流体的流动是由于水泵、风机或其他压差作用所造成的，则称为强制对流。冷油器、冷凝器等管内冷却水的流动都由水泵驱动，它们都属于强制对流。另外，工程上还常遇到液体在热表面上沸腾及蒸气在冷表面上凝结的对流换热问题，分别简称为沸腾换热及凝结换热，它们是伴随有相变的对流换热。

对流换热的基本计算式是牛顿冷却公式：

流体被加热时

$$q = h(t_w - t_f) \tag{2-5}$$

流体被冷却时

$$q = h(t_f - t_w) \tag{2-6}$$

式中，t_w 及 t_f 分别为壁面温度和流体温度，℃。如果把温差（亦称温压）记为 Δt，并约定永远取正值，则牛顿冷却公式可表示为：

$$q = h\Delta t \tag{2-7}$$

$$\Phi = Ah\Delta t \tag{2-8}$$

式中，比例系数 h 称为表面传热系数，$W/(m^2 \cdot K)$。

表面传热系数的大小与换热过程中的许多因素有关。它不仅取决于流体的物性（λ，μ，ρ，c_p 等）以及换热表面的形状、大小与布置，而且还与流速有密切的关系。式（2-5）或式（2-6）并不是揭示影响表面传热系数的种种复杂因素的具体关系式，而仅仅给出了表面传热系数的定义。研究对流换热的基本任务在于用理论分析或实验方法具体给出各种场合下 h 的计算关系式。

表 2-1 给出了几种对流换热过程表面传热系数值的大致范围。在传热学的学习中，掌握典型条件下表面传热系数的数量级是很有必要的。由表 2-1 可见，就介质而言，水的对流换热比空气强烈；就换热方式而言，有相变的优于无相变

的，强制对流高于自然对流。例如，空气自然对流换热的 h 为 $1\sim10$ 的量级，而水的强制对流的 h 的量级则是"成千上万"。

表 2-1　表面传热系数的范围

过　　程		$h/\mathrm{W}\cdot(\mathrm{m}^2\cdot\mathrm{K})^{-1}$
自然对流	空气	$1\sim10$
	水	$200\sim1000$
强制对流	气体	$20\sim100$
	高压水蒸气	$500\sim3500$
	水	$1000\sim15000$
水的相变换热	沸腾	$2500\sim35000$
	蒸汽凝结	$5000\sim25000$

C　热辐射

物体通过电磁波来传递能量的方式称为辐射。物体会因各种原因发出辐射能，其中因热的原因而发出辐射能的现象称为热辐射。后面所提到的辐射一律指热辐射。

自然界中各个物体都不停地向空间发出热辐射，同时又不断地吸收其他物体发出的热辐射。辐射与吸收过程的综合结果就造成了以辐射方式进行的物体间的热量传递——辐射换热。当物体与周围环境处于热平衡时，辐射换热量等于零，但这是动态平衡，辐射与吸收过程仍在不停地进行。

导热、对流这两种热量传递方式只有在物质存在的条件下才能实现，而热辐射可以在真空中传递，而且实际上在真空中辐射能的传递最有效。这是热辐射区别于导热、对流换热的基本特点。当两个物体被真空隔开时，例如地球与太阳之间，导热与对流都不会发生，只能进行辐射换热。辐射换热区别于导热、对流换热的另一个特点是，它不仅产生能量的转移，而且还伴随着能量形式的转换，即发射时从热能转换为辐射能，而被吸收时又从辐射能转换为热能。

实验表明，物体的辐射能力与温度有关，同一温度下不同物体的辐射与吸收本领也大不一样。在探索热辐射规律的过程中，一种称做绝对黑体（简称黑体）的理想物体的概念具有重大意义。所谓黑体，是指能吸收投入到其表面上的所有热辐射能的物体。黑体的吸收本领和辐射本领在同温度的物体中是最大的。

黑体在单位时间内发出的热辐射热量由斯特藩-玻耳兹曼定律揭示：

$$\Phi = A\sigma T^4 \tag{2-9}$$

式中，T 为黑体的热力学温度，K；σ 为斯特藩-玻耳兹曼常量，即通常说的黑体辐射常数，它是个自然常数，其值为 $5.67\times10^{-8}\,\mathrm{W}/(\mathrm{m}^2\cdot\mathrm{K}^4)$；$A$ 为辐射表面积，m^2。

一切实际物体的辐射能力都小于同温度下的黑体。实际物体辐射热流量的计算总可以采用斯特藩-玻耳兹曼定律的经验修正形式：

$$\Phi = \varepsilon A \sigma T^4 \tag{2-10}$$

式中，ε 称为该物体的发射率（习惯上又称黑度），其值总小于1，它与物体的种类及表面状态有关。其余符号的意义同式（2-9）。

斯特藩-玻耳兹曼定律又称四次方定律，是辐射换热计算的基础。

应当指出，式（2-9）、式（2-10）中的 Φ 是物体自身向外辐射的热流量，而不是辐射换热量。要计算辐射换热量还必须考虑投到物体上的辐射热量的吸收过程，即要算收支总账。一种最简单的辐射换热，即两块非常接近的互相平行黑体壁面间的辐射换热。另外一种简单的辐射换热情形是，表面积为 A_1、表面温度为 T_1、发射率为 ε_1 的一物体被包容在一个很大的表面温度为 T_2 的空腔内，此时该物体与空腔表面间的辐射换热量按下式计算：

$$\Phi = \varepsilon_1 A_1 \sigma (T_1^4 - T_2^4) \tag{2-11}$$

2.2.1.2　电阻加热

电阻加热技术基于电气和热传递，属于耦合多物理现象，是将电能转变成热能从而加热工件的技术。通常分为直接电阻加热和间接电阻加热。

直接电阻加热是指将电源直接接触工件，使电流通过加热工件时引起工件本身发热的加热方式，属于内部加热，热效率很高。

间接电阻加热是指电源不直接接触工件，而是由发热元件产生热能，通过辐射、对流和传导这三种热能传递方式加热工件。通常间接加热的发热元体可分成两种，金属电热体和非金属发热体。应用最为广泛的金属电热材料有铁铬铝合金和镍铬合金，铁铬铝合金抗氧化能力强但最高工作温度偏低，约为1100℃；而镍铬合金工作温度可达1300℃，但高温条件下会变得脆硬，使用寿命短[12]。因此，随着工业需求不断地提高，如碳化硅、二硅化钼等非金属电热材料被广泛开发和应用，其最高工作温度达到可达 1500~1700℃。

与火焰加热相比，使用电加热具有以下优点[13,14]：

（1）设备功能易实现；

（2）炉温便于控制；

（3）设备简单紧凑。

2.2.1.3　感应加热

A　感应加热基本原理

感应加热的基本原理：利用交变的电流通过线圈产生交变的磁场（毕奥-萨法尔定律）；交变磁场穿过钢板时会在钢板产生感生电势，进而形成感生电流（法拉第电磁感应定律），感生电流在钢板内部流动时，为克服导体自身电阻而产生焦耳热，通过以下三个基本定律，可以得到感应加热的基本原理[15,16]。

　　a　毕奥-萨法尔定律

当任一导体中通有电流时就会在它的周围空间和导体内部激发磁场。稳恒的电流产生恒定的磁场，交变的电流则产生交变的磁场，磁场的方向可以用右手法则确定。磁场的强度与激发它的场源电流有关，这种关系的普遍表达式为：

$$\oint_l H \cdot \mathrm{d}l = \sum I \tag{2-12}$$

即在磁场中，沿任何闭合回路的磁场强度（H）的线积分等于包含在此回路中的电流 I 代数（全电流定律）。该电流包括传导、位移等电流。通常把此回路积分称为磁动势。

　　b　法拉第电磁感应定律

电流能够产生磁场，交变的磁场也能够产生电流。即当通过导体回路所包围面积的磁场发生变化时，此回路中就会产生感生电动势，当回路闭合时则产生电流。根据法拉第电磁感应定律，其感应电势表述为：

$$e = -\frac{\mathrm{d}}{\mathrm{d}t}\int H\mathrm{d}S = -\frac{\mathrm{d}\phi}{\mathrm{d}t} \tag{2-13}$$

式中，ϕ 表示回路交链的磁通。

　　c　焦耳定律

需要加热的金属在交变的磁场中感生电流，在此电流流动时，为克服导体本身的电阻而产生焦耳热，其值为：

$$Q = 0.24I^2Rt \tag{2-14}$$

式中，I 为感生电流，A；R 为导体电阻，Ω；t 为时间，s。

　　B　钢板感应加热的涡流分布特性

在感应加热过程中，感应线圈和钢板中的电流呈不均匀分布，这主要是由涡流的分布特性引起的，包括集肤效应、端部效应和邻近效应等。

　　a　集肤效应

导体中的涡流主要分布在导体表面，越深入导体内部涡流越小，这种现象称之为集肤效应。如图 2-2 所示，在钢板感应加热中，集肤效应是促使感应涡流集中于钢板表层的主要原因。设钢板上表面的感应涡流大小为 I_0，沿 Y 方向（钢板厚度方向）的涡流密度 I_y 可通过计算得到[17]：

$$I_y = I_0 e^{-y/\delta} \tag{2-15}$$

式中，I_y 为距离钢板上表面 $y(\mathrm{cm})$ 处的涡流大小；δ 为电流透入深度（cm），与频率、材料物理性质有关。

工程上规定，当 $y=\delta$ 时，$I_y = I_0 e$，即该处的涡流强度降低为表层涡流强度的

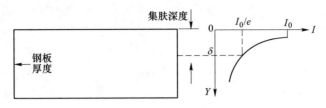

图 2-2 感应加热中钢板上涡流的集肤效应

0.365 倍，把该处到表面的距离称为涡流透入深度 δ。感应加热时，大约有 86.5% 能量在 δ 中释放。设计使用时一般认为首先在 δ 层内释放焦耳热能将金属加热，而内层金属则通过热传导效应升温。钢板材料失磁前的涡流透入深度称为冷态的涡流透入深度 $\delta_{冷}$

$$\delta_{冷} = 50300 \sqrt{\frac{1}{f\sigma\mu_r}} \tag{2-16}$$

随着温度的上升，材料的电导率将上升、磁导率将下降，此时涡流分布趋于平缓，透入深度增大。当温度上升到居里点（磁性转变点）时，磁导率急剧下降，使涡流透入深度增大几倍至十几倍。材料在失去磁性后的涡流透入深度称为热态的涡流透入深度 $\delta_{热}$，对于钢铁材料 $\delta_{热}$ 可按式（2-17）求出

$$\delta_{热} = \frac{500}{\sqrt{f}} \tag{2-17}$$

当感应线圈刚刚接通电流，钢板温度开始明显升高前的瞬间，涡流在钢板表面的分布是符合冷态分布的。由于"集肤效应"，越趋近零件表面涡流强度越大，表面升温速度也越快。当表面温度达到居里点时，加热层就被分为外层的失磁层和与之毗连的未失磁层。失磁层磁导率急剧下降，导致了涡流强度的明显下降，最大的涡流强度出现在两层的交界处。此时钢板表面温度虽然还在继续上升，但速度已明显的减慢，依次类推，失磁层不断加厚，最大涡流不断向材料深处移动，钢板也就这样被逐层连续加热，直到热透深度 $\delta_{热}$ 为止，这种加热方式称为透入式加热。

当失磁层厚度超过热态涡流透入深度后继续加热时，热量基本上是依靠在厚度为涡流透入深度的表层中析出，同时由于热传导作用，加热层厚度随时间延长不断变厚，当钢板的加热层厚度达到材料在该电流频率下的热能涡流透入深度时，加热的热量就主要依靠传导方式获得，其加热过程及沿截面的温度分布特性与用外部热源加热基本相同，为热传导加热方式[18,19]。

b 端部效应

端部效应在感应加热过程中是指磁场在加热工件和线圈的末端行为，它影响到感应加热中工件内电磁场的分布情况，同时也影响到工件内的加热功率分布和

温度场分布[20]。例如，对一个放置于纵向磁场中的圆柱形导体，其工件与线圈的端部效应和功率分布如图2-3所示。在本文研究的钢板静止式感应加热中，由于静止式感应线圈长度较长，端部效应对感应加热过程的影响不大；而在移动式感应加热中，由于移动式感应线圈长度较短，当感应器移动至钢板端部时，会有明显的端部效应现象。

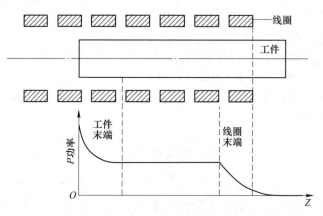

图 2-3　感应加热中工件与线圈的端部效应

端部效应分为坯料的端部效应和感应线圈的端部效应。端部效应描述了金属坯料横截面上的磁场分布。它将影响沿坯料轴向的功率分布及坯料加热温度的分布情况。对于纵向磁场中的非磁性坯料，坯料的端部效应使坯料端部吸收的功率增加；对于磁性坯料，端部效应使坯料其吸收的功率增加还是降低，取决于坯料的半径、材料特性、频率和磁场强度[19]。

c　邻近效应

相邻两导体通以交流电流时，由于电流磁场相互作用，导体上的电流将重新分布，表现为：两导体通以大小相等、方向相反的交流电流时，电流在两导体内侧表面层流过；当两导体通有大小相等、方向相同的交流电流时，电流在两导体的外侧流过。这种现象称为邻近效应，如图2-4所示。

A、B为两根通有方向相同交流电的导线，由于两导线邻近，A导线上的电流所产生的磁力线切割了B导线，由于b_1、b_2与导线A的距离不同，且$b_1>b_2$，显然b_1所铰链的磁力线多于b_2，故b_1处比b_2处的感生电动势大，又因为互感电动势与原电动势（即导线A上的电动势）方向相反，也与导线B的原电动势方向相反，其结果使导线B的总电动势减少，而b_1处总电动势减小比b_2处的总电动势减小值大，所以b_2处的电流大于b_1处电流，如果A、B距离很近、电流足够大、频率足够高，B导体上的电流全部在b_2附近的导线外侧流过。A导线的电流也由于B导线电流磁场的作用重新分布，亦在导线外侧流过，导线外侧电流密

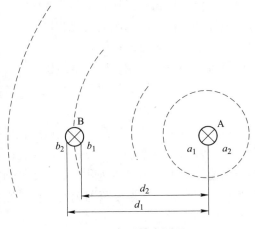

图 2-4　邻近效应原理

度比内侧大。同理，两电流方向相反时，导线内侧电流密度较外侧的大。导体之间的距离越小，邻近效应越强烈，电流频率越高，邻近效应也越强烈。在设计感应器时充分利用邻近效应，能明显提高感应加热的效率。

　　d　圆环效应

　　如果将交流电通过圆环形导体或螺旋线圈时，最大电流密度出现在线圈导体的内侧，这种现象称为圆环效应，如图 2-5 所示，圆环效应的产生原理可以解释为两半圆环的导线，一端在一起，另外两端通入大小相等、方向相反的交流电所产生的邻近效应。在实际应用中，使用感应器内环加热工件，温升速度快、效率高[21-23]。

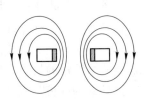

图 2-5　交流电流的圆环效应示意图

　　导体的径向厚度与圆环直径的比值越大，圆环效应现象越明显。这是由于线圈磁场的不对称性：圆环内侧的磁场比外侧的磁场强。在圆环内磁力线比较集中，在圆环外比较分散，一部分磁力线还穿过内侧的导体本身，造成外侧的电流线较内侧的电流线交链较多的磁通，所产生的反电动势也大，这样外侧的总电势和电流密度较内侧的小。在实际应用中，圆环效应使感应器上的电流密集到感应器的内侧，对加热零件外表面十分有利，使加热坯料温升速度快，效率高。但对于加热零件内孔，此效应使感应器远离加热零件表面，是有害的。

　　在进行感应加热时，感应线圈因为自身的电阻也会在大电流的情况下发热，如果不加以冷却，会导致感应线圈不断的升温，感应线圈温度在不断上升的时候电阻率也不断地上升，导致更严重的温升。为了防止感应线圈温度过高，线圈一般采用铜管，铜管中心通过水冷降温。这样可以有效的降低感应线圈的温度，提高线圈截流密度。对于铜管的截面选择，主要考虑到电流的圆环效应。从图 2-6

我们可以看出，矩形铜管的电流区比圆形铜管更能靠近
加热件，因此矩形感应线圈和工件之间的距离要比相同
的圆形铜管间隙小，所以一般选择矩形的铜管。

图 2-6　矩形截面与圆形
截面圆环效应的示意图

　　感应加热是上述四种效应的综合应用，感应器线圈
系统的作用表现为圆环效应，坯料系统的作用表现为集
肤效应，两者之间是邻近效应和端部效应。

　　感应加热的突出优点是无污染、热效率高、加热速度快、操作简单等，但难
以实现均匀加热。由于集肤效应，电流集中于板带钢表面，因此不可避免地导致
感应加热板带钢边部加热速度高于中部加热速度，从而使带钢宽度方向产生较大
的温差。感应加热电源频率越高，加热温度范围越大，板带钢宽度方向的温差越
大。同时，炉内线圈或电极的冷却也是一个难题。

　　感应加热通常用于小温差范围的加热，如连续退火炉中间快速反应段和冷却
后加热段、中厚板热处理炉预热段或者 900~1200℃ 的高温段等。板带钢温度越
高，磁导率越低。通常认为板带钢温度超过居里温度时，不适合采用感应加热。

2.2.1.4　红外线加热

　　红外线，发现于 19 世纪初，后被广泛应用于工业窑炉、农业、医疗、食品、
航天以及军事上。红外加热技术作为一种新型加热技术，不仅节能高效、清洁环
保，而且可较好地保证产品品质。而红外加热原理的实质就是利用红外线作为电
磁波具有穿透性的特点，辐射加热物体，进而传热的过程。

　　红外线的波长范围在 0.75~1000μm，介于可见光和微波之间，频率范围在
$3 \times 10^{11} \sim 4 \times 10^{14}$ Hz。通常将红外波段归纳为 3 段，即近红外（NIR）、中红
外（MIR）和远红外（FIR），相对应的光谱范围分别为 0.75~2.5μm，2.5~
25μm 和 25~500μm。不同物体对红外线吸收的能力不同，红外波长越短，越容
易被紧密排列分子吸收而产生热量。判断红外加热是否有效，主要是通过物体所
吸收的红外线程度来决定的，吸收量越大，则加热效果越好。

　　与传统的加热技术相比，红外加热技术具有以下特点[24,25]：

　　（1）辐射率高，黑度大，接近黑体黑度；

　　（2）加热速度快，辐射能传递速度快，介质损耗很小，因而具有较高的加
热速度；

　　（3）加热较均匀，加热质量有保障；

　　（4）节能效果明显，辐射能主要集中在物料的吸收峰带上，因此加热效果
好，从而实现节能的效果；

　　（5）自动化程度高，易于实现温度控制。

　　此外，远红外还具有设备规模小、投资少、操作维修方便等优点。

2.2.2　热处理炉常用加热方法

热处理炉内采用的加热方法一般分为直接加热和间接加热。直接加热法有直接燃烧加热法；间接加热法有辐射加热法、对流加热法、电感应加热法及红外加热法等。

2.2.2.1　直接燃烧加热法

直接燃烧加热，又称明火加热，是利用燃烧火焰直接加热钢板的一种方法[26]。它可以减小炉子的长度，用于板带热处理线加热任何阶段。研究发现，钢板表面的轻微氧化加热是可以实现的，并且可以通过气氛控制和酸洗来解决，在连退线上，通过这种方法来实现微氧化加热，需要注意以下几点[15,26]：

（1）炉温必须达到钢板加热温度要求；

（2）空燃比 $\alpha<1$，保证燃气具有弱还原性；

（3）处理厚板时，需要更长的停留时间，需要加大燃料量以提高炉温。

加热过程中最高炉温可达 1200~1350℃，空燃比 α 为 0.9~0.95。从节约能源的角度考虑，可以配备相应的热回收装备。通常，热回收过程分为两个阶段：烟气温度较高时，采用辐射型热回收模式，烟气温度由 1200~1350℃ 降到 700~800℃；随后利用对流型热回收模式，使烟气温度由 700~800℃ 降到 200~300℃。两种模式联合使用可以得到更高的热回收效率。

目前这种燃烧加热技术存在的问题主要是燃烧器喷嘴的材料和结构对于几何稳定性和设备寿命的影响。另一个问题就是如何保证炉内气氛为微氧化或还原性。在钢板与燃气的氧化-还原反应平衡中，钢板从室温升温到700℃，要想得到无氧化气氛，必须使气体组分满足下列要求：$\varphi(CO)/\varphi(CO_2)>4.0$，$\varphi(H_2)/\varphi(H_2O)>4.0$，空燃比 $\alpha<0.5$。这种燃烧状况已经在管材生产线上的加热过程中实现，连续热镀锌线空燃比可实现 0.9，达到微氧化气氛，产生的微弱氧化作用对带钢质量的影响是可以接受的，且此影响通过后续工艺可以消除。

2.2.2.2　燃气辐射管加热

辐射管是通过燃气在辐射管中燃烧，利用受热的套管表面以热辐射的形式把热量传递给钢板，将钢板加热到热处理要求的温度[15,27]。由于燃烧产物不与钢板表面接触，因此不会影响钢板表面质量，而且炉内气氛及加热温度便于控制和调节。

辐射管燃烧系统主要由辐射管、烧嘴和废热回收装置等组成。辐射管是将燃料燃烧释放的热能辐射给钢板的关键部件。管体内表面与燃烧火焰及高温烟气直接接触，容易被局部灼烧、氧化；若沿管体长度方向存在较大的温差，则会产生较大的热应力，同时辐射管的热胀冷缩也会对它产生一定的蠕变。所以，管体应具有良好的耐热性能、抗高温的氧化能力、密封性、较低的膨胀系数以及较高的热导率等。

从辐射管结构的发展历史来看，最早出现的是直管型，到 20 世纪 50 年代初 U 型辐射管问世，在此基础上发展了 W 型，以及烟气再循环的 P 型和 O 型。传统的燃气辐射管普遍存在热效率低的问题，因其余热回收装置采用的是间壁式结构，余热回收不充分，空气预热温度一般为 200~500℃，烟气余热回收率仅能达到 30% 左右。因此，传统的燃气辐射管加热装置的热效率难以突破 75%。蓄热技术的发展为人们提高辐射管加热装置的热效率提供了新思路，采用蓄热式换热器代替间壁式换热器，可实现余热的高效回收。

2.2.2.3　电辐射加热

电辐射管是利用电热体作为热源，用辐射管作为辐射体的电阻加热器。电辐射管相对于普通炉内电阻加热器的优点如下：

（1）电辐射管操作维护方便。一旦电加热器电阻元件发生断路，电辐射管可以将电热体芯从电辐射管芯拔出，不必进入炉内进行更换，这样维护十分便利。

（2）适合用于气氛炉、真空回火炉。1）气氛热处理炉一般通有保护气体，对电辐射管加热器进行检修和维护，不会对炉内气氛造成影响，也减少炉内有害气体对人体和生命健康造成危害的风险；2）作为真空回火炉的发热体，其产生的挥发物极少，不会污染零件与炉膛，可以得到高真空状态。

（3）加热更均匀。电辐射管在高温下有一定的刚性，能够根据温度均匀性的加热工艺需要跨炉膛空间布置，而普通电阻电加热元件只能布置在炉子四周内壁上，所以电辐射管加热物料更均匀。

（4）炉温控制精度高。电辐射管在加热过程中造成炉温超调的现象很少，即使在低温情况下也能很好地控制炉温，保证控温精度。

2.2.2.4　炉气强制对流加热

在这种加热技术中，热炉气通过离心循环风机加压，通过循环风道由喷嘴喷吹到板材表面，然后又经过循环风机回风口返回，是一种强制循环强制对流的加热方法。炉内的炉气通过加热装置加热，加热装置可以采用直接燃烧加热法的烧嘴，也可以烧嘴外配置辐射管或者采用电加热器。该技术温度均匀性好，主要用于铝、铜合金板带材的加热及连续退火。近年，随着高强、耐磨等高性能中厚板在机械设备、工程钢结构等领域应用性能需求的提升，东北大学轧制技术及连轧自动化国家重点实验室开发了一种适用于中厚板极限低温回火的强制对流型高精度加热技术，这种技术适合实现 100~850℃ 的钢板回火处理，可解决直接燃烧加热和辐射管加热的低温均匀性差、传热效率低的问题。相比直接燃烧加热和辐射管加热，具有以下优点[15,28]：

（1）由于强制对流的作用，加热过程变得快速均匀，尤其低温回火均匀性更好；

（2）炉内烟气排放减少，可实现炉气流动可控的目标，容易解决低温加热时钢板宽向温度不均问题；

（3）由于高的对流换热系数，在给定炉长的情况下可以降低气体温度；

（4）由于加热速度可以通过气体喷射速度而不是提高炉温来进行调节，当板速或者厚度发生改变时，板温的控制变得更容易；

（5）当加热温度改变时，气体的温度变化比炉温具有更小的时间常数；

（6）烧嘴数量更少，不管从操作还是维护上都更容易。

2.2.3　炉膛传热分析

从热工的角度出发，热处理炉加热钢板就是传热过程，提高生产率就是要强化炉膛的热交换。图 2-7 描述了钢板在炉中加热时发生的传热过程。一般来说，最初的传热速度很快，随着钢板中心温度接近表面温度而降低，从而更快地接近炉温。理想的炉子设计允许在加热过程中以尽量小的热梯度尽可能快地达到热平衡[29]。

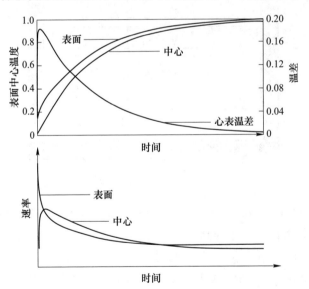

图 2-7　热处理过程钢板温度随时间变化曲线

热处理炉内的热传递是通过对流、辐射和传导来实现的。这些传热方式在炉中的相互作用如图 2-8 所示[30]。燃料燃烧所产生的炽热气体是加热炉炉膛内的热源。炽热气体以对流与辐射的方式把热量传给被加热的钢板，同时也传给炉壁和辊道。钢板、炉壁和辊道各吸收一部分热量后，把其余的反射出去。钢板吸收热量后温度升高，同时传递给了与钢板接触的辊道；而反射出来的辐射能经过炉气，被炉气吸收一部分，其余的热量透过炉气又投射到炉壁和辊道上。炉壁表面吸收一部分热量后，将其余的反射出去，而反射出去的辐射能在经过炉气时也被吸收一部分，其余的透过炉气又投射到钢板表面、炉辊和炉壁的其他部位。炉辊表面吸收的热量，一部分通过接触导热传递给钢板，另一部分又反射出去，反射出去的辐射能在经过炉气时被吸收一部分，其余的透过炉气又投射到钢板表面、其他炉辊和炉壁。它们四者之间相互进行辐射热交换，同时炉气还以对流给热的方式向炉壁、炉辊和钢板传热。炉壁以辐射方式给钢板传热，炉辊以接触导热和辐射方式给钢板传热，炉壁和炉辊在其中起一个中间物的作用。此外，炉壁和炉辊自身对外散热又损失一部分热量。可见炉膛内的热交换过程是很复杂的，辐射、对流和传导同时存在。

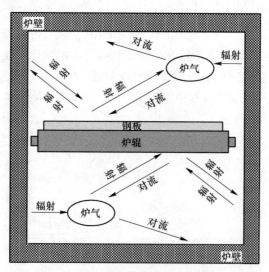

图 2-8　炉内热交换示意图

钢板加热过程中，辐射、对流和传导在不同的温度范围内影响不同。温度高于 1000℃ 时，辐射传热占主导地位，这时钢板所吸收的热量约 90% 通过辐射换热方式实现；温度在 800~1000℃ 之间时，炉气与钢板之间的传热则要同时依靠对流和辐射换热；当温度在 800℃ 以下时，对流传热随着炉温的降低成为主要传热方式。因此热处理炉设计时，不同温度的炉型应充分发挥其传热特性，增强钢板传热效率，如无氧化辐射管炉和电加热炉主要是依靠辐射加热，因此作为正火和淬火炉工作效率最高，而钢板回火炉工作温度一般较低，因此通常选用对流性更好的明火炉，近年又出现了适用于超低温回火的强对流烟气循环式热处理炉。

下面以钢板为研究对象，对其在炉内的热交换及其计算进行分析。

2.2.3.1 传导传热

中厚板加热过程中的传导传热主要包括：钢板表面热量向内部的热传导，以及高温辊道以热传导方式将一部分热量通过接触表面传给低温的钢板等。高温辊道与钢板接触热传导的传热量相对热辐射和对流传热量很少，在计算加热过程中的温升时，往往忽略钢板与辊道的传导散热，而将其综合考虑到辐射或对流换热中[30]。

2.2.3.2 对流传热

对流换热在明火式、强制对流式热处理炉的中低温加热上占据重要地位[31]。当炽热气体与钢板表面发生对流换热时，由于摩擦阻力的存在，在钢板表面存在不流动的气体边界层。边界层内的热量是依靠传导方式传向钢板表面，热阻较大，传热效率很低。要强化对流给热，必须减小边界层的热阻。加大流速是使边界层厚度减小的根本措施，换言之，增强对流换热的主要途径是增大炉气的流速。炉气与钢板间的相对速度越大，钢板表面边界层越薄，传热效率越高，升温速度越快，热效率越高。同时炉气流速加快，在炉气流动方向上的温差变小，炉温均匀性提高。为增大炉气的流速，出现了称为喷流加热（或冲击加热）的技术，即将高温的气流以高速喷向被加热钢板的表面，从而大大提高对流给热量。应用脉冲燃烧控制的高速烧嘴就是采用了喷流加热技术，燃气在烧嘴内完成混合和燃烧，产生的高温气体通过烧嘴的喷口高速喷出，速度可达 100m/s 以上。有研究表明，当气流速度由 20m/s 增加到近 200m/s 时，对流给热量几乎提高了四五倍。而且温度低的时候对流热量的传递比例更大，这也是回火热处理炉多采用高速脉冲燃烧方式的原因。在一般情况下，对流给热所占的份额不过 5%，但当采取喷流加热时，对流给热可以占总传热量的 65%～75%。图 2-9 描述的是加热气流流速与对流给热量的关系。

图 2-9 不仅说明随着对流给热强度的加大，钢板的绝对吸收热量在提高，而且还可以得知：在钢板表面温度低的情况下，对流的给热量更为显著；随着钢板温度不断提高，对流传热的比例就大为降低。

对流换热量 Q_c 和热流密度 q_c 一般用牛顿冷却公式计算，即

$$Q_c = Ah_c(T_g - T_s) \tag{2-18}$$

$$q_c = h_c(T_g - T_s) \tag{2-19}$$

式中，T_g 为炉气温度，℃；T_s 为钢板表面温度，℃；A 为换热面积，m^2；h_c 为对流换热系数，W/(m$^2 \cdot$ ℃)。

钢板温度的计算过程中采用的是炉气温度。考虑热处理炉内热电偶安装位置以及插入深度因素，认为炉气温度与炉温相等。所以有

$$q_c = h_c(T_f - T_s) \tag{2-20}$$

式中，T_f 为炉温，℃。

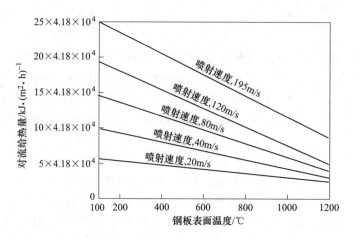

图 2-9　流速与对流给热量的关系

2.2.3.3　辐射传热

在钢板加热过程中，炉墙、炉气和炉辊与钢板四者之间均存在辐射热交换，以辐射传热形式传递给钢板的热量计算较为复杂。针对辐射传热计算，国内外学者研究较多，对其计算方法主要有：区域法（或段法）、流法、蒙特卡洛法和总括热吸收率法等。区域法、流法和蒙特卡洛法是基于区域能量平衡建立的，由于计算工作量大，一般只用于传热过程的离线分析。总括热吸收率法是为实现模型在线应用而建立，它是一种对钢板外部热交换简化的计算方法，因而在在线计算中被广泛应用[32-34]。本书以辐射传热计算也采用这种方法。

根据 $q = \sigma\phi_{CF}(T_f^4 - T_s^4) = \sigma\phi_{CG}(T_g^4 - T_s^4)$，基于炉温 T_f 计算总括热吸收率，钢板表面受到热辐射传热的热流密度 q_r 为：

$$q_r = \sigma\phi_{CF}(T_f^4 - T_s^4) \tag{2-21}$$

综合钢板表面的传热分析，钢板表面所受到热流密度为辐射传热与对流传热之和，根据式（2-20）和式（2-21）有：

$$q_s = q_r + q_c = \sigma\phi_{CF}(T_f^4 - T_s^4) + h_c(T_f - T_s) \tag{2-22}$$

式中，q_s 为钢板表面总的热流密度，W/m^2。

式（2-22）可化为：

$$q_s = \sigma\phi'_{CF}(T_f^4 - T_s^4) \tag{2-23}$$

式中，$\phi'_{CF} = \phi_{CF} + \dfrac{h_c}{(T_f^2 + T_s^2)(T_f + T_s)}$。

式（2-23）将钢板的对流换热折算到辐射换热之中，是考虑了辐射和对流传热作用以后的钢板表面热流表达式。它将所有影响钢板表面传热的因素都集中反

映在总括热吸收率 ϕ'_{CF} 上，所以在计算钢板温度之前必须确定钢板表面的总括热吸收率。为了研究方便，以下将 ϕ'_{CF} 称为 ϕ_{CF}，代表考虑了辐射和对流传热作用的总括热吸收率。

2.3 热处理炉产能设计

2.3.1 热处理温度、加热速度和均热时间

设计热处理炉的产量时，通常按照一些经验数据进行设计计算。

2.3.1.1 碳钢热处理炉

（1）热处理温度。如表 2-2 所示。

表 2-2 热处理温度

热处理状态	钢板保温温度/℃	炉温/℃
淬火	900~950	870~970
正火	900~950	870~970
高温回火	500~750	530~770
中温回火	350~500	370~530
低温回火	150~350	170~370

（2）加热速度和保温时间。如表 2-3 所示。

表 2-3 加热速度及保温时间

热处理工艺	加热速度/min·mm^{-1}	保温时间/min
淬火	1.4~1.5	约5
正火	1.4~1.5	约10
高温回火 650℃	1.8~2.5	20~30
中温回火 450℃	2.4~3.0	30~40
低温回火 200℃	2.6~3.3	30~40

（3）典型热处理曲线如图 2-10~图 2-24 所示。

正火加热曲线：

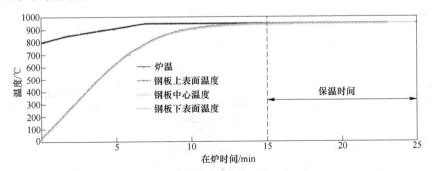

图 2-10 10mm 钢板正火处理 950℃

（扫描书前二维码看彩图）

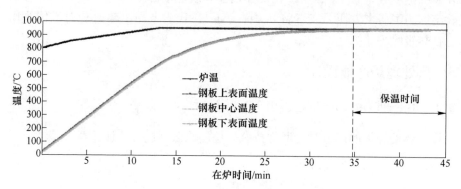

图 2-11　25mm 钢板正火处理 950℃

（扫描书前二维码看彩图）

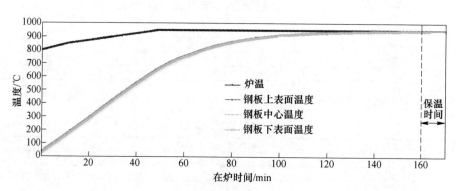

图 2-12　100mm 钢板正火处理 950℃

（扫描书前二维码看彩图）

淬火加热曲线：

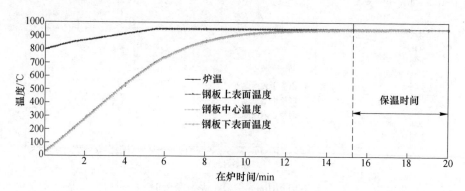

图 2-13　10mm 钢板淬火处理 950℃

（扫描书前二维码看彩图）

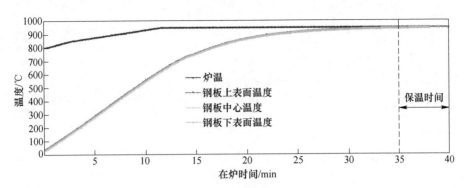

图 2-14　25mm 钢板淬火处理 950℃

（扫描书前二维码看彩图）

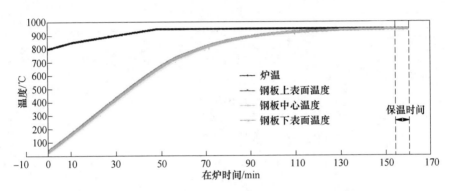

图 2-15　100mm 钢板淬火处理 950℃

（扫描书前二维码看彩图）

高温回火曲线：

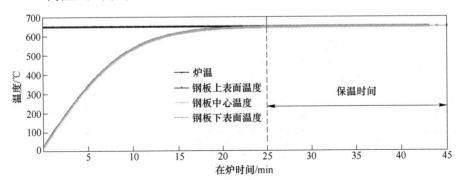

图 2-16　10mm 钢板高温回火处理 650℃

（扫描书前二维码看彩图）

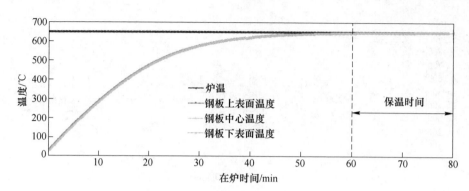

图 2-17　25mm 钢板高温回火处理 650℃

（扫描书前二维码看彩图）

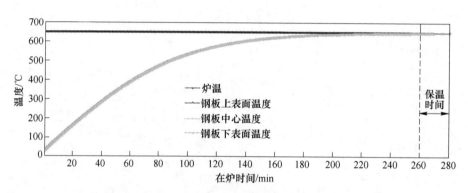

图 2-18　100mm 钢板高温回火处理 650℃

（扫描书前二维码看彩图）

中温回火曲线：

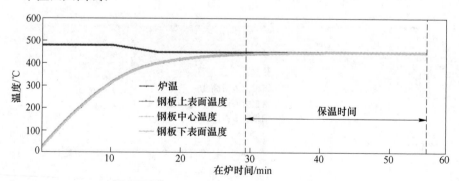

图 2-19　10mm 钢板中温回火处理 450℃

（扫描书前二维码看彩图）

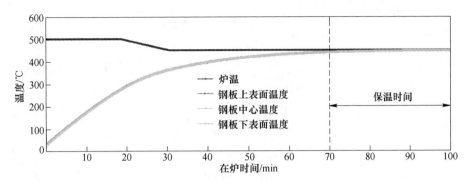

图 2-20 25mm 钢板中温回火处理 450℃

（扫描书前二维码看彩图）

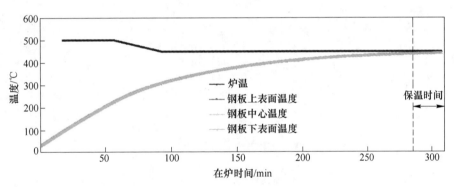

图 2-21 100mm 钢板中温回火处理 450℃

（扫描书前二维码看彩图）

低温回火曲线：

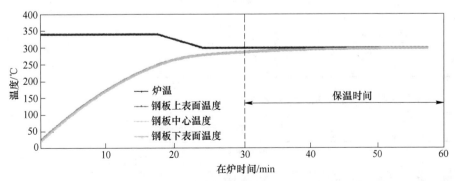

图 2-22 10mm 钢板低温回火处理 300℃

（扫描书前二维码看彩图）

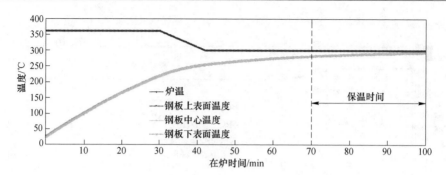

图 2-23　25mm 钢板低温回火处理 300℃

（扫描书前二维码看彩图）

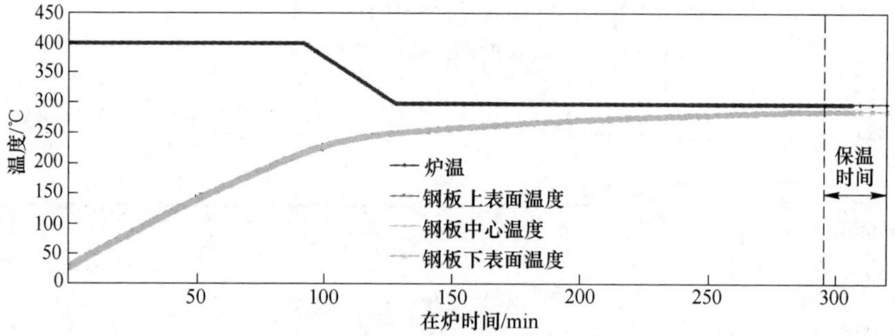

图 2-24　100mm 钢板低温回火处理 300℃

（扫描书前二维码看彩图）

2.3.1.2　不锈钢等特殊钢热处理炉

（1）热处理温度见表 2-4。

表 2-4　热处理温度

钢　种	钢板保温温度/℃	炉温/℃
普通不锈钢	950~1050	970~1080
特殊不锈钢	885~1100	900~1180
钛及钛合金	850~950	970~980
炉温	max1180	

（2）加热速度和均热时间见表 2-5。

表 2-5　加热速度和均热时间

钢　种	加热速度/min · mm^{-1}	均热时间/min
304 不锈钢	1.1~1.2	5 或 0.5
316、耐热、水电、核电不锈钢	1.1~1.2	1
双相不锈钢	1.1~1.2	2
特殊不锈钢	1.1~1.2	3.0
钛及钛合金	1.4~1.5	60

实际生产时，根据具体钢种，调整加热时间并可采用不同的均热时间。

（3）典型热处理曲线如图 2-25～图 2-27 所示。

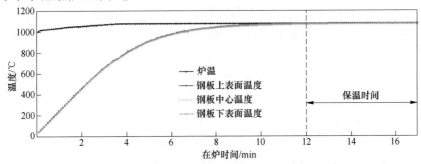

图 2-25 10mm 钢板固溶热处理曲线

（扫描书前二维码看彩图）

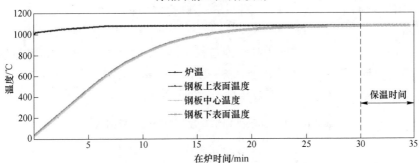

图 2-26 25mm 钢板固溶热处理曲线

（扫描书前二维码看彩图）

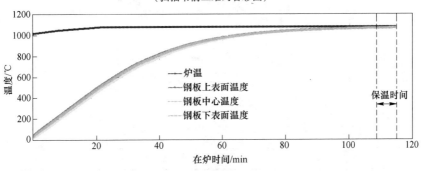

图 2-27 100mm 钢板固溶热处理曲线

（扫描书前二维码看彩图）

2.3.2 热处理炉产能分配计算

2.3.2.1 计算目的

确定热处理炉的长度、宽度等尺寸是否满足年总产量的要求。

2.3.2.2　计算条件

（1）热处理的年产量和产品大纲。年产量和产品大纲是根据业主或车间工艺委托书得到的，产品大纲介绍各热处理品种、钢板尺寸规格下的年处理量。

（2）热处理制度。热处理制度包括：钢板的热处理类型、加热峰值温度、保温时间、温度均匀性要求、在炉时间、保护气氛的要求。

（3）年允许的有效生产时间。热处理炉的年产量与年生产时间有关，一般按照以下方法计算年生产时间：

年总日历时间：一年按照 365 天计算，年总日历时间为 8760h。

检修时间：计划检修包括：年休、季休和周修，通常的计算如表 2-6 所示，一般为 454h。

可用作业时间：年总日历时间减去计划检修时间为可用作业时间，一般为 8306h。

生产时间：可用作业时间中扣除因备料、排产、上下料及设备故障等耽误的时间后为生产时间，损失率一般为 10%~20%，年生产时间通常为 6600~7500h。

表 2-6 为典型的热处理炉有效年生产时间平衡表。

表 2-6　典型的热处理炉有效年生产时间平衡表

总的日历时间	每年的天数	每天的小时数	时间/h	备注
	365	24	8760	—
检修	次数	每次	时间/h	备注
年休	1	168	168	停产 1 星期检修
季修	4	48	192	停产 2 天检修
周修	47	2	94	每星期检修
检修总计	—	—	454	—
可用作业时间/h			8306	
损失时间		13.30%	1105	—
生产时间/h		—	7201	—

为了提高产量，在设备允许的情况下，可以适当减少检修时间；同时配置先进和完善的一级、二级及三级自动控制系统，实现全自动、紧密连续生产，从而减少操作损失率。通过以上措施，可以增加有效生产时间。

2.3.2.3　产量计算步骤

连续热处理炉的产量计算步骤如下：

（1）初步确定热处理炉尺寸，主要是炉长。

（2）根据平均板长和钢板间隙，确定钢板在炉数量，并计算装钢量。

（3）根据钢板厚度和加热制度，确定钢板在炉热处理时间（含装出料时间）。

（4）计算各品种、各规格的小时产量。

（5）根据产品大纲，计算完成年热处理量所需的年工作时间，如果年工作时间不大于7000h同时不小于6500h，说明炉子尺寸是合理的。否则说明炉子长度偏小或过大。

（6）如果产量很大，可以配置多座热处理炉。

周期式热处理炉的产量计算步骤如下：

（1）初步确定有效炉底尺寸。

（2）根据典型钢板尺寸，设计布钢图，并计算装钢量。

（3）根据钢板厚度和加热制度，确定钢板在炉热处理时间（含装出料时间）。

（4）计算典型钢种的平均小时产量。

（5）计算完成年热处理量所需的年工作时间，如果年工作时间不大于7000h同时不小于6500h，说明炉底的尺寸是合理的。否则说明炉子尺寸偏小或过大。

（6）如果产量很大，可以配置多座热处理炉或者连续炉。

2.4 连续热处理炉

2.4.1 连续热处理炉特点

连续式热处理炉又分为连续式和半连续式，连续式炉生产中钢板连续运动，通过在不同温度区移动完成加热，通常各温度区温度是不同的，如图2-28所示。半连续炉生产中钢板通常以连续但步进的方式移动。

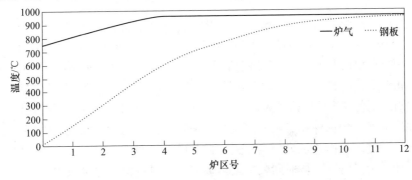

图 2-28　温度-炉区关系曲线图

　　在中厚板钢铁企业应用较多的双梁步进式和辊底式两类炉型属于可连续生产式。双梁步进式热处理炉主要优点是没有辊印和划伤，承载能力大，用于特厚板热处理有一定的优势，但钢板最大输送速度受到限制，因此双梁步进式炉由于难以实现高速出炉，难与淬火机配套，只能用于钢板的正火、回火处理。图 2-29 所示为双梁步进式热处理炉。

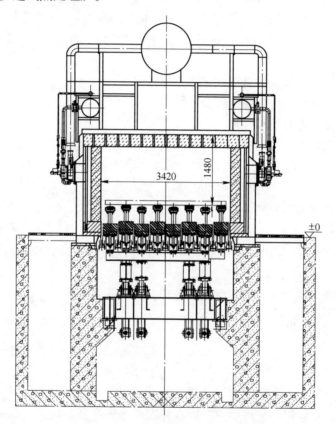

图 2-29　双梁步进式热处理炉示意图

　　辊底式炉在炉子的整个长度上，每隔一定距离就安装一根炉辊，组成炉内辊道，辊道之间要相互平行，见图 2-30。这种炉型的产量和机械化、自动化程度相对较高，物料在辊道上运动，在辊道上下两面都可以布置烧嘴，受热更均匀，加热速度快，相对于其他炉型，它具有可实现高速出炉的特性，缩短了钢板淬火转移时间，炉后可配备先进的辊式淬火机设备，目前在国内外中厚板厂得到了广泛应用。

　　辊底式加热炉的操作有两种方式，一是物料在炉内匀速前进，物料不断地从炉子的一端进入炉内，从另一端出去。在此操作过程中物料完成加热、保温等热处理工序。二是每隔一段时间装一批钢板，装料时钢板快速进入炉内，然后在炉内靠炉辊的正反转动，形成"摆动操作制度"。装出料同时进行，出料快速，这

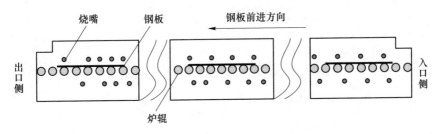

图 2-30　辊底式热处理炉示意图

种操作方式称为批次处理，多用于铝合中厚板热处理。

2.4.2　辊底式热处理炉炉型

辊底式热处理炉是中厚板热处理常用炉型，可以完成钢板常化、高温固溶、淬火、回火等热处理，辊底炉炉型如图 2-31 所示。

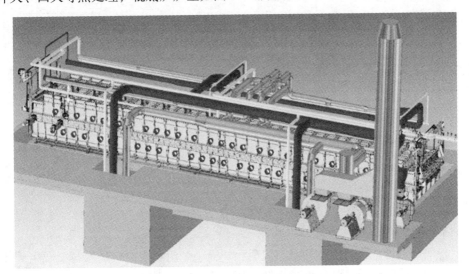

图 2-31　辊底式钢板热处理炉外形图

从炉型来看可分为辐射管加热辊底式热处理炉和明火加热辊底式热处理炉。

2.4.2.1　明火加热辊底式热处理炉

明火加热辊底炉断面如图 2-32 所示。

辊底式热处理本体由下列设备组成：炉壳、炉门、内衬、烧嘴、燃烧管道系统、水冷管道系统、压缩空气系统、炉辊和传动设备、控制系统。

采用明火加热时，烧嘴布置在热处理的侧墙上，炉内气氛为燃气燃烧产物，不利于防止物料的氧化，但是炉内气氛在烧嘴喷射作用下流动，炉内气体流动，

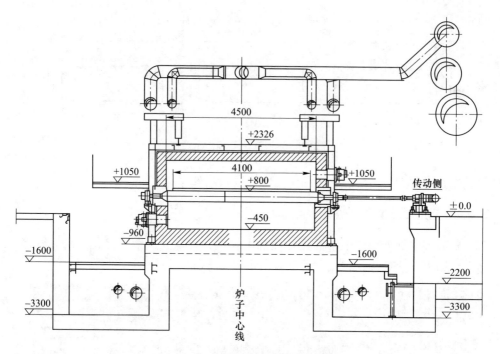

图 2-32　明火加热辊底式热处理炉

有利于对流传热，特别适合中温、低温回火要求。

采用明火加热，火焰直接辐射到加热物料表面，传热效率高，加热速率高。

采用明火加热，可用于炉温达 1200℃ 不锈钢固溶热处理。

2.4.2.2　辐射管加热辊底式热处理炉

辐射管加热断面图如图 2-33 所示。

辊底式热处理本体由下列设备组成：炉壳、炉门和密封帘、内衬、辐射管或烧嘴、燃烧管道系统、气氛保护系统、压缩空气管道系统、水冷管道系统、炉辊和传动设备、控制系统。

采用辐射管加热时，辐射管布置在物料的上下方，炉内气氛为保护气体（一般为氮气），有利于防止物料的氧化，但是炉内气氛在炉内流动速度慢，不利于对流传热，中温、低温回火时炉温均匀性差，炉温惯性大，不利于物料温度精确控制。

辐射管一般采用 I 型辐射管，也可以采用 U 型辐射管。辐射管加热器包括辐射管烧嘴、辐射管外管、辐射管内管等。辐射管直管段采用离心铸造，弯管等异形部分采用静力铸造。通常每套辐射管加热器包括：低 NO_x 自身预热式烧嘴（含预热器），1 个；燃气脉冲阀和空气脉冲阀，各 1 个；燃气手动调节阀和

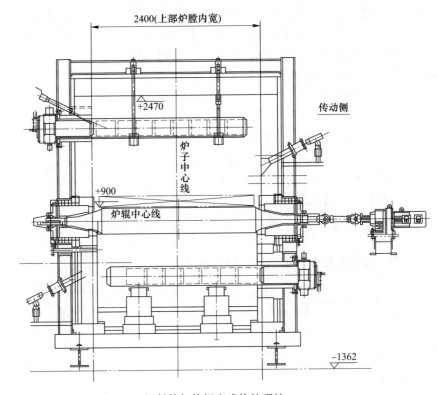

图 2-33　辐射管加热辊底式热处理炉

空气手动调节阀，各 2 个；烧嘴点火与检测电极，1 个；烧嘴控制器，1 个；辐射管外管，1 个；辐射管碳化硅内管，1 套。

辐射管使用寿命与下列因素有关：辐射管材质、炉子温度、制造厂的制造工艺和熔炼技术控制、使用单位的日常保养、辐射管设计综合优化、烧嘴功率匹配。

（1）辐射管外管成分和最高使用管温和最高炉温如表 2-7 所示。

表 2-7　辐射管外管成分和最高使用管温和最高炉温

简称	主要成分/%	管温/℃	炉温/℃
25-12	0.35C-25Cr-13Ni	900	800
25-20	0.40C-25Cr-20Ni	1000	900
15-35	0.40C-35Ni-18Cr	1050	950
25-35	0.40C-35Ni-25Cr-1Nb	1100	1050
28-48-5	0.50C-48Ni-28Cr-5W	1150	1130

辐射管外管表面功率应在 $16.72 \sim 25.08 J/(cm^2 \cdot h)$，对于中厚板常化、淬火

热处理炉通常选用材质 Cr28Ni48W5 作为外管。管径和壁厚：通常是 $\phi 260/280/300$mm，壁厚 9~10mm。辐射管长度一般不宜超过 3000mm，如果炉子较宽，则应采取长短支的方法，长短支的长度不应有过大的差别。

（2）辐射管内管参数如下：

直径：190mm；

壁厚：4~5mm；

长度：300mm/节，有效长度 260mm；

数量：先确定辐射管有效长度：约 300mm/260mm；

材质：SiSiC　SiC 88%；自由 Si 12%；

最高使用温度：1380℃。

2.4.2.3　明火加热和辐射管加热热处理炉炉型比较

明火加热和辐射管加热热处理炉炉型比较如表 2-8 所示。

表 2-8　明火加热和辐射管加热热处理炉炉型比较

项目名称	明火加热辊底式热处理炉	辐射管加热辊底式热处理炉
加热方式	烧嘴明火加热	辐射管加热
炉内气氛	燃烧产物	保护气体
助燃风量	满足引射风和助燃风量要求	满足燃烧风量要求
排烟量	满足引射风和排烟量要求	满足排烟量要求
炉压控制	调节排烟管道阀门或排烟机抽力	调节氮气给入量和排出量

2.4.3　无水冷金属炉底辊

该炉底辊适用于炉温不超过 1000℃ 的辊底炉，如钢板的淬火、正火、回火等热处理，对于钢板固溶处理，建议使用防结瘤耐高温纤维炉底辊。

由辊筒、锥套和端轴组成，辊筒为离心铸造，锥套为精密静铸，锥套上开有气孔。锥套与辊筒焊接前须填好绝热材料。

（1）炉辊材质：最高炉温达到 1000℃ 时，入炉密封室、出口密封室内的炉辊材质为 Cr24Ni7SiNRe，其余炉内辊道 Cr25Ni35Nb。为了统一起见，可以全部用 Cr25Ni35Nb；最高炉温不超过 800℃ 时，炉辊全部用 Cr24Ni7NRe。

（2）辊径、壁厚和长度：计算板子产生的弯矩和辊子自重产生的弯矩，当然需要先假定辊子的外径和壁厚，计算出断面系数和辊子自重，然后在合理的范围内优化管径和壁厚，既满足弯矩要求，又重量较小。

常用的辊子直径多为 300/350/380mm，也有 400mm 的，再大下部遮蔽太大就不合适了。常用的壁厚为 20~30mm。

炉辊长度 = 钢板最大宽度 + 2×（50~100）mm，这个长度指的是离心铸造部分的长度。

辊底式钢板热处理淬火炉，炉辊温度与板温、炉温十分接近。辊子间距一般为 500~600mm。

（3）炉辊速度：对于保护气氛炉子，均需要快进快出，以减少保护气体的消耗和保持炉内气氛。

对于保护气氛钢板淬火炉，有时钢板不淬火，但要求快速通过，以保护淬火机，通过的速度高达 60m/min，此时快速出料段（进料段）的长度就是钢板的最大长度，炉内辊道的分组就是三组，即快速进料组；炉内组；快速出料组，料越长，前后两组辊道越多。

保护气氛正火、回火炉，料长 12m 以下的，进出料均可按 20m/min 选择，长度大于 12m 的，进料 20m/min，出料 40m/min。

一般炉内组的速度为 0.25~20m/min，快速进料组的速度为 0.25~20m/min，辊道功率约 2.2~3kW，快速出料组的速度为 0.25~40/60m/min，辊道功率约 4~5.5kW，直行速度小于 0.3m/min 时，需摆动操作。

摆动操作时，一般摆动速度为 3m/min，快速出料速度一般为 60m/min。

快速进出料段长度是一根最长料的长度。炉辊为单独变频传动，每辊有一个编码器。

2.4.4 防结瘤耐高温纤维炉底辊

2.4.4.1 炉辊结瘤问题

钢板进行固溶、正火等处理时，炉温很高（特殊不锈钢固溶时炉温可达1200℃），辊底炉炉辊必须具备耐热温度高、高温承载力强的特点，传统上采用耐热合金炉辊，这类辊底炉存在以下问题：

（1）辊面结瘤造成钢板表面的麻点缺陷。耐高温合金炉辊在生产过程中易出现辊面结瘤，如图 2-34（a）、（c）所示，结瘤物（见图 2-34（b））的成分以铁的氧化物为主，比较复杂。结瘤是钢板表面疏松的小片氧化铁皮在高温状态下脱落、黏附在炉辊表面上，随生产的进行不断积累叠加而成，同时它在近乎热熔的柔软状态下还发生进一步的高温氧化。一方面结瘤物在氧化铁皮不断黏附叠加、钢板不断碾压下更加紧密突起，另一方面在高温状态下钢板表面软化（尤其是不锈钢），因此钢板在自重下就会压出辊印（见图 2-34（b）和（d）），钢板越重，辊印就越多、越深。炉辊结瘤造成的钢板表面麻点缺陷（见图 2-34（b）和（d）），严重影响钢板表面质量，不仅破坏产品外观形象，还带来巨大的人工修磨工作量，拖缓生产节奏，浪费成本，严重的甚至直接判废。

（2）耐热合金炉辊造价高。传统上采用外套为 Cr25Ni20Si2、Cr25Ni35Nb1.5或者 Cr28Ni48W5 的耐热合金炉辊，由于镍、铬等价格较高，在辊中的含量又很

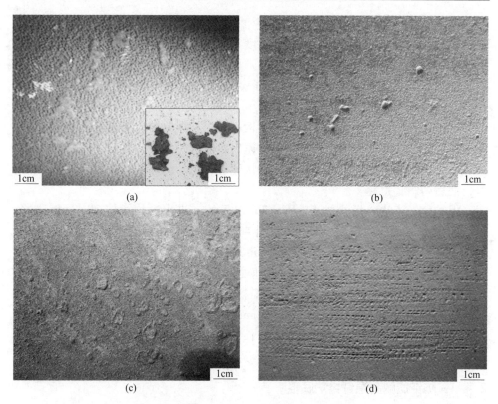

图 2-34　合金炉辊辊面结瘤和钢板表面凹坑
(a)，(b) 麻面炉辊；(c)，(d) 光面炉辊

高，导致仅炉辊一项就可占整个辊底炉全部价格的 20%～30%，直接增大了整个
热处理炉的投资。

（3）热损失大，能耗高。钢辊直接与钢板接触，炉内的热量通过炉辊传到
炉外，热损失较大，特别是不锈钢等特殊钢固溶炉采用的水冷耐热合金炉辊，炉
辊冷却水带走的热量损失通常占炉子热收的 20%～30%，不仅造成燃料和水的极
大浪费，还需要较大的水处理系统的支撑。

为解决耐热合金辊底炉的问题，关键是钢板麻点缺陷问题，人们提出了各种
各样的办法，主要有：减少带入炉内的氧化铁皮；监测控制炉内的氧气含量，明
火炉采用微氧化气氛加热，减少炉内氧化铁皮的生成；合理优化生产工艺，合理
的降低加热温度和减少保温时间；控制摆动时间和摆动速度，协调好整个生产节
奏，钢板加热完成后立即出炉，对于需要摆动加热的钢板，尽量降低炉辊摆动频
率；停炉磨辊；低温磨辊，即将炉温降低到 500℃ 左右后，用专用托炉厚钢板在
炉内快速运动；热喷涂技术，即在炉辊表面喷涂一定厚度的耐高温涂料（以金属
陶瓷居多）以改善辊面的机械性能，提高炉辊抗结瘤能力；优化生产计划安排，

装炉顺序按工艺温度从高到低、产品规格从厚到薄安排生产；坐船处理，即利用判废的不锈钢板制作托架，形似"井"字，将待热处理钢板放于托架上，一起进行加热、淬火处理，这虽可避免辊印，但托架使用次数有限，生产效率低下，淬火板形不易控制。

　　上述方法都未能较好地和彻底地解决钢板辊印缺陷问题，为了彻底解决钢板麻点问题，必须寻找一种耐热、有一定高温强度且不与钢板氧化铁皮粘连的材料的炉辊。石棉纤维辊身由耐火石棉纤维片压装而成，辊面不与氧化铁皮黏结，具有耐高温性能、压装后具有一定的承载性能，较好地和较彻底地解决了炉辊结瘤造成的钢板表面缺陷问题，还降低了能耗，中厚板辊底炉改用石棉纤维炉辊（特别是高温段）是重要的技术改进和大势所趋。

2.4.4.2　炉辊传热计算模型

　　为了更好地进行辊底式高温固溶炉炉辊的设计、选型和控制，我们对两种炉辊建立传热模型，分析这两种炉辊的传热过程，在不同的冷却水和炉温条件下比较两种炉辊的热损[35]。

　　A　两种炉辊的结构

　　水冷式合金炉底辊结构如图 2-35 所示，内管为厚壁无缝管，管内是芯管，冷却水从芯管流入，从芯管与内管间流出；外套材质为 ZGCr28Ni48W5（高温段）或 ZGCr25Ni35Nb1.5（低温段），离心浇铸成型；外套与内管间填充隔热纤维，每隔一段距离等周向间距的布置合金支撑块，以增加外套高温强度。石棉纤维炉辊结构如图 2-36 所示，辊身主要采用耐火石棉纤维片压装而成，先由耐火石棉纤维添加少量氧化锆纤维、增强剂等打碎成纸浆状后制作成片状并烘干，再用压力机将纤维片压装到辊芯上，最后待辊身应力释放完成后，上机床将辊面车削光整。

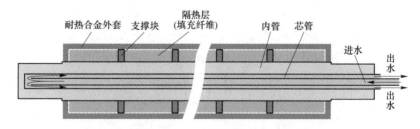

图 2-35　耐热合金水冷炉辊的结构示意图

　　B　炉辊的传热建模及求解

　　本节建立稳态生产情况下的炉辊热交换模型，基于固溶炉实际生产中对主要热交换方式的考虑和理论分析的简化要求，做如下假设和处理：

　　（1）炉辊正常工作时处于不断旋转状态，其圆周方向上近似认为无明显温度变化。

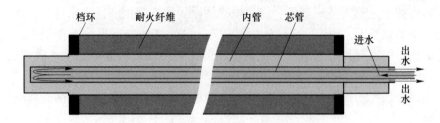

图 2-36　石棉纤维水冷炉辊的结构示意图

（2）生产过程中采用脉冲燃烧控制方式，炉宽方向温度均匀性较好，因此近似认为炉辊辊面沿辊身长度方向温度均匀一致。

（3）冷却水对炉辊的冷却作用主要集中在炉辊内壁接触面，冷却水的温度变化是由炉辊内壁处的对流换热作用引起，在研究过程中冷却水与芯管接触部分近似为等温绝热面。

（4）合金炉辊支撑块的数量少、间距大和尺寸小，其与炉辊内管外壁和炉辊外套内壁的接触面积比仅为 5.1% 和 5.8%，设置 1+k 倍的隔热硅酸铝纤维的导热系数为炉辊内管与外管间的综合传热系数，合金炉辊支撑块的传热作用通过调整系数 k 来实现。

（5）合金炉辊和纤维炉辊的横截面示意图如图 2-37 所示。材质 1、材质 2、材质 3、材质 4 分别为 20 钢、硅酸铝纤维、Cr28Ni48W5 和石棉纤维片。稳态情况下辊面温度维持在均匀且恒定的温度 T_{R_2}，冷却水平均温度为 $\overline{T}_w$，R_1 和 R_2 分别为炉辊内管内壁半径和炉辊半径；R_1' 和 $T_{R_1'}$ 分别为材质 1 与材质 2（或者材质 4）间的壁面半径和壁面温度；R_2' 和 $T_{R_2'}$ 分别为材质 2 与材质 3 间的壁面半径和壁面温度。

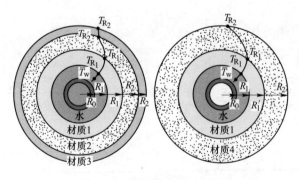

图 2-37　炉辊横截面示意图

通过炉辊内管壁的热流量作用于冷却水，使冷却水温度升高，根据能量平衡，得：

$$\Phi_{R\&W} = \int_{T_{w\_in}}^{T_{w\_out}} c_p(T) F_m dT \tag{2-24}$$

其中 F_m 为冷却水流量，kg/s，按下式进行计算，

$$F_m = u_w \pi (R_1^2 - R_0^2) \rho_w(T) \tag{2-25}$$

式中，$\Phi_{R\&W}$ 为炉辊内管内壁面热流量，W；$c_p(T)$ 为冷却水比热容，J/(kg·℃)；$\rho_w(T)$ 为冷却水密度，kg/m³；T_{w_in}、T_{w_out} 为冷却水进、出水温度，℃；u_w 为冷却水平均流速，m/s。

炉辊内管壁面作用于水的热流量，合金辊为：

$$\Phi_{R\&W} = 2\pi l R_1 h_c (T_{R_1} - \overline{T}_w)$$

$$= \frac{2\pi l \overline{\lambda}_1 (T_{R_1'} - T_{R_1})}{\ln \dfrac{R_1'}{R_1}} = \frac{2\pi l \overline{\lambda}_2 (T_{R_2'} - T_{R_1'})}{\ln \dfrac{R_2'}{R_1'}} = \frac{2\pi l \overline{\lambda}_3 (T_{R_2} - T_{R_2'})}{\ln \dfrac{R_2}{R_2'}} \tag{2-26}$$

石棉纤维辊为：

$$\Phi_{R\&W} = 2\pi l R_1 h_c (T_{R_1} - \overline{T}_w)$$

$$= \frac{2\pi l \overline{\lambda}_1 (T_{R_1'} - T_{R_1})}{\ln \dfrac{R_1'}{R_1}} = \frac{2\pi l \overline{\lambda}_4 (T_{R_2} - T_{R_1'})}{\ln \dfrac{R_2}{R_1'}} \tag{2-27}$$

式中，$\overline{\lambda}_1$、$\overline{\lambda}_2$、$\overline{\lambda}_3$、$\overline{\lambda}_4$ 分别是材质 1、材质 2、材质 3 及材质 4 的平均导热系数，W/(m·℃)；l 为炉辊辊身有效长度，m；$\overline{T}_w$ 为冷却水平均温度，℃，$\overline{T}_w = (T_{w\_in} + T_{w\_out})/2$；$h_c$ 为冷却水对炉辊内管壁的对流换热系数，W/(m²·℃)。

联立式（2-24）与式（2-26）或式（2-27），可得方程组：

$$\begin{cases}
\pi u_w A \displaystyle\int_{T_{w\_in}}^{T_{w\_out}} c_p(T) \rho_w(T) dT - h_c(T_{R_1} - \overline{T}_w) = 0 \\[2mm]
\dfrac{\overline{\lambda}_1 (T_{R_1'} - T_{R_1})}{B} - h_c(T_{R_1} - \overline{T}_w) = 0 \\[2mm]
\dfrac{\overline{\lambda}_2 (T_{R_2'} - T_{R_1'})}{C} - h_c(T_{R_1} - \overline{T}_w) = 0 \\[2mm]
\dfrac{\overline{\lambda}_3 (T_{R_2} - T_{R_2'})}{D} - h_c(T_{R_1} - \overline{T}_w) = 0 \\[2mm]
\dfrac{\overline{\lambda}_4 (T_{R_2} - T_{R_1'})}{E} - h_c(T_{R_1} - \overline{T}_w) = 0
\end{cases} \tag{2-28}$$

式中，$A = \dfrac{R_1^2 - R_0^2}{2lR_1}$，$B = R_1 \ln \dfrac{R_1'}{R_1}$，$C = R_1 \ln \dfrac{R_2'}{R_1'}$，$D = R_1 \ln \dfrac{R_2}{R_2'}$，$E = R_1 \ln \dfrac{R_2}{R_1'}$。

　　在炉辊结构参数一定的情况下，通过方程组可求解得到炉辊关键界面的温度（T_{R_1}、T_{R_2}和不同材质分界面温度 $T_{R_1'}$、$T_{R_2'}$）与冷却水流速 u_w、冷却水进出水温度 T_{w_in}、T_{w_out} 之间的关系。

　　由于冷却水的对流换热系数、密度、比热与其温度密切相关，同时炉辊不同材质的导热系数 $\bar\lambda_1$、$\bar\lambda_2$、$\bar\lambda_3$ 与炉辊的关键界面温度 T_{R_1}、$T_{R_1'}$ 和 $T_{R_2'}$ 也密切相关，按照一般的解法很难求解方程组，本节提出一种基于牛顿搜索的迭代规划求解算法来求解，以在炉辊表面温度、进水温度一定的情况下，分析流速与出水温度，炉辊关键界面、能耗之间的关系为例，算法流程图如图 2-38 所示。在求解过程中还需要注意变物性参数问题，即冷却水的密度、比热容、炉辊中的不同材质的导热系数都是温度的函数。

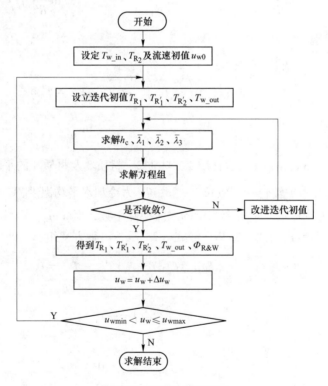

图 2-38　迭代计算流程图

2.4.4.3　炉辊水冷模型的验证

为了验证模型的精度，在现场进行了测试，测试时进水水温 28℃，炉温

1000℃和1100℃时保温，以第176号和第180号炉辊为测试对象，利用建立的水冷模型及求解策略对两根炉辊的冷却水出水温度进行计算，模型计算结果与测试结果对比见表2-9。

表2-9 模型计算结果和实测结果对比

q_w	u_w	T_{R_2}	T_{w_out}		
			实测值	计算值	偏差
1.00	0.22	1100	40	37.2	2.8
1.80	0.40	1100	35	33.1	1.9
2.30	0.51	1100	30	31.9	-1.9
1.10	0.25	1000	35	34.4	0.6
1.80	0.40	1000	32	32	0
2.50	0.56	1000	30	30.8	-0.8

注：q_w为冷却水流量，m^3/h。

从表2-9中可见，出水温度的计算值与实测值偏差小于3℃，大部分在2℃之内，因此模型精度较好，可用此模型来进行炉辊热损的分析和优化计算。

2.4.4.4 热损失分析和优化控制

A 冷却水流速与炉辊关键分界面温度及冷却水出水温度的关系

u_w为0.04~1m/s，T_{w_in}为30℃，T_f为1200℃和1050℃时，合金炉辊的T_{R_1}、$T_{R_1'}$、T_{R_2}、$T_{R_2'}$、T_{w_out}、ΔT_w如图2-39所示，石棉纤维炉辊的T_{R_1}、$T_{R_1'}$、T_{R_2}、T_{w_out}、ΔT_w如图2-40所示。

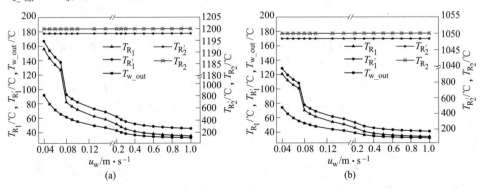

图2-39 合金炉辊冷却水流速与炉辊关键分界面温度、出水温度的关系
（a）$T_f=1200℃$；（b）$T_f=1050℃$

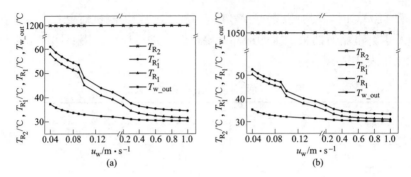

图 2-40　石棉纤维炉辊冷却水流速与炉辊关键分界面温度、出水温度的关系

(a) $T_f = 1200℃$；(b) $T_f = 1050℃$

从图 2-39 和图 2-40 中可以看出：

(1) T_{R_1}、T_{R_i} 和 T_{w_out}、ΔT_w 均随 u_w 的增加而减小，在 u_w 增加到一定值 (0.3m/s) 时，它们的值减小趋势放缓，u_w 再增大（大于 0.4m/s）时，它们的值将会基本保持不变。

(2) u_w 在接近临界速度（合金炉辊是 0.07m/s，石棉纤维炉辊是 0.09m/s）时，炉辊内管壁温度有较明显的阶跃性降低，原因是在临界流速以下为层流对流换热，临界流速以上为由层流向湍流过渡，此时换热能力要明显强于层流状态，因此炉辊内管壁温度下降显著。

(3) 完全湍流状态下，$T_{R_i} - T_{R_1}$ 基本保持不变。

(4) 对于合金炉辊，T_f 为 1200℃、T_{w_in} 为 30℃、u_w 大于 0.3m/s 时，T_{w_out} 小于 40℃、ΔT_w 小于 10℃；T_f 为 1050℃、T_{w_in} 为 30℃、u_w 大于 0.2m/s 时，T_{w_out} 小于 40℃，ΔT_w 小于 10℃。

(5) 对于新型石棉纤维炉辊，冷却水的温升很小，只要冷却水的流速大于临界流速即可，当然最好使冷却水处于完全湍流状态。

总的来说：

(1) 仅从炉辊内管的冷却来说，只要流速大于临界流速，内管就处于一个较好的工作温度范围内，但不能仅这样，还必须考虑冷却水出水温度。

(2) 关于出水温度，理论上只要在水沸点以下都是可以的，但内管壁各部位冷却的不均匀可引起局部汽化，使水流不稳定，因此不能接近沸点；还必须考虑水的结垢问题，水垢会减弱炉辊内管壁的传热性能，使炉辊内管局部温度上升，以致接近或超过它的极限工作温度，引起炉辊材料的破坏或工作寿命的缩短，水中结垢物大量析出的起始温度是 40℃ 左右，所以冷却水的出水温度最好控制在 45℃ 之下。

(3) 关于冷却水温升。考虑整个系统的节能及配套水处理系统的造价，冷却水温升最好控制在 10℃ 之内。

B 冷却水流速和进水温度与热损失的关系

u_w为0.02~1m/s，T_{w_in}为30℃，T_f为1200℃时，两种炉辊的h_c、R_e、Q_w的变化如图2-41所示。

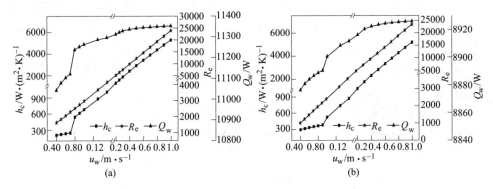

图2-41 两种炉辊在不同冷却水流速下的Q_w，R_e和h_c

(a) $T_f = 1200℃$；(b) $T_f = 1050℃$

从图2-41中可以看出：

（1）随着u_w增加，R_e线性增加；

（2）合金炉辊石棉纤维炉辊的临界流速分别为0.07m/s和0.09m/s，此时R_e达到2300，高于临界流速，由于管内强制对流由层流变为湍流，h_c和Q_w急剧增大；

（3）u_w大于0.2m/s时，R_e高于4000，为强制湍流换热，此后u_w增大，R_e和h_c会继续增大，但是Q_w变化不大，因此在达到湍流后增加流速，对于炉辊冷却效果没有太大意义，只能造成能源浪费；

（4）在强制湍流换热的情况下，合金炉辊和石棉纤维辊的冷却水吸热量分别约为11340W和8925W，石棉纤维炉辊的热损小，约为合金炉辊的78%。

2.5 周期热处理炉

周期式热处理炉以批次模式生产，每个批次完成炉内所有钢板的进炉和出炉。在中厚板钢铁企业应用较多的周期式炉种类较多，其炉型主要有车底式炉、外部机械化式炉。

2.5.1 周期式热处理炉特点

周期式热处理炉主要用于处理以下情况下的中厚板热处理生产：适合厚板加热，特别超过200mm以上的厚板；年热处理量不大，适合年处理几千到万吨的产量；高温热处理，适合温度800~1200℃，而且载荷较大的钢板热处理。

钢板在周期式热处理炉的在炉时间和连续式热处理炉一样，可分为加热时间和保温时间。由于受到炉型、加热方式、炉内流动方式等因素的影响，周期式热处理炉的加热时间和保温时间比连续式热处理炉的时间长。

热处理过程中，不能对中厚板的板形有所改变。对于厚度较小、热处理温度较高的钢板，在周期炉中处理是不合适的。周期式热处理炉适合处理较厚钢板。周期式热处理炉中钢板和炉内支撑表面不发生相对位移，不会发生钢板表面擦伤、结瘤等问题。但是进行不锈钢固溶热处理时，需防止不锈钢钢板和支撑表面发生粘连等。

周期式热处理炉也需满足中厚板对温度均匀性的要求，但一般周期性热处理炉的炉温均匀性不如连续式热处理炉容易控制。为了满足中厚板均匀性，可以采取的措施有：

(1) 采用中厚板架空，采用双面加热；

(2) 优化烧嘴布置和排烟方案，得到一个均匀流动的周期炉流场；

(3) 优化钢板的炉内支撑方式，减少遮蔽带来的温差；

(4) 分区控制炉温，保证中厚板长度和宽度方向上炉温可调节。

对于需要淬火的中厚板，从出炉到进入淬火过程的，其温降需控制在 50～100℃内，温降太大就得不到设计中的组织，机械性能不能满足要求。为此，如采用周期式热处理炉，必须采取下列措施：

(1) 采用装出钢机出料，从钢板离开炉门区域到辊道时间被要求在 20s 以内；

(2) 采用台车出料，出料时间被要求在 60s 内；

(3) 中厚板在辊道上输送时间被要求最短。

2.5.2　周期式热处理炉炉型

从有无炉底机械和钢板装出料方式分，周期式热处理炉分为台车式热处理炉和室式炉。室式炉没有炉底机械，炉底是固定的，物料直接放在炉底的支座上。装出料是通过炉外的装出料机完成。如图 2-42 所示。

台车式热处理炉的炉底配备一座台车，台车可以移动。装出料时，台车可以移出炉外。装出料完成后，台车再进入炉内，进行加热和保温等热处理操作。如图 2-43 所示。

从加热方式上分，可分为电加热式热处理炉和燃气加热热处理炉。燃气加热又可分为常规加热热处理炉和蓄热式加热热处理炉。

炉型的选择可根据工艺、现场条件等条件，灵活选择最优炉型。此外，不同类型的热处理炉的炉型结构也是炉子设计的关键点，它涉及烧嘴布置、物料支撑、排烟点的设置、炉内气流组织和温度控制区的划分。

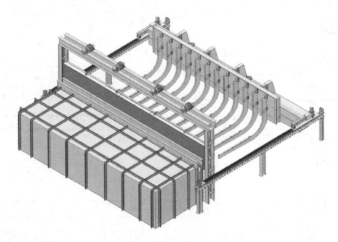

图 2-42 室式热处理炉

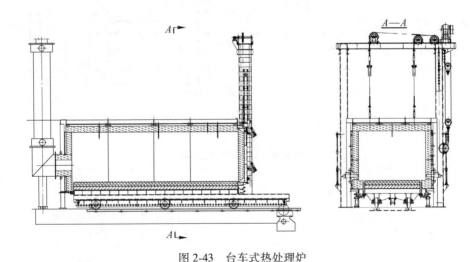

图 2-43 台车式热处理炉

2.5.2.1 室式炉的炉型结构

随着燃烧技术的发展和节能要求的提高，一般采用侧加热烧嘴或炉顶烧嘴来加热钢板。按烧嘴布置位置来划分，可划分为底燃式结构、侧燃式结构、顶燃室结构和混合结构。炉型结构示意图如图 2-44~图 2-47 所示。

表 2-10 为几种炉型的比较。

（1）烧嘴选型。

1）对于炉顶加热炉型，一般采用平焰烧嘴，平焰烧嘴和炉顶一起组成均匀的辐射面；同时还可以为炉门等局部区域补热用；

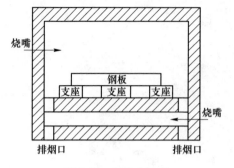

图 2-44　底燃式炉型

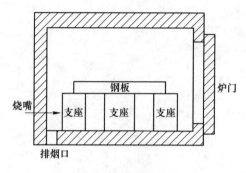

图 2-45　侧燃式炉型

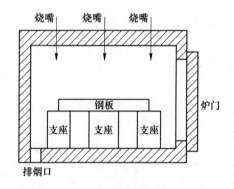

图 2-46　顶燃式炉型

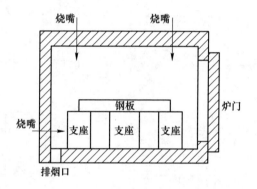

图 2-47　混燃式炉型

表 2-10　室式炉炉型比较

项目	底燃式结构	侧燃式结构	顶燃式结构	混燃式结构
烧嘴位置	炉底坑道和侧墙	侧墙	炉顶	炉顶和侧墙
烧嘴类型	高速烧嘴	高速烧嘴	平焰烧嘴	高速烧嘴/平焰烧嘴
排烟口位置	炉底	炉底、炉顶、侧墙	侧墙、炉底	炉底、炉顶、侧墙
支撑座高度	高度允许装出料机托臂进入	高度允许下加热烧嘴气流不冲刷钢板、允许装出料机托臂进入	高度允许装出料机托臂进入	高度允许下加热烧嘴气流不冲刷钢板、允许装出料机托臂进入
炉内气流	炉底气流位于坑道，炉膛为横向气流	炉顶横向气流	炉顶气流旋转，并下降	混合流动
炉门位置	侧墙	侧墙	侧墙	侧墙
温度区划分	钢板宽度方向	钢板长度方向	钢板长度和宽度方向	钢板长度和宽度方向
加热效率	低	正常	正常	高
温度均匀性	一般	正常	正常	好

2）对于侧加热炉型，一般采用高速烧嘴，通过烧嘴气流高速喷射作用，带动炉内气流流动，使炉温均匀；

3）对于侧加热炉型，还可以采用蓄热燃烧方式，通过换向，使炉内气流周期变更流动方向，炉温趋于均匀。

（2）炉内气流流动。炉型有多种变化，但主要目标是通过优化烧嘴、排烟口的布置，组织炉内气流流动，使炉内气流循环流动，炉温趋于均匀。

（3）物料双面加热。对于底燃式，下加热基本不起作用，所以加热效率较低。现在室式炉越来越多采用双面加热方式，并采取下列措施：

1）架高支座，钢板下面有加热空间；

2）设置上下加热烧嘴。

（4）炉温均匀性控制。中厚板热处理对炉温均匀性越来越高，结合室式炉在炉门、排烟口区域炉温偏低的特点，炉温控制采取下列措施：

1）钢板长度方向分区控制；

2）加强炉门密封，在炉顶靠近炉门区域设置单独补温烧嘴；

3）在靠近排烟口区域设置补温烧嘴；

4）烧嘴采用脉冲控制方式。

2.5.2.2 台车炉的炉型结构

台车式热处理炉的典型炉型为侧燃式炉型，如图 2-48 所示。

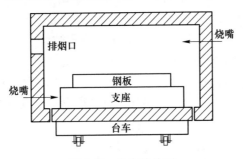

图 2-48 台车炉炉型

（1）烧嘴选型和布置。对于台车式热处理炉，烧嘴一般布置在侧墙上，物料放在台车的支撑座上，布置上下两排烧嘴。

如果采用高速烧嘴，在炉子断面上，烧嘴对角布置，炉气环形流动。

如果采用蓄热式烧嘴，烧嘴喷口水平布置，形成交替换向的水平气流流动；烧嘴喷口垂直向上，将形成交替换向的半圆形气流流动。

炉内气流流动，将有利于钢板均匀受热，温度均匀性得到保证。

（2）排烟口的设置。台车炉排烟口一般设置在侧墙、端墙或炉顶，需考虑和烧嘴喷口气流配合，保证炉气流动，促进炉温均匀。

（3）支撑座。为了提高加热效率，保证钢板加热均匀性，钢板被放置到台车的支撑座上加热。支撑座可以是耐火材料砌筑，也可以用耐热金属件制造，但需确保支撑座具有下列特征：

支撑座高度能够使钢板表面不受火焰的冲刷；

支撑座采用耐火材料制作时，需具有足够的强度，保证在装出料时不发生破裂和倒塌。

（4）炉温均匀性控制。为了提高台车式热处理炉炉长方向均匀性，在炉长方向的温度控制段不少于3段，炉门和端墙区域的炉温单独控制，克服炉门区域、端墙区域的热量散失大而带来炉温不均匀性。同时在钢板上下区域分别设置热电偶，用于监控钢板上下区域炉温。

2.5.3　周期式热处理炉节能措施

周期式热处理炉的节能途径主要有：

（1）提高加热效率，减少在炉时间；

（2）充分进行烟气的余热回收，用于烟气预热或蓄热空气、煤气；

（3）降低炉气散溢损失、炉墙传热损失和炉门辐射等热损失；

（4）减少炉膛热惯性损失；

（5）从操作上，精确控制炉温、料温、空燃比、炉压，减少热损失。

主要节能措施如下：

（1）空煤气预热。空气预热可以采用自身预热烧嘴，通过烧嘴自带换热器预热助燃空气；也可以采用高速烧嘴，在烟道中安装预热器，预热助燃空气。这样排烟温度降低300~400℃，达到节能8%~12%的效果。

如果采用高焦混合煤气或转炉煤气，可预热煤气，也可以进一步降低烟气温度，实现节能效果。

（2）采用蓄热燃烧方式。根据燃料种类不同，可以采用单蓄热烧嘴或双蓄热烧嘴，将排烟温度降低到150~180℃，从而实现节能的目的。

实现蓄热燃烧时，要考虑燃料条件、维护成本、NO_x排放率、炉压控制、温度精度控制、温度均匀性等方面要求。

（3）采用全纤维炉衬。周期式热处理炉在完成装出料操作后，炉温不可避免下降，同时有些钢板要求低温装炉，因此，周期式热处理炉的炉衬会和物料一样在每个热处理周期均有升温降温过程，这就造成内衬蓄热热量损失。

要减少这部分热损失，需要采用轻质炉衬。陶瓷纤维内衬密度小、绝热性能好、能够在钢板热处理要求的炉温下工作，蓄热热量少，炉温升温速率快，温度控制精度高。采用全纤维内衬，能提高节能效果。

（4）加强炉门和台车密封。炉门是台车式热处理炉和室式炉的重要设备，炉门不发生变形，密封良好，能降低炉门逸气热损失和炉门辐射热损失。

对于台车式热处理炉，台车密封良好一方面是保证台车稳定运行的条件，同时也减少炉子逸气热损失。

（5）控制炉压。一般地，周期式热处理炉的炉压控制在 10~20Pa 范围内，炉压低炉子会吸冷风，增加供热量；炉压高，会损坏炉内设备，同时增加逸气热损失。

（6）控制空燃比。采用明火加热的热处理炉，炉内燃烧产物中氧含量一般控制在 3%~5%，同时通过调节空燃比来实现。这样既可以保证燃料充分燃烧，又使烟气总量得到合理控制，减少排烟热损失。

（7）控制炉温。精准控制炉温和在炉时间，控制热处理炉内钢板温度和目标温度偏差在最小范围内，就能节能。

（8）强化加热，减少在炉时间。为了减少在炉时间，除了上下加热、增强炉内气流流动等措施外，目前还有下列强化加热措施：

1）增设循环风机。在炉顶增设循环风机，增强炉内气流的流动效果，可以强化炉内热量向钢板的传递，减少在炉时间，从而实现节能的目的。

2）炉衬黑体。为了增加炉内热量向炉内钢板的热传递，可在炉墙、炉顶安装黑体块，减少钢板加热时间，实现节能目的。

3）喷吹加热。对于钢板中低温回火热处理，如果采用循环风机+喷出加热方式，可大大缩短在炉加热时间，提高产量和温度均匀性，实现节能的目的。

（9）富氧/纯氧燃烧。采用纯氧或富氧燃烧方式，可增加传热效率，同时减少排烟量，降低排烟热损失，可实现节能 15%~30% 的目标。

2.6 热处理炉燃烧加热设备及技术

2.6.1 加热装置

燃气工业炉用的燃烧加热装置称为烧嘴。用于热处理炉的烧嘴有：高速烧嘴、自身预热烧嘴、平焰烧嘴、蓄热烧嘴。

2.6.1.1 典型烧嘴介绍

（1）高速/亚高速烧嘴。高速/亚高速烧嘴的煤气和空气从不同的通道进入燃烧室，在点火电极完成点火指令后，燃气和空气在燃烧室内燃烧，并在燃烧产生的热膨胀作用下，从燃烧室的喷口以高速喷出，用于加热。

高速/亚高速烧嘴简图如图 2-49 所示。

高速/亚高速烧嘴一般配电极点火，也可以采用点火烧嘴点火。同时采用等离子或紫外光火焰 UV 检测，以保证燃烧安全。

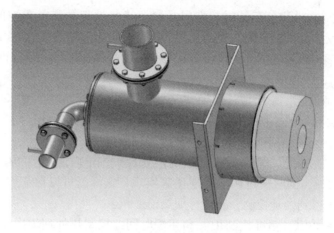

图 2-49　高速/亚高速烧嘴简图

　　为了满足环保的要求，高速/亚高速烧嘴采用空气分级或燃气分级的燃烧方式来降低氮氧化物 NO_x 的排放。对于炉温超过 750℃ 的热处理炉，也可以采用无焰燃烧方式降低氮氧化物 NO_x 排放率。

　　（2）自身预热烧嘴。自身预热烧嘴最明显的特征是自带空气预热器，结构如图 2-50 所示。

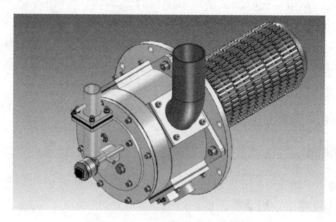

图 2-50　自身预热烧嘴简图

　　空气在进入燃烧室前，先在烧嘴换热器的空气侧和烟气进行热交换，利用排烟的余热，将空气预热到一定温度，在燃烧室中，空气和燃烧点火燃烧，燃烧产物从燃烧室的喷口喷出，用于加热。

　　自身预热烧嘴一般配电极点火，也可以采用点火烧嘴点火。同时采用等离子或紫外光 UV 火焰检测，以保证燃烧安全。

　　为了满足环保的要求，自身预热烧嘴采用空气分级或燃气分级的燃烧方式来

降低氮氧化物 NO_x 的排放。对于炉温超过 750℃ 的热处理炉，也可以采用无焰燃烧方式降低氮氧化物 NO_x 排放率。

（3）平焰烧嘴。平焰烧嘴的烧嘴砖出口呈喇叭状，空气和煤气在烧嘴中产生切向流动，喷出后产生强烈旋转气流，空气和煤气的混合气在强旋流的作用下，紧贴烧嘴砖燃烧，形成平火焰。平焰烧嘴的结构如图 2-51 所示。

图 2-51　平焰烧嘴简图

平焰烧嘴采用点火烧嘴点火。同时采用等离子或紫外光 UV 火焰检测，以保证燃烧安全。

蓄热烧嘴热处理炉一般采用单蓄热烧嘴，烧嘴成对布置。考虑蓄热烧嘴维护量较大、设备故障率高，一般不推荐在热处理炉大量使用。

2.6.1.2　工艺对烧嘴要求

为了满足热处理炉的工艺要求，对烧嘴提出下列要求：

对于高速烧嘴、自身预热烧嘴：

（1）烧嘴能稳定燃烧，并具有自动点火和火焰检测功能；

（2）配置烧嘴控制器；

（3）适应脉冲控制要求，能够以最大功率启动；

（4）火焰温度满足热处理炉温要求，同时要求均匀性好；

（5）火焰的出口速度能够大于 120m/s 以上，能够对炉膛气氛进行搅拌；

（6）满足环保要求，保证氮氧化物 NO_x 排放率满足相关标准。

对于平焰烧嘴：

（1）烧嘴能稳定燃烧，并具有自动点火和火焰检测功能；

（2）配置烧嘴控制器；

（3）适应脉冲控制要求，能够以最大功率启动；

（4）火焰温度满足热处理炉温要求，同时要求均匀性好；

（5）火焰的铺展性好，能形成平焰；

（6）满足环保要求，保证氮氧化物 NO_x 排放率满足相关标准。

对于蓄热烧嘴：

（1）烧嘴能低温启动，并具有自动点火和火焰检测功能；

（2）达到一定炉温后，能自动切换到蓄热燃烧状态；

（3）火焰温度满足热处理炉温要求，同时要求均匀性好；

（4）满足环保要求，保证氮氧化物 NO_x 排放率满足相关标准。

2.6.2　烧嘴燃烧控制

热处理炉烧嘴燃烧控制的基本任务是使燃烧所提供的热量适应热处理生产线负荷的需要，同时还要保证炉内钢板受热的均匀性和经济燃烧以及安全运行。燃烧的基本条件是要有燃料和空气，通过烧嘴将燃料和空气充分混合是使燃料完全燃烧的关键，所以，为了节能和保护环境，不管是在燃烧的稳定状态下还是在动态过程下，都必须将空气和燃料的比率（空燃比）控制在正常值。图 2-52 所示是燃料燃烧时空气过剩率、烟气中氧含量、燃烧效率与污染关系图。燃烧的过程是燃料（气体、固体、液体燃料和它们的混合燃料）的氧化过程，氧化反应生成的热正是我们所需要的热量。为了使燃料充分燃烧必须提供足够量的空气，即保证一定的空气过剩系数 μ 和空燃比 γ。它们分别定义为：

$$\mu = \frac{F_\alpha}{A_0 F_f} \tag{2-29}$$

$$\gamma = \frac{F_\alpha / F_{\alpha max}}{F_f / F_{fmax}} = \beta \times \mu \tag{2-30}$$

式中，空气过剩系数 μ 为实际空气量与使燃料完全燃烧所必需的理论空气量的比率；F_α 和 $F_{\alpha max}$ 分别为空气流量的测量值和最大值；F_f 和 F_{fmax} 分别为燃料流量的测量值和最大值；A_0 为单位体积或质量的燃料完全燃烧所需的理论空气量；β 为量程修正系数。

当空气过剩系数 $\mu=1.0$ 时，为理论空气量。当 $\mu>1.10$ 时，随着空气过剩系数的增加，过剩的空气量太多，必然会造成很多的烟气量，大量的高温烟气余热排走，热损失增加，因而降低了炉子的热效率。提高空气过剩系数与烟气增加的关系，可由表 2-11 查得（该表由重油计算而得）[36]。同时从保护环境角度看，由于 NO_x 增加，SO_3 露点下降，对环境有极恶劣的影响。

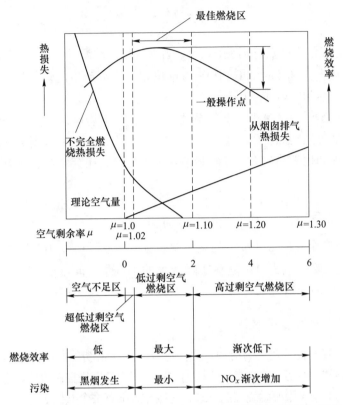

图 2-52 空气过剩系数、烟气中氧含量、燃烧效率与污染关系图

表 2-11　空气过剩系数与烟气量的关系

空气过剩系数	1.00	1.10	1.20	1.30	1.40	1.50	1.60	1.70
过剩空气量/$m^3 \cdot kg^{-1}$	0	1.07	2.41	3.22	4.29	5.36	6.43	7.50
烟气量/$m^3 \cdot kg^{-1}$	11.41	12.49	13.56	14.63	15.70	16.77	17.58	18.91

相反，当 $\mu < 1.02$ 时，随着空气过剩系数的减小，由于燃烧空气量不足，不完全燃烧而冒黑烟，热损失增大，从而热效率也降低。由此可见，在上述的两种情况之间必然存在着一个热损失和污染最小，热效率最高的低过剩空气燃烧区，称最佳燃烧带。空气过剩率在 1.02～1.10 之间的低过剩空气燃烧区域，燃料几乎完全燃烧，综合热损失最小，燃烧效率最高。从公害方面来看，实现了 NO_x、SO_x 少的燃烧。因此，低过剩空气燃烧区域为最佳燃烧区域。理想的燃烧控制过程应该是无论负荷稳定还是急剧变化的情况下都能使燃烧在最佳燃烧区域内进行。

烟气带走的热量损失率可由下式计算：

$$q = \frac{t_{烟} \cdot C_{烟} \cdot V_n}{Q_{低}} \tag{2-31}$$

式中，q 为烟气带走的热量损失，%；$t_{烟}$ 为烟气排出的温度，℃；$C_{烟}$ 为烟气排出的温度下的比热容，$kJ/(m^3 \cdot ℃)$；V_n 为单位燃料实际产生的烟气量，m^3/kg；$Q_{低}$ 为燃料的低发热值，$kJ/m^3(kg)$。

但如果供给的空气过少，空气系数小于 1，则不能保证完全燃烧，在烟气中将含有大量的可燃物如：CO，H_2，CH_4 和碳黑等，造成的后果则更为严重，不仅有物理热损失和化学热损失，使燃料消耗更为提高，还会使炉子冒黑烟，污染环境。此时：

$$q = \frac{(126.4 \cdot CO^* + 127.7 \cdot H_2^* + 397.7 \cdot CH_4^*) \cdot V_n}{Q_{低}} \tag{2-32}$$

式中，q 为不完全燃烧烟气带走的化学热量损失，%；CO^*，H_2^*，CH_4^* 为烟气中可燃物的含量，%；V_n 为单位燃料实际产生的烟气量，m^3/kg；$Q_{低}$ 为燃料的低发热值，$kJ/m^3(kg)$ 降低。

2.6.2.1　脉冲燃烧控制

纵览燃烧控制技术发展的历程，我们可以发现从最初的燃料流量串级并行控制起，燃烧控制技术经历了单交叉燃烧控制方式、双交叉燃烧控制方式，发展到今天又有了改进型的双交叉限幅燃烧控制方式，这些方式都有一个共同点：就是通过连续调节阀门的开口度来调节进入炉内的燃料量和空气量，从而达到控制炉温的目的。

随着计算机技术的飞速发展，计算机技术在工业炉上不断地推广应用，燃烧控制技术出现了一场新的革命，出现了脉冲燃烧控制方式。同常规的燃烧控制技术相比，脉冲点火时序控制这一燃烧控制方式是燃烧控制技术的一个新的进步，是这场革命下的一个重大突破。脉冲燃烧方式（pulse-fired combustion，PFC）是通过频率调节来控制给定区域内的烧嘴燃烧。

与传统燃烧控制技术相比，脉冲燃烧方式改变燃料量和风量的连续量调节为开关量调节，烧嘴阀门不采用线性调节阀而采用开关阀。烧嘴工作只有两种状态，打开或关闭，打开时开度一定，即每次打开时空气和燃料的给进量不变，关闭时，则将燃料和空气完全关闭，只控制每个烧嘴的开关时间，从而达到控制燃料和空气的给进量控制炉温的目的。这种系统并不连续调节某个区域内燃料输入的大小，而是调节在给定区域内每个烧嘴被点燃的频率和持续时间。烧嘴的输入量是事先给定的，每个烧嘴按照事先选定的开度进行与热量需求成正比的频率开闭。所有的烧嘴并不同时点燃，而是在控制系统的控制下按照事先确定的时序依次点燃。脉冲控制系统根据来自温度控制器的信号决定在任何给定的时间间隔内哪些烧嘴打开或者关闭。

在图 2-53 所示的时序中，在 t_1 时刻打开第一个烧嘴，使其点燃，输入一定的燃料量，打开 T_0 时间后，关闭此烧嘴。在 t_2 时刻点燃第二个烧嘴，输入相同的燃料量，同样燃烧 T_0 时间。依此类推，烧嘴不断的触发、关闭，T_n 时刻触发第 n 个烧嘴。在 t_{n+1} 时刻再触发点燃第一个烧嘴，如此循环依次进行控制。其中每个烧嘴被点燃的频率以及每个烧嘴被持续点燃的时间都是可以根据温差的大小可调的。采用这种先进的脉冲点火时序控制方式，通过事先选定的最佳空燃比，使得系统无论处于何种工作状态下，都能实现最佳燃烧，从而可大大提高燃烧效率。采用开关阀代替线性阀，阀门死区和非线性的影响也可以避免，从而可大大提高中低温段的控温精度。

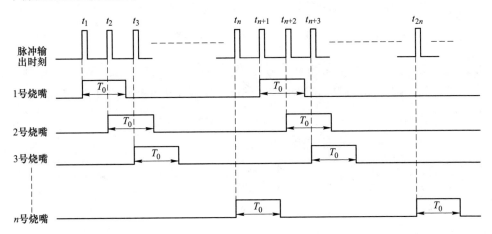

图 2-53　烧嘴工作原理时序图

调节燃料消耗量的常规燃烧方式是分区集中控制，区内所有烧嘴同步工作。而脉冲燃烧是一个使每一个烧嘴都能独立控制的系统概念，空气和燃料都采用电磁阀或气动开关阀，如图 2-54 所示。系统中每个烧嘴的燃烧是独立的，不受同一个区内其他烧嘴的影响。每个烧嘴的燃烧能力是预先选定的，烧嘴一旦工作，其燃烧能力是不变的。脉冲燃烧将常规的连续燃烧方式改为通断式调节，因此，就某个烧嘴而言，它要么是在一定的燃烧能力下工作，要么就关断，每个烧嘴一旦打开，其燃烧时间就是确定的。

炉子燃料消耗量的调节是通过改变烧嘴脉冲燃烧的频率来实现的，全部烧嘴都按照控制器发出的燃料消耗量指令进行工作。烧嘴的燃烧是相继进行的，某个烧嘴的燃烧在很短的时间内即可由下一个烧嘴所取代。

2.6.2.2　脉冲燃烧控制架构

脉冲燃烧控制的总体结构如图 2-55 所示。脉冲燃烧控制器是炉温控制的核

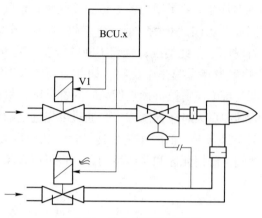

图 2-54　单个烧嘴控制原理

心，它主要由负荷控制单元和脉冲时序控制单元组成[37,38]。与常规燃烧控制的区别是，脉冲燃烧在控制回路中增加了脉冲时序控制单元用以产生脉冲信号，控制烧嘴开关。

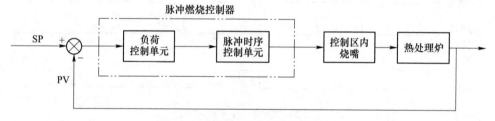

图 2-55　脉冲燃烧控制总体结构图

　　负荷控制单元：用于对实测温度和设定温度处理，计算当前负荷需求量。尽管随着控制理论与控制技术的不断发展，许多先进控制方法不断推出，但在工程实际应用中，负荷调节单元仍是以 PID 控制方式为主，其输入和输出的关系如下：

$$u(t) = K_p \left[e(t) + \frac{1}{T_I} \int e(t)\, dt + T_D \frac{de(t)}{dt} \right] \qquad (2-33)$$

式中，$u(t)$ 为 PID 调器的输出信号；$e(t)$ 为偏差信号；K_p 为 PID 调节器的比例系数；T_I 为 PID 调节器的积分时间系数；T_D 为 PID 调节器的微分时间系数。

　　写成拉氏变换的形式为：

$$U(s) = K_p \left(1 + \frac{1}{T_I s} + T_D s \right) E(s) \qquad (2-34)$$

　　在计算机控制系统中，使用的是数字 PID 的形式，因此要把 PID 控制算式离散化。数字 PID 的离散形式为：

$$u(k) = K_p \left\{ e(k) + \frac{T}{T_I} \sum_{j=0}^{k} e(j) + \frac{T_D}{T} [e(k) - e(k-1)] \right\}$$

$$= K_p e(k) + K_I \sum_{j=0}^{k} e(j) + K_D [e(k) - e(k-1)] \tag{2-35}$$

式中，K_p 为比例系数；K_I 为积分系数，$K_I = K_p \dfrac{T}{T_I}$；K_D 为微分系数，$K_D = K_p \dfrac{T_D}{T}$。

脉冲时序控制单元：用于控制烧嘴的开关顺序和燃烧时间。它是保证炉膛温度均匀性、影响炉温控制精度的关键单元，主要由非线性处理模型和脉冲燃烧时序控制模型组成。

非线性处理模型主要是用于保证热处理炉的可使用输出功率（即烧嘴点火燃烧和停止燃烧时的燃烧率），防止烧嘴的频繁点火及熄火，浪费能源和缩短脉冲阀的寿命。其非线性变换关系为：

$$f_0(t) = \begin{cases} 0 & |p(t)| < D_0 \\ p(t) & D_0 < |p(t)| < D_1 \\ \mathrm{sgn}[p(t)] f_{max} & |p(t)| > D_1 \end{cases} \tag{2-36}$$

式中，$f_0(t)$ 为非线性处理后时序控制模型输入量；f_{max} 为控制量的最大允许值。

当 $|p(t)| > D_1$ 时，说明系统输出偏差很大，应该将所有烧嘴打开；当 $D_0 < |p(t)| < D_1$ 时，采用负荷控制单元的输出作为输入进行控制，可以保证有较好的动态特性及控温精度；当 $|p(t)| < D_0$ 时控制输入为零（死区），不加热也不冷却，并且延时一段时间，防止加热与冷却转换过于频繁。这段延时时间可以保证以前加入的燃料（燃气）充分燃烧。

脉冲燃烧时序控制模型的作用是根据负荷控制单元计算出的负荷需求，求出烧嘴开关时序和燃烧、熄灭时间，进而输出时序信号。在脉冲燃烧控制中，烧嘴点燃是由时序脉冲信号触发，燃烧时间是由时序控制模型根据炉温偏差决定。合理的时序脉冲信号和脉冲持续时间是由脉冲燃烧时序控制模型来分配的。因此，建立适合的脉冲燃烧时序控制模型是脉冲燃烧控制需要解决的关键性技术问题。

2.6.2.3 脉冲时序控制建模

在脉冲燃烧控制中烧嘴燃烧、熄灭具有明显的脉冲特征。这里将烧嘴燃烧时间 T_{on} 定义为脉冲持续时间，即脉宽；烧嘴熄灭时间 T_{off} 定义为脉冲消隐时间；两者之和 T 定义为烧嘴燃烧的脉冲周期，如图 2-56 所示。烧嘴燃烧时间 T_{on} 与脉冲周期 T 的比值为占空比，用 ϕ 表示。

脉冲时序控制可以基于比例法建立，它是以负荷控制器输出的负荷需求量与占空比成正比例关系为基础，进而计算出脉冲燃烧周期 T，求得烧嘴间点火间隔时间 T_s。因为负荷控制器输出的负荷需求量与占空比成正比例关系，所以：

$$\phi = \frac{T_{on}}{T} = kf_0(t) \tag{2-37}$$

式中，k 为比例系数。

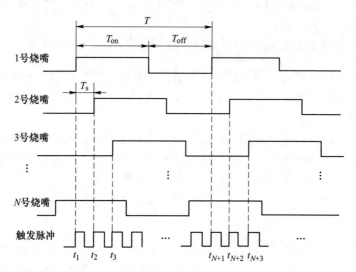

图 2-56 基于比例法的烧嘴间点火时序示意图

又因为烧嘴间的燃烧间隔时间 T_s：

$$T_s = t_i - t_{i-1} = T/N \tag{2-38}$$

所以有：

$$T_s = \frac{T_{on}}{N\phi} = \frac{T_{on}}{kNf_0(t)} \tag{2-39}$$

由公式（2-37）可以推导出：

$$T_{on} = \phi T = kf_0(t)T \tag{2-40}$$

$$\Rightarrow T_{off} = T - T_{on} = (1 - \phi)T = (1 - kf_0(t))T \tag{2-41}$$

$$\Rightarrow T_{on}/T_{off} = \phi/(1 - \phi) = kf_0(t)/(1 - kf_0(t)) \tag{2-42}$$

定义烧嘴燃烧数量 M 与烧嘴总量 N 的比值为负荷投入率 λ。则当负荷需求最大时，负荷投入率应为 $\lambda = N/N \times 100\%$，此时 N 个烧嘴在 T_0 时间内同时开启有

$$\lambda = 100\% = kf_0(t) = \phi \tag{2-43}$$

稳态时最高炉温为 y_N，则：

$$T_s = \frac{T_{on}}{N\phi} = \frac{T_{on}}{N\lambda} = \frac{T_{on}}{N} \tag{2-44}$$

当 $\lambda = (N-1)/N$ 时，$T_s = T_{on}/(N-1)$，$N-1$ 个烧嘴同时燃烧，稳态时最高炉温为 y_{N-1}；

当 $\lambda = (N-2)/N$ 时，$T_s = T_{on}/(N-2)$，$N-2$ 个烧嘴同时燃烧，稳态时最高炉温为 y_{N-2}；

......

当 $\lambda = (N-M)/N$ 时，$T_s = T_{on}/(N-M)$，$N-M$ 个烧嘴同时燃烧，稳态时最高炉温为 y_{N-M}；

当 $\lambda = 1/N$ 时，$T_s = T_{on}$，只有 1 个烧嘴燃烧，稳态时最高炉温为 y_1；

故当 λ 在 $[(N-M-1)/N, (N-M)/N]$ 内变化时，稳态炉温也应在区间 $[y_{N-M-1}, y_{N-M}]$ 内。

由式（2-40）~ 式（2-42）可看出，只要固定脉冲持续时间 T_{on}、脉冲消隐时间 T_{off} 和脉冲周期 T 中的任意一个变量，即可求出其他两个变量，从而得到烧嘴间的点火间隔时间，实现烧嘴燃烧的时序控制。按脉冲周期 T 是否固定，可将实现脉冲时序控制的模型分为定周期和变周期两种类型，其中变周期时序控制，又可分为定脉冲持续时间型和定脉冲消隐型。

2.6.3 脉冲燃烧控制优化

在钢板加热过程中，炉内燃料燃烧放出的热量高效率地传递给被加热钢板是热处理炉加热过程的最终目的，与此过程直接相关的烧嘴燃烧控制方法直接影响炉温控制精度及炉温均匀性，进而影响生产产品的质量[39]。

2.6.3.1 脉冲燃烧时序的影响

图 2-57 所示为某明火炉同一温度区烧嘴进入控制序列时的速度矢量图，即当炉温达到一定温度后，燃烧控制会根据的温度变化情况对烧嘴点火的个数、燃烧与熄灭的时间进行控制。从图 2-57 与图 2-58 的对比当中也可以看出，进入燃烧控制后由于燃烧的时间的不同会导致先熄灭的烧嘴喷出燃气所形成的气体漩涡正在逐渐变形。

温度作为中厚板热处理生产过程中一个极为重要的工艺参数，直接影响到中厚板的生产质量，因此它的控制水平直接关系到钢板热处理质量的好坏与生产成本的高低，而不同的燃烧时序也会对温度的变化造成不同的影响。如图 2-59 所示为某温度区上层烧嘴的排布示意图，通常控制烧嘴的燃烧时序为以下两种：

（1）顺序式控制，即按照烧嘴的排布顺序进行控制，控制时序为 A1→A2→A3→A4→A5→B4→B3→B2→B1。

（2）交错式控制，即烧嘴的点火时序是交错的控制的，控制时序为 A1→B1→A2→B2→A3→B3→A4→B4→A5。

图 2-60 所示为该温度区在不同控制方式下的烧嘴中心面速度流线图。

图 2-60 中（a）、（b）分别为烧嘴顺序式点火控制方式的速度流线图和烧嘴

速度/m·s⁻¹：　20　40　50　60　80　100　120

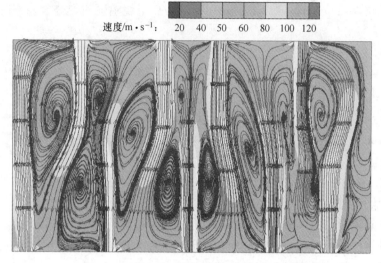

图 2-57　某温度区烧嘴中心面的速度矢量图
（扫书前二维码看彩图）

速度/m·s⁻¹：　20　40　60　80　100　120

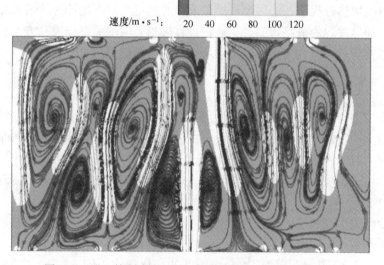

图 2-58　进入控制序列的某温度区烧嘴中心面速度矢量图
（扫书前二维码看彩图）

以交错式点火控制方式进行的速度流线图，从该图中可以明显看出燃气在喷出后所形成的气体漩涡。这些漩涡的形成对炉内气体起到了强烈的搅拌作用，推动了炉内强制对流循环，从而使炉内温差减小，炉温分布更均匀，并且由于燃气循环的加剧也增加了燃气与钢板之间的相对速度，提高了传热效率，降低了燃料损耗。但同时也会发现，顺序式控制方式所产生的气体旋涡更靠近炉体两侧，与交

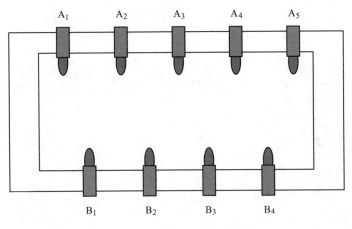

图 2-59　某温度区上层烧嘴排布

错式控制方式相比，其对于全炉的对流循环效果明显降低。因此在实际生产中，采用的是交错式的点火控制方式。

2.6.3.2　稳态温度偏差分析

脉冲燃烧控制方式虽然较常规燃烧方式有很多优点，但也必然会存在理论上的控温偏差或者温度波动。热处理炉是一个分布参数系统，分布参数系统具有无穷多个微分容积。通常温度控制回路中的各个时间常数难以辨识，而且各容积之间不可避免地存在相互作用，同时由于分布时滞的存在也使人们难以准确预估回路的性能。但另一方面容积之间的相互作用改变了各自容积的时间常数，使大的时间常数增大，使小的时间常数减小。其中较大的成为起主导作用的时间常数，而较小的结合在一起，等效成为一个纯滞后。因此在许多的过程控制文献中，热处理炉的传递函数用一个或两个惯性环节串联加纯滞后环节来描述：

$$G(s) = \frac{Ke^{-\tau s}}{Ts + 1} \qquad (2\text{-}45)$$

$$G(s) = \frac{Ke^{-\tau s}}{(T_1 s + 1)(T_2 s + 1)} \qquad (2\text{-}46)$$

由脉冲燃烧控制器的结构可知，温度偏差函数 $p(t)$ 越大，单位时间触发的烧嘴的个数就越多，进入热处理炉的负荷需求就越大。进入热处理炉的负荷需求 $Q(t)$ 与温度偏差函数 $p(t)$ 之间的关系可以近似描述如下：

$$\frac{Q(s)}{p(s)} = \frac{K[e(t)] \cdot e^{-\tau[e(t)]s}}{T[e(t)] + 1} \qquad (2\text{-}47)$$

式 (2-47) 描述了时序发生器的控制作用，其中 $K[e(t)]$，$\tau[e(t)]$，$T[e(t)]$ 是时变的，从形式看等价于一个变参数的低通滤波器。随着 $p(t)$ 的增

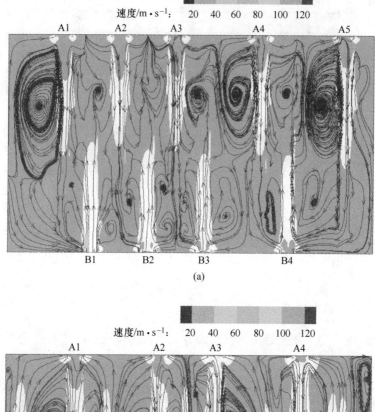

图 2-60　不同控制方式的烧嘴速度流线图

（a）顺序式控制；（b）交错式控制

（扫书前二维码看彩图）

大，$\tau[e(t)]$，$T[e(t)]$ 减小，滤波作用减弱。当 $p(t)=f_{\max}$ 时，$\tau[e(t)]=0$，$T[e(t)]=0$，系统等价于一个放大环节。

　　按比例法建立的脉冲时序控制模型在控制烧嘴燃烧过程中，当前烧嘴与下一烧嘴点火必须间隔 T_{S} 时间才能有脉冲产生，从而点燃烧嘴，这样势必会造成在 $[T_i, T_{i+1}]$ 时间内控制输入不及时，从而出现偏差。

　　设脉冲燃烧控制器控制 N 个烧嘴，每个烧嘴的功率相同且单位时间燃烧燃料量相等，公式 $G(s) = K_1 e^{-\tau_1 s}/(T_1 s + 1)$ 为炉子的传递函数。假设稳态时高温固溶炉负荷投入率为 $\lambda \in [(M-1)/N, M/N]$，即温度处于 $M-1$ 个烧嘴和 M 个烧嘴同时燃烧的稳态温度之间。此时的燃烧时序图如图 2-61 所示。

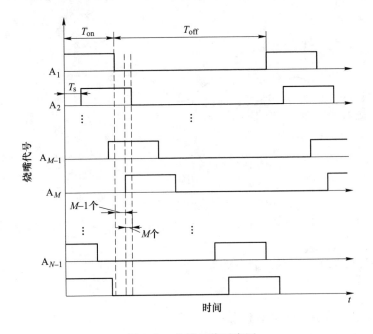

图 2-61　烧嘴工作时序图

　　λ 负荷下燃烧时，图 2-61 对应的燃料总量时序如图 2-62 所示。

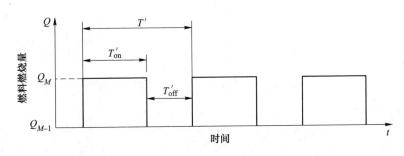

图 2-62　燃烧燃料总量的时序图

从图 2-61 和图 2-62 中可以看出：

$$T'_{\text{off}} = MT_s - T_{\text{on}}$$

$$T'_{\text{on}} = T_{\text{on}} + T_s - MT_s = T_{\text{on}} - (M-1)T_s \qquad (2\text{-}48)$$

$$T' = T'_{\text{on}} + T'_{\text{off}} = T_s$$

设定值与实测值存在较小偏差时，控制输入不能随时连续调节消除其偏差，只能在前一烧嘴点火后 T_s 时间，相应地打开下一烧嘴。这样就会造成负荷需求燃料（燃气）量与实际燃料（燃气）量的偏差，从而出现如图 2-63 所示的稳态误差。

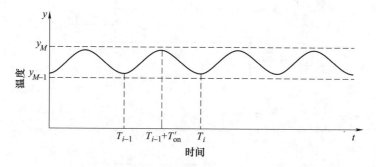

图 2-63　脉冲燃烧控制温升曲线示意图

$T_{i-1} \sim T_i$ —烧嘴间点火间隔时间；y_M —M 个烧嘴燃烧温度；y_{M-1} —$M-1$ 个烧嘴燃烧温度

在 $\lambda \in [(M-1)N, M/N]$ 时，最大偏差为 $\overline{p}$，它所产生的最大稳态温度偏差计算如下。

由于高温固溶炉的传递函数为 $G(s) = \dfrac{K_1 e^{-\tau_1 s}}{T_1 s + 1}$，所以有：

$$Y(s) = G(s)R(s) = \frac{K_1 e^{-\tau_1 s}}{T_1 s + 1} \times \frac{q}{s} = K_1 q \left(\frac{1}{s} - \frac{T_1}{T_1 s + 1} \right) e^{-\tau_1 s} \qquad (2\text{-}49)$$

取反拉斯变换有：

$$y(t) = K_1 q (1 - e^{-t/T_1}) \varepsilon(t - \tau_1) \qquad (2\text{-}50)$$

所以：

$$\max |y_{\max} - y_{\min}| = K_1 q (1 - e^{-T'_{\text{on}}/T_1}) \qquad (2\text{-}51)$$

由于 $e^{-T'_{\text{on}}/T_1} = 1 - \dfrac{T'_{\text{on}}}{T_1} + \dfrac{T'^2_{\text{on}}}{2T_1^2} - \dfrac{T'^3_{\text{on}}}{6T_1^3} + \cdots$，其中 T'_{on} 要远小于 T_1，故上式可化为：

$$\max |y_{\max} - y_{\min}| = K_1 q (1 - e^{-T'_{\text{on}}/T_1}) \approx K_1 q \frac{T'_{\text{on}}}{T_1} \qquad (2\text{-}52)$$

所以，$\lambda \in [(M-1)N, M/N]$ 时的稳态温度偏差为：

$$\Delta y = K_1 q \frac{T'_{on}}{T_1} = K_1 q \frac{T_{on} - (M-1)T_s}{T_1} = K_1 q \frac{T_{on}}{T_1} \times \left(1 - \frac{M}{N\lambda} + \frac{1}{N\lambda}\right) \quad (2\text{-}53)$$

由此可见，对于烧嘴数量固定的炉区来说，定脉冲持续时间型脉冲时序控制模型中，时间常数 T_1 越大，每个烧嘴脉冲持续燃烧时间 T_{on} 越短，稳态温度偏差越小。

在采用定脉冲消隐时间和定周期类型的脉冲时序控制模型时，稳态温度偏差根据式（2-50）~式（2-53）计算可得：

定脉冲消隐时间时：

$$\Delta y = K_1 q \frac{T_{on}}{T_1} \times \frac{N\lambda - M + 1}{N\lambda} = K_1 q \frac{T_{off}}{T_1} \times \frac{\lambda}{1-\lambda} \times \frac{N\lambda - M + 1}{N\lambda}$$

$$= K_1 q \frac{T_{off}}{T_1} \times \frac{N\lambda - M + 1}{N(1-\lambda)} \quad (2\text{-}54)$$

由于炉区内烧嘴数量固定，所以时间常数 T_1 越大，脉冲消隐时间 T_{off} 越短，稳态温度偏差越小。

定脉冲周期时：

$$\Delta y = K_1 q \frac{T_{on}}{T_1} \times \frac{N\lambda - M + 1}{N\lambda} = K_1 q \frac{\lambda T}{T_1} \times \frac{N\lambda - M + 1}{N\lambda} = K_1 q \frac{T}{T_1} \times \frac{N\lambda - M + 1}{N}$$

$$(2\text{-}55)$$

在定脉冲周期情况下，对于烧嘴数量固定的炉区有：

时间常数 T_1 越大，稳态温度偏差越小；

脉冲周期 T 越小，稳态温度偏差越小。

2.6.3.3 脉冲燃烧最优时序控制

实现脉冲燃烧控制的核心是时序控制模型的正确建立。在炉子一定的情况下，T_1 为定常数。由上节的脉冲燃烧稳态误差分析可知：定周期和变周期型时序控制模型与炉温控制精度的关系均与各自固定的模型参数（脉冲周期 T、脉冲持续时间 T_{on} 和脉冲消隐时间 T_{off}）相关。参数的选取直接影响脉冲燃烧控制的使用效果。

定周期、定脉冲持续时间和定脉冲消隐时间三种时序控制模型在实现脉冲燃烧控制中分别希望 T、T_{on} 和 T_{off} 越小越好，但其必须考虑硬件设备的限制。大部分脉冲燃烧控制系统采用如图 2-64 所示的烧嘴控制器（BCU）。

烧嘴控制器的工作原理如图 2-65 所示：控制器接收到脉冲燃烧时序控制信号时，打开燃气和空气阀，使燃气和空气进入烧嘴，然后通过点火电极打火触发燃气在烧嘴内燃烧。当燃气被成功点燃时，火焰监测会反馈点火成功信号，反之点火失败。点火失败时控制器关闭燃气和空气阀门，从而切断气体供应、保证炉

图 2-64　烧嘴及其控制单元

子安全。点火过程中，脉冲阀本身的动作时间一般为 1~2s，火检信号即点火是否成功信号的反馈需要十几秒的时间。因此，输出脉冲持续时间必须大于火检信号反馈时间。在高负荷时，为了避免阀门出现频繁开关动作的情况，最小脉冲消隐时间受限。

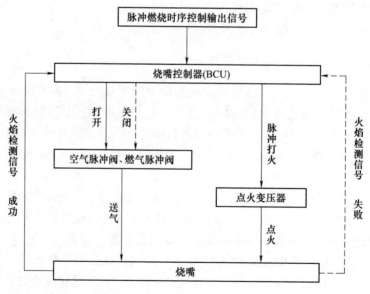

图 2-65　烧嘴控制器工作原理简图

假设最小脉冲持续时间和最小脉冲消隐时间均取 15s，非线性处理模型中 D_0 取 3%、D_1 取 95%。按此条件分别对应用三种时序控制模型实现脉冲燃烧控制进行分析：

（1）定脉冲周期型。在较小负荷 3% 时，脉冲周期受最小脉冲持续时间限制，最小只能取 500s。在较大负荷 95% 时，脉冲周期必须大于 300s。综合考虑采用这种时序控制模型时，脉冲周期只能取 500s 才能实现最优脉冲燃烧。

（2）定脉冲持续时间型。采用这种模型时，在较小负荷下其参数选取不受限制，脉冲持续时间可以取 15s。但当其负荷超过 50% 时，脉冲持续时间不能再取 15s，否则计算的最小脉冲消隐时间要小于要求的 15s。因此，必须提高脉冲持续时间的取值。按极限负荷 95% 计算，脉冲持续时间须大于（300−15）s，即 285s。综合考虑采用这种时序控制模型时，脉冲持续时间只能取 285s 才能实现最优脉冲燃烧。

（3）定脉冲消隐时间型。采用这种模型时，在较大负荷下其参数选取不受限制，脉冲消隐时间可以取 15s。但当其负荷小于 50% 时，脉冲消隐时间不能再取 15s，否则计算的最小脉冲持续时间要小于要求的 15s。因此，必须提高脉冲消隐时间的取值。按极限负荷 3% 计算，脉冲消隐时间须大于（500−15）s，即 485s。综合考虑采用这种时序控制模型时，脉冲消隐时间只能取 485s 才能实现最优脉冲燃烧。

从上述分析可见，不论使用三种时序控制模型中的哪一种实现脉冲燃烧控制，受硬件限制，模型参数都无法取得最优值。但定脉冲持续时间型与其他两种相比，在低负荷（小于 50%）情况时，明显可以取得较高的控温精度；定脉冲消隐时间型与其他两种相比在高负荷（大于 50%）情况时，也可以取得较高的控温精度。因此若将这两种时序控制模型结合，会取得更好的效果。

设 η 为热负荷影响系数，取值为 0% ~ 100%。负荷需求低于 η 为低负荷，高于 η 为高负荷。在低负荷时采用定脉冲持续时间型，高负荷时采用定脉冲消隐时间型，这种复合式模型的形式如式（2-56）~ 式（2-59）所示。新建的脉冲燃烧时序控制模型结合了两种时序控制模型的优势，可以将控温精度控制在较高水平。

$$T_{on} = \begin{cases} T_{on\_min} & f_0(t) \leqslant \eta \\ kf_0(t)T_{off\_min}/(1-kf_0(t)) & f_0(t) > \eta \end{cases} \tag{2-56}$$

$$T_{off} = \begin{cases} (1-kf_0(t))T_{on\_min}/kf_0(t) & f_0(t) \leqslant \eta \\ T_{off\_min} & f_0(t) > \eta \end{cases} \tag{2-57}$$

$$T = T_{on} + T_{off} \tag{2-58}$$

$$T_s = \frac{T}{N} \qquad\qquad (2\text{-}59)$$

式中，T_{on_min} 为最小脉冲持续时间，s；T_{off_min} 为最小脉冲消隐时间，s；N 为所控制炉区内烧嘴数量。

2.7　热处理加热过程数学模型

热处理加热过程的钢板温度、位置和炉温是最关键工艺参数。钢板的温度变化对产品性能具有十分重要的作用，是生产过程中需要精确控制的主要参数。但在实际生产过程中，人们还无法实时测量钢板的炉内温度。在这种情况下，要想获得全炉钢板的温度分布情况，就只能借助钢板加热数学模型进行在线计算得到。而调节炉温和钢板位置就可以控制钢板以适当的加热速度，达到保温温度并且在出炉前保温足够长时间，使钢板内外温度均匀，相变充分进行。在这个过程中，采用不同的工艺制度会得到不同的钢板质量、产量和能源消耗。在保证钢板热处理质量的前提下挖掘节能的潜力是必要的，而实现此目标的关键就在于如何对钢板加热过程进行优化。

2.7.1　钢板温度在线计算模型

2.7.1.1　概述

为了利用钢板加热数学模型确定热工操作参数对热过程及炉子生产指标的影响，需要建立一系列的传热方程及其定解条件，来描述炉膛内发生的热交换过程的基本规律，进而实现热处理炉的优化操作和优化控制。从被加热的物料来看，炉内热交换场可分为炉膛传热热交换和钢板内部导热热交换，二者热交换场相互耦合互为边界条件。

　　A　炉膛热量向钢板的传热模型

炉膛的传热是一个非常复杂的换热过程，对其加热过程建模分析的方法主要有区域法（段法）、流法、蒙特卡洛法和总括热吸收率法等。区域法是霍特尔（Hottel）和科恩（Cohen）在1958年提出的，是严格地按三维空间辐射来计算。该法把热交换场中的炉气、炉墙、加热物料等划分为若干个区域，在每个区域内认为有相同的物理化学性质，基于此计算各区域间的辐射传热，并根据析热场、流动场、物料吸热等条件，建立该封闭体系的非线性的区域能量平衡方程组。流法的特点是先将 4π 空间划分成若干份，然后将辐射传输积分方程沿每份空间积分。这样得到的一组微分方程组，可用通常的差分法求解。但是这种方法把复杂的空间辐射传热折算成对微元体积的几个方向的辐射传热，故计算精度不是很高。蒙特卡洛法也称统计试验计算方法，就是用概率论原理来模拟随机过程，用来求解积分方程、微分方程等数学问题。用蒙特卡洛法求解问题时，存在一定的统计误差。区域法、流法和蒙特卡洛法的计算工作量比较大,一般只用于以辐射传热为主的传热过程的离线研究,其计算结果可用于指导在线控制。总括热吸收率法是炉膛传热过程的一种简化计算方法,它将被加热物料的表面热流密度描述为炉温与物料表面温度的黑体辐射之差乘以总括热吸收率的形式。

$$q = \sigma \phi_{CF}(T_f^4 - T_s^4) = \sigma \phi_{CG}(T_g^4 - T_s^4) \tag{2-60}$$

式中,ϕ_{CF}、ϕ_{CG} 分别为炉膛总括热吸收率和炉气总括热吸收率;σ 为 Stefan-Boltzmann 常数,$5.67 \times 10^{-8} \mathrm{W/(m^2 \cdot K^4)}$;$T_f$、$T_g$ 分别为炉温和炉气温度,K;T_s 为钢板表面温度,K。

B 钢板内部导热模型

为研究钢板加热过程中的内部温度场,需要建立钢板内部导热数学模型。一般用于在线控制时多采用一维、二维导热数学模型,离线计算模拟时多采用二维、三维导热数学模型。三维导热数学模型计算精度高,可以相对真实地反映钢板在加热过程中的温度变化规律,但由于它的计算工作量大,使用不方便,目前还很难应用到在线控制系统中。一般要求在线控制的加热数学模型能准确真实地反映钢材的加热过程,有足够的计算精度,另一方面还要求它的计算速度能够满足实时控制的要求。为达到这一目标,必须要对数学模型进行适当简化。低维导热数学模型形式简单,计算求解方便,虽然计算精度略显不足,但可以满足现场的在线控制要求。

综上,热处理炉钢板温度在线计算涉及炉膛热量向钢板的传递、钢板内部导热计算等一系列过程,而对于连续式热处理炉还涉及随着钢板位置的连续变化,炉膛温度计算模型、钢板边界温度的实时计算。由于炉膛内的热交换机理相当复杂,为了研究方便,需要进行适当的简化:

(1)由于热处理炉炉膛均匀性好,可认为炉膛内介质温度沿炉宽方向均匀分布;

(2)忽略炉辊与钢板的接触导热及辐射传热影响;

(3)认为炉内参与辐射换热的介质为辐射吸收介质,炉气成分均匀,炉气、炉墙、钢板表面的黑度都视为常数;

(4)忽略钢板表面的氧化铁皮对传热的影响;

(5)考虑热电偶安装位置以及插入深度因素,近似认为炉气温度与炉温相等。

在上述假设的基础上,建立钢板加热过程在线数学模型。

2.7.1.2 炉膛温度计算模型

沿炉长方向的每个炉段内按图 2-66 所示划分 3 个模型段,这样炉温分布曲线更详细和平滑,计算的炉内温度更加接近真实情况。

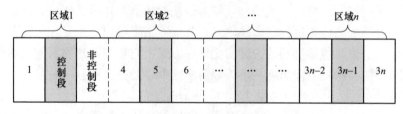

图 2-66　炉段分区示意图

对于控制模型段，炉温为各个自然炉段炉温。对于非控模型段，既要考虑本炉段内控制模型段对其影响，又要考虑本模型段自身变化趋势的影响。非控模型段计算时以本炉段内控制模型段的辐射温压为计算依据，参考自身变化值进行修正，计算式如下：

$$Q_k = T_{fk}^4 - T_{sk}^4 \quad k = c, nc \tag{2-61}$$

$$Q_{nc} = Q'_{nc} + (Q'_{nc} - Q_{nc}^0)^x \tag{2-62}$$

$$T_{fnc} = T_{fc} + f(Q_c, Q_{nc})(T_{fc} - T_{sc}) \tag{2-63}$$

式中，Q_c、T_{fc}、T_{sc} 分别为控制模型段辐射温压、模型段炉温和钢板表面温度；Q_{nc} 为非控制模型段本周期修正后辐射温压；Q'_{nc}，Q_{nc}^0 分别为本周期修正前辐射温压和上周期辐射温压；x，T_{fnc} 分别为辐射温压修正系数和非控制模型段炉温；$f(Q_c, Q_{nc})$ 为非控制模型段炉温修正函数。

除了上述因素对非控制模型段有较大影响外，相邻模型段之间的温度耦合关系也不容忽视。设三个相邻的模型段 $i-1$，i，$i+1$ 的炉膛有效辐射温度为 $T_f(i)$，$T_f(i-1)$ 和 $T_f(i+1)$ 对于 i 段有：

$$T_f(i) = (1 - 2A)T_f(i) + A[T_f(i-1) + T_f(i+1)] \tag{2-64}$$

式中，A 为相邻模型段炉膛有效辐射温度的权重系数，$A = 0 \sim 0.5$。

2.7.1.3　热处理炉膛到钢板的传热模型

根据热处理炉炉膛传热的特点，综合考虑炉衬、炉气以及炉辊对钢板传热的影响，采用总括热吸收率法计算钢板表面热流。总括热吸收率以炉温模型计算值为参考温度。于是，钢板表面的热流密度为：

$$q_u(x) = C_1 \sigma \phi_{CF} [T_{f_u}(x)^4 - T_{s_u}(x)^4] \tag{2-65}$$

$$q_l(x) = C_2 \sigma \phi_{CF} [T_{f_l}(x)^4 - T_{s_l}(x)^4] \tag{2-66}$$

$$q_h = C_3 [q_u(a) + q_l(a)] \tag{2-67}$$

$$q_t = C_4 [q_u(0) + q_l(0)] \tag{2-68}$$

式中，ϕ_{CF} 为总括热吸收率；σ 为 Stefan-Boltzmann 常数，$\sigma = 5.67 \times 10^{-8} \, \text{W}/(\text{m}^2 \cdot \text{K}^4)$；$T_{f_u}$、$T_{f_l}$ 分别为钢板上表面和下表面对应的炉气温度，K；T_{s_u}、T_{s_l} 分别为钢板上表面和下表面温度，K；$C_1 \sim C_4$ 为热流修正系数。

2.7.1.4 钢板内部热传导模型

热处理的钢板一般都较长，一块钢板可能同时处于几个加热段，加之热处理对工艺温度要求非常严格，因此钢板沿炉长方向的温度变化不可忽略。但是三维模型计算时间较长，难以在线应用，为了简化计算，得到实时计算结果，本书忽略宽度方向的温度变化。根据假设条件，钢板的内部传热可以近似为图 2-67 所示的上下两面非对称加热、前后两侧非对称加热的二维非稳态传热问题。

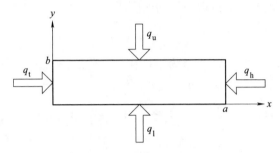

图 2-67 钢板受热状况示意图

其控制方程为：

$$\rho(T)c_{\mathrm{P}}(T)\frac{\partial T(\tau,x,y)}{\partial\tau}=\frac{\partial}{\partial x}\left[\lambda(T)\frac{\partial T(\tau,x,y)}{\partial x}\right]+\frac{\partial}{\partial y}\left[\lambda(T)\frac{\partial T(\tau,x,y)}{\partial y}\right]$$

$$(2\text{-}69)$$

相应于钢板的边界条件为：

初始条件：

$$T(\tau,x,y)=T_0(x,y)\,;\tau=0,0<x<a,0<y<b \qquad (2\text{-}70)$$

式中，$T_0(x,y)$ 为进炉时钢板内部的初始温度，与环境温度有关，单位 K。

边界条件：

$$\begin{cases} \lambda(T)\dfrac{\partial T(\tau,0,y)}{\partial\tau}=q_{\mathrm{t}} & x=0,0<y<b \\[2mm] \lambda(T)\dfrac{\partial T(\tau,a,y)}{\partial\tau}=q_{\mathrm{h}} & x=a,0<y<b \\[2mm] \lambda(T)\dfrac{\partial T(\tau,x,0)}{\partial\tau}=q_{\mathrm{l}}(x) & y=0,0<x<a \\[2mm] \lambda(T)\dfrac{\partial T(\tau,x,b)}{\partial\tau}=q_{\mathrm{u}}(x) & y=b,0<x<a \end{cases} \qquad (2\text{-}71)$$

式中，ρ 为密度，$\mathrm{kg/m^3}$；c_{p} 为比热容，$\mathrm{kJ/(kg\cdot K)}$；λ 为导热系数，$\mathrm{W/(m^2\cdot K)}$；q_{h} 和 q_{t} 分别为钢板的前侧面热流密度和后侧面热流密度，$\mathrm{W/m^2}$。q_{u} 和 q_{l} 分别为上表面热流密度和下表面热流密度，$\mathrm{W/m^2}$。

2.7.1.5　连续炉钢板温度跟踪模型

温度跟踪过程是指某一块钢板从进炉开始至出炉为止整个加热过程温度计算的过程。钢板温度全炉跟踪模型的建立实时描述了钢板在整个加热过程中温度变化的规律。由于某一特定钢板在炉内的位置是随时间而变化的，为了能用数学公式描述钢板的运动，这里采用移动坐标系，即坐标系与钢板同步移动，这样钢板所处的边界条件也相应的转化为一个时变温度场问题。考虑炉内任意一块钢板 i，钢板尾部在炉内的位置 x_i 由钢板的移动速度决定：

$$x_i(\nu(t),t) = \int_0^t \nu(\tau)\mathrm{d}\tau, 0 \leqslant t \leqslant t_\mathrm{f} \tag{2-72}$$

式中，t_f 为钢板在炉时间，s；$\nu(\tau)$ 为钢板在 τ 时刻的运动速度，m/s。

相应于钢板跟踪模型的边界条件即为：

$$\begin{cases} \lambda(T)\dfrac{\partial T(\tau,x_i,y)}{\partial \tau} = q_\mathrm{t}(x_i) & x = x_i, 0 < y < b \\[2mm] \lambda(T)\dfrac{\partial T(\tau,x_i+a,y)}{\partial \tau} = q_\mathrm{h}(x_i) & x = x_i + a, 0 < y < b \\[2mm] \lambda(T)\dfrac{\partial T(\tau,x,0)}{\partial \tau} = q_1(x) & y = 0, x_i < x < x_i + a \\[2mm] \lambda(T)\dfrac{\partial T(\tau,x,b)}{\partial \tau} = q_\mathrm{u}(x) & y = b, x_i < x < x_i + a \end{cases} \tag{2-73}$$

根据钢板温度全炉跟踪模型可以实时计算炉内任意位置的炉气和钢板温度分布，从而为模型的实时应用提供了必要条件。

2.7.2　热处理加热过程优化

热处理加热是中厚板生产中提高钢板使用性能的核心工艺环节，同时也是中厚板生产中耗能较高的工艺环节。加热优化是减少加热过程能耗、提高加热质量的重要手段，但与热处理相关的加热优化研究较少。本节从中厚板热处理加热过程最优控制角度进行了研究。

2.7.2.1　热处理加热过程优化目标分析

中厚板热处理加热过程优化的实质是加热工艺制度（加热规程）的优化，由稳态优化和动态补偿两部分组成。在稳态优化研究中，优化目标的确定是一大难点，由于要满足在线应用的要求，目标模型通常不得不进行足够的简化，往往导致真实目标与模型参数完全脱耦，从而使目标失真，难以实现加热控制的最优化。加热优化控制目标的分类有很多种方法，按照所面向的对象可以分为：节能型和综合工艺节能型；按照控制模型的机理又可以分为：真实目标和替代目标；

当然还有直接型和间接型的分类办法[40,41]。

优化加热是提高钢板热处理质量，提高产量，降低燃料消耗，减少氧化烧损的重要途径。为了保证钢板热处理时的加热效果，合理的制定热处理炉加热工艺制度很重要。加热工艺制度主要包括炉温参数、时间参数以及辊速参数。制定热处理炉加热工艺制度需要考虑到以下 6 种因素：

（1）钢板出炉表面温度。钢板加热保温完毕出炉时的表面温度越接近目标温度越好。为保证热处理加热质量，它通常不能和目标温度值偏离太大，中厚板热处理厂一般要求两者绝对偏差不大于 10℃。钢板出炉时要求的温度主要根据合金成分和热处理工艺目的确定，不同成分或不同热处理工艺，出炉温度要求差别较大。

（2）保温时间。钢板保温时间距离目标值越近安全系数越高。在热处理加热过程中，钢板表面温度达到要求后，还需要保温一段时间才可以出炉，保温时间必须按照工艺要求严格控制。通过保温，可以使材料趋近于热力学平衡，使成分均匀、晶粒长大、应力消除和位错密度降低。保温时间主要根据合金成分和热处理工艺目的确定，不同成分或不同热处理工艺，保温时间差别较大。

（3）钢板加热速度。钢板加热速度在允许范围内越快越好。从生产率的角度考虑，希望加热速度越快越好，而且加热的时间短，金属的氧化烧损也减少，但是加热速度的提高受炉子供热能力和钢板内外允许温差的限制。钢板加热过程中，如果热应力超过了钢板的破裂强度极限，钢板的内部就要产生裂纹，所以加热速度要限制在炉子供热能力和热应力所允许的范围之内。

（4）钢板出炉断面温差。钢板出炉断面温差越小越好。出炉时的钢板断面温差要小于工艺要求，保证钢板厚度方向的加热均匀性，使组织转变充分。

（5）炉子燃料消耗量。加热过程中燃料消耗越少越好。节能是加热优化的目的之一，它可以表现为燃耗最低，也可以表现为炉温设定最低和钢板吸热最小两方面。从直观上讲，他们都反映了燃耗最小这一特点。从图 2-68 可以看出炉气温度所围的阴影部分的面积越小，对应炉温分布范围则越小，钢板表面温度所围面积越小，吸热越少。图中横坐标相对加热时间等于当前加热时间除以总在炉时间。

因此节能降耗可以以炉温极小化命题为替代[40]。炉温极小化的目标函数如下式所示：

$$J_E = \left(\sum_{k=k_0}^{k_f} T_{fset}^2(k) \right)^{\frac{1}{2}} \tag{2-74}$$

式中，J_E 炉子燃料消耗优化目标；$T_{fset}(k)$ 第 k 段炉温设定值；k_f 炉子总的控制段数。

（6）钢板氧化烧损率。在实际生产中，减少钢板的氧化烧损是提高收得率、

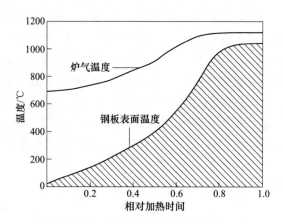

图 2-68　钢板加热过程示意图

节约能源的重要措施。一般来说，钢板的氧化烧损与其表面温度、在炉时间、炉内气氛等关系密切，但真实反映氧化烧损过程的动态模型却至今没有提出[42,43]。对于钢板氧化烧损的计算，国内外的学者大多提出了多种计算方法或经验公式，其中苏联学者提出的钢板表面氧化速度与其表面温度之间的关系最为经典，见下式：

$$\frac{\mathrm{d}m^2}{\mathrm{d}\tau} = k_{\mathrm{ox}} \cdot \exp\left[-\frac{Q}{R(T+273)}\right] \qquad (2\text{-}75)$$

单位面积的氧化量 m 为：

$$m = \left\{k_{\mathrm{ox}} \cdot \tau \cdot \exp\left[-\frac{Q}{R(T+273)}\right]\right\}^{\frac{1}{2}} \qquad (2\text{-}76)$$

所以氧化烧损率 γ 为：

$$\gamma = \frac{F_{\mathrm{m}} \cdot m}{\rho \cdot V_{\mathrm{m}}} \times 100\% \qquad (2\text{-}77)$$

式中，$k_{\mathrm{ox}} = 560000$，$Q/R = 18000$；F_{m} 为钢板的表面积，m^2；V_{m} 为钢板的体积，m^3。

　　对于热处理炉来说，一个合理的加热工艺制度必须同时考虑这 6 个方面的影响因素。总的来说，就是要在设备允许的条件下保证热处理加热质量和降低能耗。因此，本章给出的热处理加热工艺优化方法即在一定的工艺条件下，如钢板规格、保温温度、保温时间等，最优地制定加热工艺制度使各条件都能得到满足，达到最优的工作状态。

2.7.2.2　钢板热处理稳态加热最优工艺计算

中厚板热处理稳态加热过程优化是一个多目标优化问题。传统加热炉稳态加热优化采用的是陈海耿等提出的将多目标问题通过加权求和转换为单目标问题来处理的方法，进而采用直接搜索算法进行求解。这种方法要求有很强的先验知识，对某一特定问题很有效。随着近年现代优化算法的发展，出现了适合多目标优化问题求解的粒子群优化算法（particle swarm optimization, PSO）。它是一种基于种群操作的进化计算技术，可以并行搜索空间中的多个解，并能利用不同解之间的相似性来提高其并发求解能力，所以粒子群优化算法比较适合多目标优化问题求解，在许多优化问题中都得到应用。但粒子群算法一般仅限于解决两目标问题，对高维多目标问题求解将无能为力。本书提出将管理领域应用较流行的解决高维多目标决策问题的灰关联分析法（grey relational analysis, GRA）与进化计算 PSO 算法相结合，利用 GRA 高维多目标决策和 PSO 并发求解的能力，建立热处理炉灰色粒子群优化加热模型。这为改善中厚板热处理稳态加热过程优化模型的求解性能，进行热处理炉加热优化提供了新的途径。

A 异步粒子群算法

a 粒子群算法

粒子群优化算法是 Kennedy 和 Eberhart 于 1995 年提出的一种进化计算技术，目前已经得到了广泛关注[44]。它的基本概念源于对人工生命和鸟群捕食行为的研究。设想这样一个场景：一群鸟在随机搜寻食物，在这个区域里只有一块食物，所有的鸟都不知道食物在哪里，但是它们知道当前的位置离食物还有多远。在这种情况下，鸟群找到食物的最简单有效的策略就是搜寻目前离食物最近的鸟的周围区域。

PSO 算法就从这种生物种群行为特性中得到启发并用于求解优化问题。在 PSO 中，每个优化问题的潜在解都可以想象成 n 维搜索空间上的一个点，称之为"粒子"，所有的粒子都有一个被目标函数决定的适应值。搜索正是在这样一群随机粒子组成的一个种群中进行的。在热处理炉稳态加热工艺优化中，把 n 段炉温设定值编码成粒子。

PSO 的数学描述是：假设在一个 n 维的目标搜索空间中，有 m 个代表潜在问题解的粒子组成的一个种群 $S = \{X_1, X_2, \cdots, X_m\}$，其中第 i 个粒子在 n 维解空间的一个矢量点用 $X_i = \{x_1, x_2, \cdots, x_n\}$ 表示。将 X_i 代入一个与求解问题相关的目标函数就可以计算出相应的适应值。用 $p_i = \{p_{i1}, p_{i2}, \cdots, p_{in}\}$ 表示第 i 个粒子自身搜索到的最好点（所谓最好，指计算得到的适应值最小）。在这个种群中，至少有一个粒子是最好的，将其编号计为 g，则 $p_g = \{p_{g1}, p_{g2}, \cdots, p_{gn}\}$ 将就是种群搜索到的最好值，其中 $g \in \{1, 2, \cdots, m\}$。而每个粒子还有一个速度变量，用 $v_i = \{v_{i1}, v_{i2}, \cdots, v_{in}\}$ 表示第 i 个粒子的速度。PSO 算法采用下面的公式对粒子进行操作：

$$v_i(k+1) = w(k)v_i(k) + c_1 r_1 [p_i(k) - X_i(k)] + c_2 r_2 [p_g(k) - X_i(k)]$$

$$(2\text{-}78)$$

$$X_i(k+1) = X_i(k) + \boldsymbol{v}_i(k+1) \tag{2-79}$$

式中，c_1 和 c_2 为认知和社会系数，反映了一个粒子指向最好位置的程度；r_1 和 r_2 为 0~1 之间的随机因子，通过随机因子使粒子群具备随机探索能力；$w(k)$ 为惯性权因子，用于平衡蜂群的全局搜索和局部搜索能力，进化过程中按下式线性减小：

$$w(k) = w_{max} - \frac{w_{max} - w_{min}}{iter}k \tag{2-80}$$

式中，$iter$ 为最大进化代数，w_{max} 与 w_{min} 为 $w(k)$ 的极限值。

公式（2-78）的第一部分称为记忆项，表示上次速度大小和方向的影响；第二部分称为自身认知项，是从当前点指向此粒子自身最好点的一个矢量；第三部分称为群体认知项，是一个从当前点指向种群最好点的一个矢量，反映了粒子间的协同合作。可见粒子群算法是依据先前的速度、自身最好经验以及群体最好经验 3 个因素实现速度的更新，然后按照公式（2-79）从当前位置飞向新的位置。

b　异步粒子群算法

值得注意的是大量文献所研究的粒子群算法是同步模式，即在任何一次迭代循环中，所有的粒子都以上次循环中确定的整体认知水平 $\boldsymbol{p}_g$ 进行搜索，即便是本次循环中出现了更好的位置点。粒子群算法的同步模式并不十分合理，粒子群算法是一种基于群智能的优化技术，粒子具有高度的独立性和协同性的生物特征，这与蚁群算法 ACO 相似。基于这种生物特征，可以采用一种异步处理模式进行处理[45]：

（1）一个 PSO 种群由多个独立的粒子组成，粒子具有自身的最好适应值、位置矢量和速度矢量等特征，并且对于搜索中的任意时刻，每个粒子行为都是并行的；

（2）粒子间共享整体最好点信息，这个共享信息具体包括整体最小适应值、相应的点位置 $\boldsymbol{p}_g$ 以及相应的粒子标号；

（3）在搜索中当任意一个粒子发现其计算的适应值小于共享信息中的最小适应值时，则将立即更新共享信息。

因为所有粒子在每次自身的循环过程中，都将利用到共享信息，所以，更新共享信息的动作就相当于广播形式通知其他粒子。通过这种广播方式，粒子可以及时获得最新的共享信息。

在单目标优化问题上粒子群算法具有良好的性能，但是该算法不能直接应用于多目标问题求解过程。因为粒子群算法在进行搜索时，需要通过跟踪个体极值 $\boldsymbol{p}_i$ 和全局极值 $\boldsymbol{p}_g$ 来更新自己的位置，以此求得最优解。单目标优化问题中这两个极值比较好确定，而在多目标优化问题中这两个极值就很难确定。灰色关联分析能较好地分析各非劣解与理想解之间的接近程度，并能掌握解空间全貌，所以这里利用灰色关联度来确定粒子群算法的个体极值 p_i 和全局极值 p_g 的选取，实现利用粒子群算法对高维多目标问题进行优化求解。

B　热处理加热的灰关联分析

部分信息已知、部分信息未知的系统称为灰色系统。如厚度为 50mm 的 304 钢板要求的出炉温度是（1050±10）℃，出炉钢板断面温差小于 10℃，由于出炉温度及断面温差不是一个可以确切表示的数值，炉温制度因辊速不同和钢板出炉温度及断面温差之间的关系也不完全确定。根据这一特性可将加热过程称之为具有灰色系统性质的研究对象。

灰色系统理论着重解决那些行为机制不完备、行为数据很稀少、问题处置缺乏经验、其固有内涵又不清楚的问题，早期广泛应用于经济行业和控制领域，并取得了一定的成果。近几年来，灰色系统理论中的灰色预测、控制和决策方法在控制领域和工程领域的应用不断扩展，其中灰关联分析的应用从管理领域陆续被引入工程领域用于工程规划方案选择、工厂选址、城市生活水平综合评判、市民幸福指数的灰色评价等。

a　灰关联基本原理

灰关联分析对运行机制与物理原理不清晰或者根本缺乏物理原型的灰关联先序列化、模式化，进而建立灰关联分析模型。它是使灰关联量化、序化、显化，为复杂系统的建模提供重要的技术分析手段。其基本原理是通过对统计序列几何关系的比较来分清系统中多因素间的关联程度，序列曲线的几何形状相似程度越大，则它们之间的关联度越大；反之若序列曲线的几何形状相似程度越小，则它们之间的关联度越小。

b　灰关联公理

灰关联因子集 @ $_{\mathrm{GRE}}$ = Y = $\{y_0, y_1, y_2, \cdots, y_m\}$，其中 $y_0 = \{y_0(1), y_0(2), \cdots, y_0(n)\}$ 为参考序列，$y = \{y_i(1), y_i(2), \cdots, y_i(n)\}$ 为比较序列。符号 $\gamma(y_i, y_j)$ 表示 y_i 和 y_j 间的关联测度。令 $\Delta_{0i}(k)$ 为 $y_0(k)$ 与 $y_i(k)$ 两点间的绝对差。灰关联公理如下：

（1）可比性条件：Y 中每一个序列，具有性质 $a_i (i=1, 2, 3, 4)$，

a_1：无量纲；

a_2：等数量级；

a_3：一致性极性；

a_4：$m \geqslant 3$。

（2）规范区间：

$0 < \gamma(y_i, y_j) \leqslant 1$；

如果 $y_i = y_j$，$\gamma(y_i, y_j) = 1$；

如果 y_i，$y_j \in \phi$（空集），$\gamma(y_i, y_j) = 1$。

（3）整体性：

如果 $m>3$ 且 $i\neq j$，则 $r(\boldsymbol{y}_i,\boldsymbol{y}_j)\overset{often}{\neq}r(\boldsymbol{y}_j,\boldsymbol{y}_i)$，符号 $\overset{often}{\neq}$ 表示"经常不等于"。

（4）接近性：

绝对差 $\Delta_{0i}(k)$ 越小，则关联测度越大。

（5）临域性：

若关联测度满足公理（1）~（4），则关联测度与灰关联度是等价的。

在（1）~（5）中的比较信息 $\Delta_{0j}(k)$ 必须来自差异信息空间 LY_{gr}：

$$LY_{gr}=\{\Delta_{0i}(k)\mid\Delta_{0i}(k)\in[\min_i\min_k\Delta_{0i}(k),\max_i\max_k\Delta_{0i}(k)]\} \quad (2\text{-}81)$$

c 灰关联系数和灰关联度的计算

灰关联系数是灰关联因子集中点与点之间的比较测度，其计算式为：

$$\gamma(y_0(k),y_i(k))=\frac{y(\min)+\xi y(\max)}{\Delta_{0i}(k)+\xi y(\max)} \quad (2\text{-}82)$$

式中，$y(\min)=\min_i\min_k\Delta_{0i}(k)$ 为两极最小差；$y(\max)=\max_i\max_k\Delta_{0i}(k)$ 为两极最大差；ξ 为分辨系数，$\xi\in[0,1]$，一般按最少信息原理取值0.5。

从关联系数的计算来看，我们得到的是各比较序列与参考序列在各点的关联系数值。由于结果较多，信息过于分散，不便于比较，所以有必要将每一比较序列的关联系数集中体现在一个值上，这一数值就是灰关联度。

比较序列 $\boldsymbol{y}_i$ 对参考序列 $\boldsymbol{y}_0$ 的灰关联度记作 $\gamma(\boldsymbol{y}_0,\boldsymbol{y}_i)$，采用加权关联度法求解计算：

$$\gamma(\boldsymbol{y}_0,\boldsymbol{y}_i)=\sum_{k=1}^n w_k\gamma(y_0(k),y_i(k)) \quad (2\text{-}83)$$

式中，w_k 为各目标所占比重构成的权重向量。

d 加热优化的灰关联分析

灰关联分析模型不是函数模型，是序关系模型。灰关联分析着眼的不是数值本身，而是数值大小所表示的序关系。其建模步骤是获取灰关联因子集和序列间的差异信息，建立差异信息空间；计算差异信息比较测度（灰关联度）；建立因子间的序关系，进而根据因子间的排序来决策最优因子集。下面是针对中厚板热处理炉加热优化建立灰关联分析模型：

（1）灰关联因子集。灰关联因子集是灰关联分析的基础，它由具备"可比性""可接近性""极性一致性"的序列所构成。在热处理炉加热工艺优化过程中参与决策的目标集，是由2.7.2.1节中的分析的6个目标所构成，如下式所示：

$$@_{INU}=\{w_i\mid i=1,2,\cdots,6\}$$

式中，w_1 为钢板出炉时表面温度；w_2 为钢板保温时间；w_3 为钢板加热速度；w_4 为钢板出炉时断面温差；w_5 为能量消耗；w_6 为钢板氧化烧损量。

$@_{INU}$ 是有量纲、不可比、序列极性非一致的。为使其满足灰关联公理对序列构成的要求，保证建模的质量与系统分析的合理性，对@$_{INU}$必须进行数据变换和处理。这里采用文献中所介绍的上限效果测度 UEM、下限效果测度 LEM 等转换方法将@$_{INU}$转换为灰关联因子集，具体如下所述：

w_1：钢板出炉时表面温度越接近目标温度越好，一般要求在±u_T℃范围内，距离目标值越近，安全系数越高，构造其测度计算公式为：

$$y_i'(1) = \begin{cases} 0 & |T_p - T_p^*| > u_T \\ T_p^*/(T_p^* + |T_p - T_p^*|) & |T_p - T_p^*| \leq u_T \end{cases} \quad (2\text{-}84)$$

式中，T_p^* 为钢板出炉时的期望目标温度；T_p 为钢板出炉时的实际温度。

w_2：钢板出炉时保温时间，一般要求在±u_t min 范围内，距离目标值越近，安全系数越高，构造其测度计算公式为：

$$y_i'(2) = \begin{cases} 0 & |t - t^*| > u_t \\ t^*/(t^* + |t - t^*|) & |t - t^*| \leq u_t \end{cases} \quad (2\text{-}85)$$

式中，t^* 为钢板出炉时的期望保温时间；t 为钢板出炉时的实际保温时间。

w_3：根据 2.7.2.1 节所论述，加热过程中钢板加热速在小于 u_s min/mm 的允许范围内越快越好。因此其具有极大值极性，这里采用上限效果测度法来构造其测度计算公式：

$$y_i'(3) = \begin{cases} 0 & s > u_s \\ s/s_{max} & s \leq u_s \end{cases} \quad (2\text{-}86)$$

式中，s_{max} 为目标 3 序列中的最大值；s 为当前加热速度。

w_4：钢板出炉时断面温差越小越好，一般要求小于 $u_{\Delta T}$℃，其具有极小值极性，这里采用下限效果测度法来构造其测度计算公式：

$$y_i'(4) = \begin{cases} 0 & \Delta T > u \\ \Delta T_{min}/\Delta T & \Delta T \leq u \end{cases} \quad (2\text{-}87)$$

式中，ΔT_{min} 为目标 4 序列中的最小值；ΔT 为钢板出炉时的实际断面温差。

w_5：加热过程中能量消耗越小越好，根据 2.7.2.1 节的分析可以转化为炉温极小化问题。因此其具有极小值极性，这里采用下限效果测度法来构造其测度计算公式：

$$y_i'(5) = J_{Emin}/J_E \quad (2\text{-}88)$$

式中，J_E 为炉子燃料消耗实际值；J_{Emin} 为目标 5 序列中的最小值。

w_6：根据 2.7.2.1 节所论述，加热过程中钢板氧化烧损量越少越好，其具有极小值极性。这里采用上限效果测度法来构造其测度计算公式：

$$y_i'(6) = \gamma_{min}/\gamma \quad (2\text{-}89)$$

式中，γ_{min} 为目标 6 序列中的最小值；γ 为当前的氧化烧损率。

将目标序列 $y_i'(k)$，$k=1$，2，…，6 作初始化，即：

$$INITy_i'(k) = y_i(k) \tag{2-90}$$

即：

$$y(k) = \left\{ \frac{y_1'(k)}{y_1'(k)}, \frac{y_2'(k)}{y_1'(k)}, \cdots, \frac{y_m'(k)}{y_1'(k)} \right\}, k = 1,2,\cdots,6 \tag{2-91}$$

高温热处理炉加热决策目标@$_{INU}$经过上述转换即可得到无量纲、可比性、极性一致性的灰关联因子集@$_{GRE}$：

$$@_{GRE} = \boldsymbol{Y} = \{\boldsymbol{y}_0, \boldsymbol{y}_1, \boldsymbol{y}_2, \cdots, \boldsymbol{y}_m\} \tag{2-92}$$

式中，$\boldsymbol{y}_i = \{y_i(1), y_i(2), \cdots, y_i(6)\}$。

（2）灰关联差异信息集计算。灰关联因子集@$_{GRE}$是灰关联分析的基础，而基于@$_{GRE}$的灰关联差异信息空间则是灰关联分析的依据。差异信息是比较序列与参考序列差异的数字表现。因此，只有先明确参考序列与比较序列才能建立灰关联差异信息空间。公式（2-92）中 $\boldsymbol{y}_i'$ 为参考序列，$\boldsymbol{y}_i(i=1,\cdots,m)$ 为比较序列。

1）参考序列计算。参考序列采用学者邓聚龙在《灰色系统基本方法》[46] 中提出的目标极性与制高点原理确定。由于@$_{GRE}$极性一致，所以：

$$\boldsymbol{y}_0 = \{y(1)_{max}, y(2)_{max}, \cdots, y(6)_{max}\} \tag{2-93}$$

式中，$y(k)_{max} = \max\{y_1(k), y_2(k), \cdots, y_n(k)\}$。

2）差异信息的计算。$\boldsymbol{Y}$ 上第 k 点 $\boldsymbol{y}_i$ 对于 $\boldsymbol{y}_0$ 的差异信息 $\boldsymbol{\Delta}_{0i}(k)$：

$$\Delta_{0i}(k) = | y_0(k) - y_i(k) | \tag{2-94}$$

则差异信息序列 $\boldsymbol{\Delta}_{0i} = \{\Delta_{0i}(1), \Delta_{0i}(2), \cdots, \Delta_{0i}(6)\}$。

差异信息集 $\boldsymbol{\Delta} = \{\Delta_{0i}(k), i=1,2,\cdots,m; k=1,2,\cdots,6\}$。

（3）灰关联度计算。灰关联系数按公式（2-82）计算，而比较序列 $\boldsymbol{y}_i$ 对参考序列 $\boldsymbol{y}_0$ 的灰关联度 $\gamma(\boldsymbol{y}_0,\boldsymbol{y}_i)$ 采用加权关联度法求解：

$$\gamma(\boldsymbol{y}_0,\boldsymbol{y}_i) = \sum_{k=1}^{6} w_k \gamma(y_0(k), y_i(k)) \tag{2-95}$$

式中，w_k 为各目标所占比重构成的权重向量。

（4）灰关联排序。关联度可以直接反映各个比较序列与参考序列的优劣关系，根据关联度的大小可以判断各个因子与参考序列之间的相互关系大小。灰关联度 $\gamma(\boldsymbol{y}_0,\boldsymbol{y}_i)$ 越大，表明 $\boldsymbol{y}_i$ 与 $\boldsymbol{y}_0$ 越接近，即 $\boldsymbol{y}_i$ 越接近热处理炉加热工艺最优解。

C　加热工艺优化的灰色异步粒子群建模及求解

利用异步粒子群与灰关联分析法对热处理炉加热过程进行优化的具体流程如下：

（1）初始化参数：种群规模 m、学习因子 c_1 和 c_2、惯性因子 $w(k)$、最大迭代次数 N_{max}。

（2）构造初始种群：首先人工指定 m 组炉温，每组炉温编码得到一组粒子，第 i 个粒子为 $\boldsymbol{X}_i = \{T_{f_1}, T_{f_2}, \cdots, T_{f_n}\}$，$n$ 与炉区数量对应。m 组炉温组成种群

$S=\{X_1, X_2, \cdots, X_m\}$，初始化 y_i、p_i、p_g。

（3）确定灰关联分析的参考序列。

（4）结合建立的钢板温度计算模型，以假设炉温为计算条件，计算灰关联分析目标因子集中的每个目标值，组成比较序列。

（5）计算出每个粒子形成的比较序列的关联度。对每个粒子，将其灰关联度与其经过的最好位置所对应的灰关联度作比较，如果较优，则将该灰关联度及其所对应的位置存储在 p_i 中。比较当前所有 p_i 和全局最优解 p_g 的值，更新 p_g。

（6）更新各粒子的权重、速度和位置。

（7）若满足停止条件停止搜索，选取与参考序列灰关联度最大的比较序列及其对应的粒子作为结果输出，否则返回步骤（4）继续搜索。

灰色异步粒子群算法的计算机实现流程如图 2-69 所示。与同步粒子群模式相比，异步粒子群模式可以与 VC 多线程编程技术的结合，更好的适应了计算机求解。

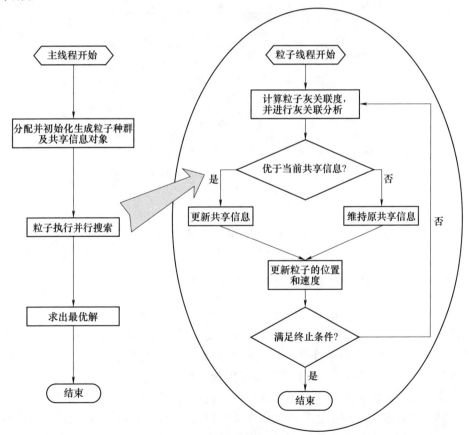

图 2-69　多线程实现异步模式灰色粒子群计算流程图

以钢种为 316 的不锈钢板固溶处理为例：规格为 25mm×2000mm×10000mm，室温入炉（设为 25℃），保温温度要求为（1050±10）℃，保温 25min。经过灰色异步粒子群算法计算，得到稳态加热工艺制度如表 2-12 所示。

表 2-12　热处理加热工艺制度及出炉实绩预测表

炉段号	Z1	Z2	Z3	Z4	Z5	Z6	Z7	Z8	Z9	Z10	Z11	Z12	Z13	Z14
上区炉温设定值/℃	811	847	932	1058	1059	1061	1065	1068	1068	1068	1068	1068	1068	1068
下区炉温设定值/℃	812	847	940	1053	1059	1062	1066	1068	1068	1068	1068	1068	1068	1068
钢板受热量/kW	1213	1197	982	651	325	180	118	99	87	84	82	70	42	40
钢板行进速度/m·min⁻¹	1.65/连续						钢板在炉总时间/min				51			
钢板上表面出炉温度/℃	1055						钢板出炉断面温差/℃				0			

表 2-12 中每个炉段分为上下两个炉区，对应的热处理加热过程预测曲线如图 2-70 所示。

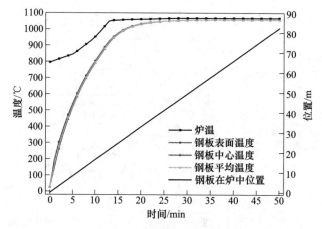

图 2-70　热处理加热优化计算结果曲线
（扫书前二维码看彩图）

2.7.2.3　中厚板热处理加热过程的动态优化策略

热处理炉的加热优化不仅包括稳态最优加热工艺制度的制定，同时也必须考虑最优加热工艺制度设定执行过程中，可能发生炉温控制模型不准确或不可测干扰（如炉压、炉体绝缘条件及炉膛气氛变化等）造成钢板温度偏离最优加热工艺曲线的情况。如图 2-71 所示，钢板温度偏离最优加热工艺曲线将无法保证相应的保温时间，因此有必要对热处理炉加热过程工艺设定参数进行补偿。

热处理炉加热过程工艺参数优化补偿的目的是使钢板加热过程按最优曲线执行。一般可以从炉温和板速设定两方面进行优化。炉温设定动态优化即在不改变板速的条件下，仅通过调节炉温设定值使钢板达到加热要求，适用于非连续炉；

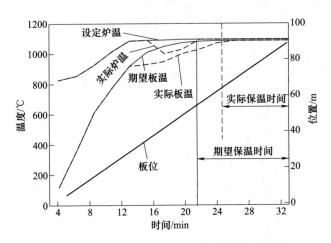

图 2-71　由于外界干扰造成的加热偏离示意图

板速设定动态优化是在不改变炉温设定值的情况下，通过板速即钢板对应辊道速度的调节使钢板满足加热工艺要求，一般适用于连续炉。

A　炉温设定动态优化

热处理炉一般分为 n 个加热区，每个加热区可以看作一个子系统。钢板在热处理炉中可以看作是单向能量流动，子系统间的相互影响也是单向的，因此热处理炉组成可以看作由 n 个子系统组成的串联系统。图 2-72 中，输入 Sp_n 为第 n 个加热区的炉温设定值，输出 Tp_n 为各个加热区出口钢温。

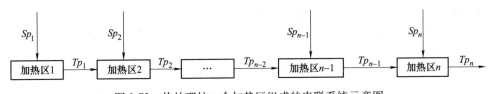

图 2-72　热处理炉 n 个加热区组成的串联系统示意图

炉温设定动态优化采用的方法是根据钢板所在加热区出口钢温值与最优目标值的偏差，对所在区炉温设定值进行反馈补偿，对即将进入的后续加热区进行前馈补偿。加热区出口钢板温度值计算模型采用建立的钢板温度跟踪模型进行计算。炉温设定动态优化的原理图如图 2-73 所示。

第 i 段加热区出口处钢板表面实际温度与期望温度的偏差 $E_i = Tp_i^* - Tp_i$，偏差 E_i 越小越好。生产过程中对偏差设有规定允许范围 $[E_{\min}, E_{\max}]$。由于各加热区所处加热过程不同，允许偏差大小是不一样的，前 3 区为钢板预热区，加热时温度波动较大，因此其允许偏差取值较大。

由于各段负荷能力有限，温度响应速度必然存在极限值，因此每段都存在一

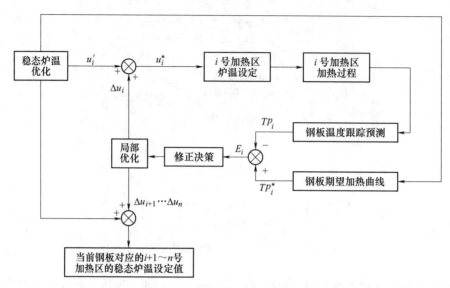

图 2-73　第 i 段加热区补偿原理图

个极限修正量 Δu_{Mi}。当偏差 E_i 大于极限修正量时，必须将炉温修正量分配到其后加热区，因此建立"修正决策"模块，根据当前钢板所在位置计算出其对应的加热影响区。局部优化模块就是根据当前偏差大小对当前钢板对应的加热影响区设定值分别进行修正，以使钢板在出炉前满足要求的保温时间、加热温度等工艺要求。局部优化问题可以转化为：已知当前板温及炉温分布，以后续炉温分布极小化、保证钢板保温时间和钢板在即将进入的每段加热区出口温度接近期望值为目标的炉温优化。这里采用灰色异步粒子群加热优化算法进行求解计算，为加快求解速度粒子群规模不宜选取过大，取 $m=20$。其中灰关联因子集计算如下：

$$决策目标@_{INU} = \{\, w_i \mid i = 1,2,3 \,\}$$

式中，w_1 为能量消耗即炉温分布；w_2 为钢板保温时间；w_3 为各加热区的出口预测板温；

将 $@_{INU}$ 转换为无量纲、可比性、极性一致性的灰关联因子集 $@_{GRE}$。

w_1 和 w_2：由式（2-85）和式（2-88）可知：

$$y_i' = J_{Emin}/J_E \tag{2-96}$$

式中，J_E 为炉子燃料消耗实际值；J_{Emin} 为目标序列中的最小值。

$$y_i'(2) = \begin{cases} 0 & |\, t - t^* \,| > u_t \\ t^*/(t^* + |\, t - t^* \,|) & |\, t - t^* \,| \leqslant u_t \end{cases} \tag{2-97}$$

式中，t^* 为钢板出炉时的期望保温时间；t 为钢板出炉时预计的预测保温时间；u_t 为允许偏差。

w_3：各加热区出口温度越接近期望值越好，这里采用权重系数法建立加热区出口温度的综合决策目标 J_T：

$$J_T = \sum_{j=1}^{N} \gamma(j)\left[T_p(j) - T_p^*(j)\right]^2 \qquad (2\text{-}98)$$

式中，$T_p^*(j)$ 为钢板在 j 号加热区的出口期望值；$T_p(j)$ 为钢板在 j 号加热区的出口预测值；$\gamma(j)$ 为 j 号加热区的权重系数，越接近钢板所在区域权重系数越大；1 号加热区为当前钢板所在区，n 号加热区为炉子最后一个加热区。

很明显 J_T 具有极小值极性，这里采用下限效果测度法来构造其测度计算公式：

$$y_i'(3) = J_{Tmin}/J_T \qquad (2\text{-}99)$$

式中，J_{Tmin} 为目标 3 序列中的最小值。

将目标序列 $y_i'(k)$，$k=1$，2，3 作初始化，$INITy_i'(k) = y_i(k)$，可得到灰关联因子集：

$$@_{GRE} = Y = \{y_0, y_1, \cdots, y_i, \cdots, y_m\} \qquad (2\text{-}100)$$

式中，$y_i = \{y_i(1), y_i(2), y_i(3)\}$。

B 板速设定动态优化

当钢板在 i 段加热区的实际温度与最优期望温度的偏差 E_i 较大时，除调节设定炉温手段减小偏差外，也可通过板速的调整来降低偏差。板速设定调整通过加减速、摆动方式实现。

图 2-74 为板速设定优化控温原理图，采用 PI 控制策略来调整板速的修正量。图中 Tp_i^* 和 Tp_i 分别为当前钢板的期望温度与实际温度。为防止板速频繁调整对钢板表面质量造成过大影响，只有偏差超过允许阈值时才对板速进行调节。摆动策略用于钢板保温时间不满足工艺要求且钢板已经行进至热处理炉尾端的情况。

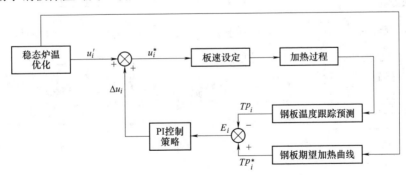

图 2-74 板速设定优化控温原理图

为保证炉内空间的利用率，钢板生产一般情况下采用连续统一的速度。在这种情况下，如果采用板速调整策略会影响生产效率，因此板速设定优化策略只适用于钢板前后空间较大且不追求产量的情况。

2.8　中厚板热处理炉自动化控制

中厚板热处理炉控制系统的主要任务是发挥现代控制系统高性能优势，实现热处理炉设备全自动、全连续加热，使得经过热处理的钢板组织和性能合格，同时保证热处理炉设备的安全。本节针对中厚板热处理炉的自动控制系统的设计，从控制系统构成和功能模型两方面入手，着重阐述辊底式热处理炉基础自动化自动加热功能和过程自动化控制功能的设计和实现。

2.8.1　热处理炉控制系统构成

为了保证热处理炉自动控制系统的稳定性和快速响应性，热处理炉一般采用如图 2-75 所示的网络结构，热处理炉分为两级控制，分别为基础自动化控制系统和过程自动化控制系统。

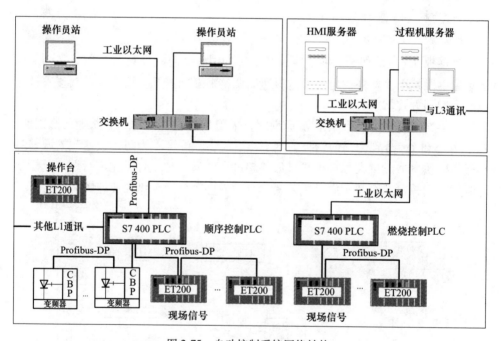

图 2-75　自动控制系统网络结构

基础自动化系统配备 2 套 Siemens 的 S7-400 系列 PLC，分别对应顺序控制和燃烧控制。前者主要功能是根据过程机设定参数准确运送钢板，完成对热处理炉单体设备（如辊道、进出料炉门、对中液压站、润滑系统等）的逻辑动作的控制和设备状态的监视；后者主要是根据过程机设定参数实现炉内温度的快速调整，完成然气、空气和烟气的压力控制、烧嘴的燃烧控制以及热处理炉的安全连锁控制等。自动控制系统采用结构化、模块化编程方式，使用 Step7 集成开发工具编写程序，各 PLC 系统间通过工业以太网方式进行必要的数据交换。现场远程站和操作台选用 Siemens 的 ET200M 分布式 I/O，配备了开关量输入模块、输出模块和模拟量输入模块、输出模块，使用 Profibus-DP 技术与 PLC 主控制器进行数据通信。传动系统的辊道变频器全部采用 Siemens 的 6SE70 系列，传动系统与主控制器 PLC 之间通信也采用 Profibus-DP 方式。人机界面监视系统使用 HP 计算机，服务器与客户机间采用 C/S 架构，监控软件采用 Siemens 的 WinCC V6.2。

过程控制系统采用 HP Proliant DL580 G5 服务器，操作系统为 Window Sever 2003，与基础自动化级通过工业以太网相连，同时连接 2 台 HMI 操作员终端，用于过程监视和控制。过程控制系统的主要任务和功能是监控钢板在热处理加热过程中的状态以及保证热处理加热钢板的质量，同时负责全线物料的跟踪、生产计划的接收和下达等任务。

2.8.2 自动加热功能的设计及实现

热处理炉整套基础自动化系统用于完成生产过程的逻辑控制、生产过程参数的设定与监视、信号的采集与处理、生产设备的联锁控制、报警监测以及实时和历史趋势的监视与分析。

自动加热是热处理炉基础自动化控制系统的核心功能，为实现热处理炉的自动化、无人化加热操作，设计开发了自动点/停炉、钢板位置微跟踪、钢板生产时序跟踪以及高精度的温度控制和炉压控制功能。

2.8.2.1 自动点/停炉

点炉和停炉是热处理炉热工操作中的重要环节，操作过程中的安全性非常重要。传统的点/停炉方式均需专业热工技术人员在每次点/停炉时手动操作，人工判断安全条件是否满足。这样的操作方式不仅需要的操作人员较多，同时费时、费力，存在着由人工主观性判断不安全的隐患。为此开发了自动点/停炉时序跟踪功能，对点/停炉过程中的每个环节进行严格监测及控制。点/停炉时序跟踪功能将点/停炉工作划分为如图 2-76 所示的 n 个工序。只有点/停炉工作进入到当前工序，才可以触发相应的操作。当操作完成时由安全联锁判断模块进行对应项目的自动检查，合格后方能进入到下步工序，防止了安全隐患的存在。自动点/停炉功能大大提高了点/停炉操作的效率和安全性，同时减轻了操作强度，减少了操作人员数量（只需 2~3 人即可完成生产操作），提升了热处理炉的自动化水平。

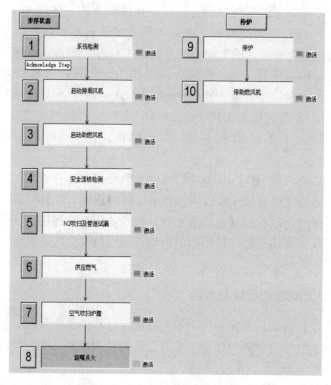

图 2-76　自动点/停炉画面截图

2.8.2.2　钢板位置微跟踪

钢板位置跟踪是以每块钢板为基础的物流管理。炉区钢板的位置跟踪对于钢板的加热质量影响较大，它是加热温度、速度等重要工艺参数调整的基础，主要包括测定计算炉内每块钢板的位置、设定其预期位置和如图 2-77 所示的钢板跟踪映像的显示。RAL 中厚板辊底式热处理炉采用单独变频单独传动方式，利用由编码器和变频装置组成的高性能闭环矢量调速系统来保证钢板位置的准确性。跟踪过程中，根据下式计算出每块钢板当前时刻在炉内的确切位置。

$$Pos_c = Pos_b + \frac{v_c + v_b}{2}\Delta t \tag{2-101}$$

式中，Pos_c 和 Pos_b 分别为当前时刻钢板位置和前一时刻钢板位置，mm；v_c 和 v_b 分别为当前时刻钢板速度和前一时刻钢板速度，mm/s；Δt 为相邻两次计算的时间差，s。

考虑到钢板在辊道上的打滑因素，在炉内安装有激光检测器，对钢板位置进行修正，保证了钢板位置跟踪的准确性。实践表明采用这种方式进行的钢板跟踪，最大绝对定位误差不大于 100mm。

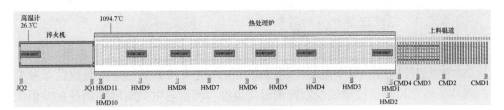

图 2-77 钢板位置跟踪显示画面

炉区钢板位置的高精度跟踪是加热过程板速设定控制的重要保障。由于炉区钢板位置的精确跟踪，实现了炉内辊道的弹性分组传动，使炉内钢板可按不同的设定速度运行。开发的高精度钢板位置跟踪系统保证了炉内同时进行连续、步进和摆动加热的高难度辊速控制的实现。

2.8.2.3 钢板生产工序跟踪

生产工序跟踪是热处理生产线实现现代化全自动生产的基础，是自动控制系统的主要功能之一。在生产过程中，同一时刻往往有很多钢板在生产线的不同工序中进行处理，而每块钢板的原始条件（如钢种、规格等）、加工状况（如加热温度、前进速度等）和成品要求（如热处理方式、保温温度、组织性能等）等又各不相同。生产工序跟踪实现了钢板从吊装到上料辊道直至出淬火机上冷床前的炉前工序跟踪（包括对中、称重、测长和等待入炉等）、炉区工序跟踪（包括进炉、出炉等）和淬火机区工序跟踪（包括进淬火机、出淬火机等），如图 2-78 所示。

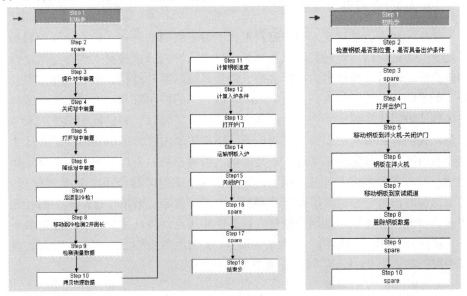

图 2-78 钢板生产工序跟踪画面截图

2.8.2.4   热处理炉炉温的控制

热处理炉按照炉长方向上下分为两部分，分别等距离设置 n 个温度检测区，共 $2n$ 个温度控制段。每个温度控制段设有段内烧嘴和测温热电偶组成的单独控制回路，温度控制是按照该控制段的设定温度与测温热电偶实际检测值的差值大小，按图 2-79 所示的控制方案来不断地调节烧嘴的开闭，从而控制炉温。其中，热处理炉温度设定方式有三种，分别为 Level2 模型设定、EMS 经验库设定和人机界面 HMI 手动设定。温度控制器采用 PID 控制策略。

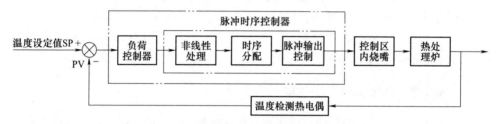

图 2-79   单控制段温度控制回路原理图

脉冲时序控制器采用本书所介绍的新型复合式脉冲燃烧时序控制模型，利用 PLC 编程器实现脉冲控制，这样不但节约了成本，而且使单区烧嘴数量的设计不再受脉冲控制装备的制约，增加了工艺设计的灵活性。脉冲时序控制模块结构如图 2-80 所示。

2.8.2.5   炉膛压力控制

炉压控制不当是造成工业炉燃料浪费的最主要因素之一。炉内负压使得冷的环境空气通过炉门、炉衬裂缝以及其他开口进入炉内。这些漏入的冷空气必须被加热到炉温以后才能排出，这样会造成燃烧系统的额外负担并浪费大量燃料。另外，如果炉膛内的炉压太高，会大大降低加热炉的使用寿命，而且由于炉膛口的高压将使炉门往外喷火，同样会浪费大量的燃料。所以，为保证安全生产和节能燃烧，我们有必要对炉压实现自动控制，确保炉膛内压力的微正压。炉膛压力自动控制由两种控制策略来实现：一是排烟机引射控制，另外一种是旁通烟道排烟控制。前者在偏差较大时进行调节，后者在较小偏差时起作用，如图 2-81 所示。排烟机引射控制与旁通烟道排烟控制复合的控制策略，继承了排烟机引射控制的快速调整性和旁通烟道排烟控制良好稳态性的优点，提高了炉压自动控制水平。

图中 p^* 为压力设定值，E 为系统误差，p 为压力检测值。当 $E \geqslant E_p$ 时，排烟机引射控制；当 $0 \leqslant E < E_p$ 时，旁通烟道排烟控制。

A   排烟机引射控制

排烟系统使得炉内燃烧后形成的废气能够自然、畅通地排出。同时抽力不得

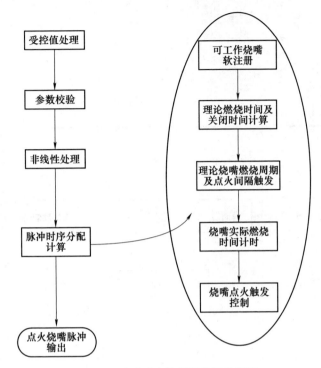

图 2-80 脉冲时序控制模块结构框图

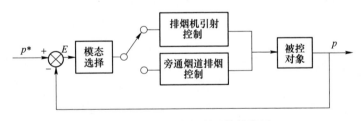

图 2-81 炉压复合控制系统结构图

过大，避免热量的流失。排烟机引射控制是在保证烟气温度和压力在安全值内的情况下，通过对排烟通道的风机抽力来实现压力控制，其仪表配置如图 2-82 所示，对应的控制系统框图见图 2-83，控制器采用 PID 控制策略。

在控制炉膛压力的同时要注意烟气温度的变化。控制合适、相对平稳的排烟温度对热处理炉提高热效率和提供温度稳定的预热空气、维持炉内气氛非常重要。一般来说，排烟温度不能太低，否则炉膛内的温度将不能达到一定的高度，影响预热燃气和空气的质量；另外，排烟温度也不能太高，否则烟气将带走很大的一部分热量，降低热处理炉的热效率。当排烟温度过高时，应适当地减小排烟机前的调节阀的开度，减少烟气的流通量，使烟道内维持一定的负压力。

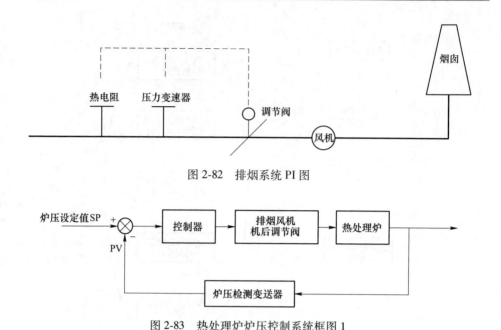

图 2-82　排烟系统 PI 图

图 2-83　热处理炉炉压控制系统框图 1

B　旁通烟道排烟控制

热处理炉入口和出口各设置有 1 个辅助排烟道，如图 2-84 所示。在辅助排烟道上设有调节阀，根据炉内压力自动调节辅助烟道上的调节阀，可在小范围内调整炉压。

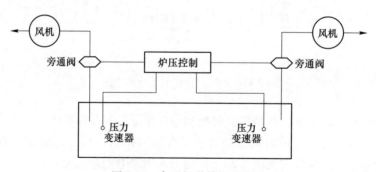

图 2-84　旁通烟道排烟系统图

炉内压力控制系统的结构如图 2-85 所示，控制器采用传统 PI 的控制策略。当负荷变化造成炉压小范围波动时，PLC 触发旁通烟道排烟控制炉压策略，即根据炉压变化量，控制旁通烟道上的阀位开度，避免由于负荷变化造成的炉压剧烈波动。

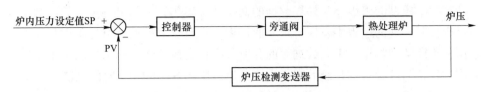

图 2-85 热处理炉炉压控制系统框图 2

2.8.3 钢板加热过程优化控制系统

2.8.3.1 过程优化控制系统的软件架构

加热过程优化控制系统应用软件架构及相关系统间使用的数据通信方式如图 2-86 所示。过程控制系统主要包括 HMI 人机界面、过程控制软件、数据库、通信中间件和 L3-Link 等。HMI 人机界面系统提供了一个与操作员交互的友好界面，它负责加热钢板基本数据的手动输入、在线生产钢板的物料跟踪、热处理加热过程实时数据和历史数据的显示以及模型参数的管理等；过程控制软件负责工

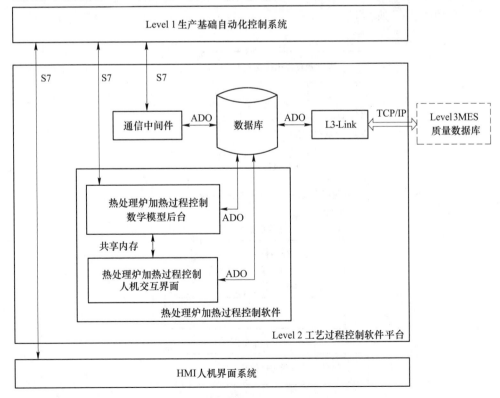

图 2-86 过程控制系统软件架构

艺计算数学模型的组织、与外界数据的交换及与工艺管理人员的交互等；数据库在过程控制实现的过程中发挥着重要的作用，主要负责模型计算过程中相关原始数据、跟踪队列数据、工艺数据等的存取和中转交换功能；通信中间件主要负责完成过程机与基础自动化级的数据交换，可以使用 S7 和 OPC 通信协议；L3-Link 负责与三级机 MES 的数据交换，通过 TCP/IP 电文模式接收 MES 下发的生产计划以及上传热处理生产的实绩信息。为了使整个系统更加稳定、可靠，HMI 人机界面系统与过程机软件不再直接进行数据交换，需要交换数据直接通过 PLC 系统中转。

2.8.3.2　过程优化控制系统的功能构成

热处理炉过程优化控制系统的主要任务和功能是保证固溶、正火、回火及退火处理后钢板的产量和质量，应用适当的数学模型将计算输出的最佳设定值送到基础自动化级，实现相应的加热工艺控制、加热过程监视和过程数据管理。过程优化控制系统主要包括跟踪调度、钢板温度跟踪、保温控制、加热规程优化及设定、出炉实绩预测、模型自学习和数据通信及处理功能模块。功能模块间的数据流关系如图 2-87 所示。

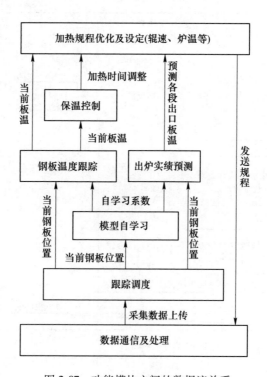

图 2-87　功能模块之间的数据流关系

2.8.3.3　过程优化控制系统的主要功能设计及实现

（1）跟踪调度模块。跟踪调度模块在热处理炉过程优化控制系统中起着管理者的作用，主要的目标是使过程优化控制系统随时了解钢板在热处理炉生产线上的实际位置及其控制状况，以便控制系统能在规定的时间内启动相关功能程序，对指定的钢板准确地进行加热控制、数据采样、操作指导等，从而防止事故的发生。

热处理炉过程优化控制系统中所实现的是热处理炉区段的区域跟踪功能，它根据基础自动化系统提供的跟踪信息完成。过程跟踪主要有如下功能：

1）钢板区域跟踪管理。钢板区域跟踪功能是对在热处理炉炉区钢板的运行状况进行跟踪和控制。它根据三级 MES 系统传来或操作员输入的钢板数据，结合热处理炉机械设备的动作情况，跟踪钢板在热处理炉炉区的位置并显示当前炉区钢板的分布。根据生产节奏和钢板在热处理炉炉内的加热状况控制热处理炉的装出钢过程。

钢板区域跟踪是根据钢板在辊道上移动时金属检测器、编码器产生的信号，或其他可用信号，来更新钢板的跟踪指示记录。使之及时正确地反映钢板的实际位置。钢板区域跟踪包括热处理炉的炉前入口跟踪、炉内跟踪、炉后出口跟踪。生产过程不正常时，系统可根据设备运行信号或操作人员的指令修正跟踪数据，以免跟踪发生错误。设计的炉区跟踪修正功能，包括钢板数据吊销或修改、钢板入炉修正、炉内钢板的位置的修正、钢板出炉修正等。

2）钢板进出炉控制。控制系统根据生产计划、当前热处理节奏、设备空间以及钢板的加热状况控制钢板的进出炉。钢板进炉控制一般以热处理节奏为准，在热处理炉进料段有空余位置且进料段温度满足进料要求时就可以高速入炉进行加热。但是在热处理炉混装时会出现待进炉钢板预设定在炉时间小于炉内最后一块钢板剩余在炉时间的情况，此时会造成待加热钢板加热时间过长的问题。因此，入炉前应判断待入炉钢板预设定在炉时间是否小于炉内最后一块钢板剩余在炉时间。当这一条件不成立时，钢板在炉外等待不允许进炉；当入炉条件满足时，发送钢板允许进炉信号。当钢板被运送到热处理炉出料检测点时，出炉控制模块自动判断钢板加热状态是否达到要求，包括保温时间和保温温度。当钢板加热状态满足要求时，热处理炉将发送出钢请求至淬火机设备，在淬火机设备有空闲且淬火准备工作完成后，即可打开炉门运送钢板出炉。

3）跟踪触发计算。跟踪触发计算功能是指过程优化控制系统根据钢板在热处理炉生产线上的实际位置及其控制状况，启动相关功能模块程序，并将计算后所得到的结果存入跟踪表的数据区。热处理炉过程优化控制系统触发模型计算具体机制如图 2-88 所示。

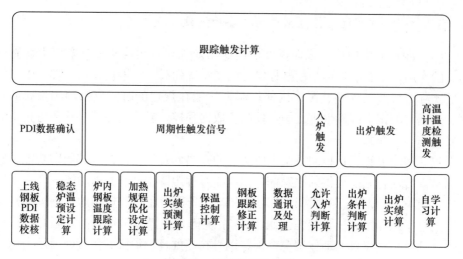

图 2-88　跟踪触发计算图

（2）钢板温度跟踪模块。钢板温度跟踪是中厚板辊底式热处理炉过程优化控制的核心。其主要功能是根据在线监测的各段炉温、燃气流量、空气流量以及钢板跟踪信息，由 2.7.1 节所建立的钢板温度全炉跟踪数学模型，以适当的频率计算出炉内每块钢板在计算时刻的温度分布，从而实现全炉钢板温度的在线跟踪计算，为炉温优化设定提供坚实的理论依据。其计算流程如图 2-89 所示。

（3）加热规程优化及设定模块。加热规程优化及设定主要由如图 2-90 所示的加热规程预设定模块、炉温设定决策模块、动态加热过程补偿模块等组成。

在热处理炉稳态炉温优化研究的基础上，建立了用于在线控制的加热规程预设定模块，它包括最佳炉温预设定和最佳板速预设定两部分。新钢板上线后触发 L2 优化控制系统从本地数据中选择 L3 传过来的相应的钢板数据。一旦确认钢板数据有效，就会根据加热规程预设定计算出稳态最优加热工艺规程。一个燃烧控制段的温度设定值要综合考虑这个段的炉温能影响到的所有钢板，要使这些钢板出炉时都能尽量达到理想的加热状况，因此设计了热处理炉炉温设定决策模块。它是根据炉内每块钢板的 PDI 信息、加热规程和实际位置等，按加热钢板所对应的权重系数和预设定炉温，按下面公式计算出各段的设定炉温。

$$T_{f_{set}}(i) = \frac{\sum\limits_{j=1}^{n} \omega_j T_{f_{set}}(i)_j}{\sum\limits_{j=1}^{n} \omega_j} \qquad (2\text{-}102)$$

式中，$T_{f_{set}}(i)$ 为第 i 段炉温设定值，℃；ω_j 为第 i 段炉温所影响的钢板 j 所占权重系数；$T_{f_{set}}(i)_j$ 为钢板 j 在第 i 段的炉温设定值，℃；n 为第 i 段炉温所影响的钢板数量。

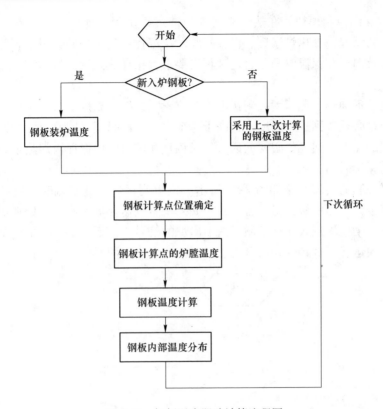

图 2-89 钢板温度跟踪计算流程图

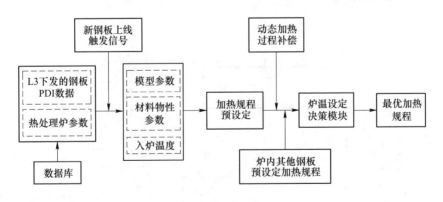

图 2-90 加热规程计算策略图

加热规程预设定模块会提前一段时间对钢板要经过的加热区炉温进行优化设定，保证每块钢板都在对应的优化炉温制度下加热。在实际加热过程中钢板温度会偏离最优加热曲线，动态加热过程补偿模块采用建立的补偿策略对加热规程进行优化，从而保证钢板加热过程最优。

（4）保温控制模块。在热处理实际生产过程中很可能出现加热钢板不符合预定要求的情况，如出炉温度、保温时间。保温控制就是检验钢板是否符合预设工艺标准及温度和保温时间是否达到预设要求，指导热处理炉保温钢板直到其符合要求。

在热处理加热收尾即钢板到达出炉口位置时，钢板温度不必一定要达到保温温度，但是必须达到这个温度或稍高于这个温度一段时间。因此要测量钢板在这个温度上的保温时间，如必要的话，延长钢板在炉时间以保证被加热钢板绝对达到要求的保温时间。

保温控制的实现策略如图 2-91 所示。钢板到达炉子的末端时，出炉触发就会发送信号，检测钢板保温是否完成。如果没有到达要求时间，热处理炉过程控制系统给一个这块钢板在这个循环内不出炉的信号。在下一个循环中这个检验程序将再一次运行，直到达到保温工艺的要求才允许出炉。

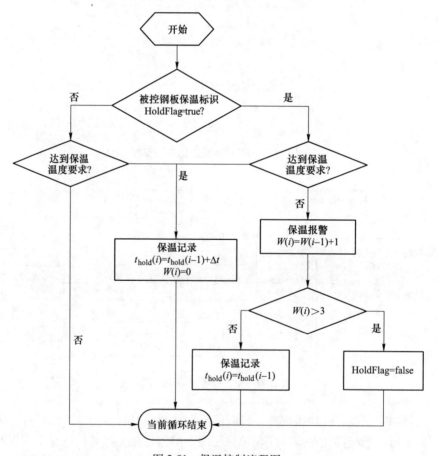

图 2-91　保温控制流程图

$t_{hold}(i)$—第 i 次循环时的钢板实际保温时间；$W(i)$—钢板开始保温后温度超限报警次数

（5）出炉实绩预测模块。热处理生产中如可以提前了解当前工况下钢板的加热状况，就可以更好的对加热过程进行干预，提前对加热过程的偏差进行修正处理。因此建立了出炉实绩预测模块，对进出各控制段的板温和出炉板温进行预测。从图 2-92 中可以看出，控制段中的板温预测是加热规程的优化基础。它是以当前各段炉温、板速以及钢板位置为条件，按建立的钢板温度计算模型对从当前位置行进至出炉位置过程的钢板温度变化进行预测。模型计算流程如图 2-92 所示。

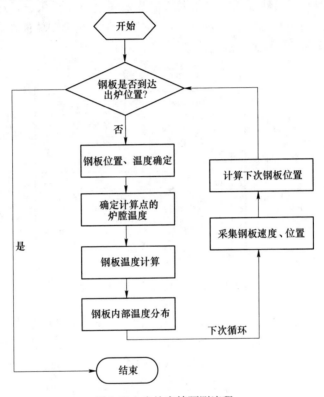

图 2-92 出炉实绩预测流程

（6）自学习模块。由于系统中使用的控制模型均为理论模型，计算精度易受加热工况影响。为了在实际使用中准确地描述钢板加热过程，通过热流密度自学习的方法来修正温度预报模型系数及模型计算偏差。其原理如式（2-103）、式（2-104）所描述，就是根据钢板出炉实际检测温度与计算温度，求出热流修正系数，从而提高边界热流的计算精度。

$$\phi_q = \left(\frac{T_m}{T_c}\right)^n \tag{2-103}$$

式中，ϕ_q 为热流修正系数；T_m 为钢板表面温度测量值；T_c 为钢板表面温度计算值；n 为影响指数。

为了消除测量过程的随机干扰，采用一阶滞后滤波算法对热流修正系数进行计算。

$$\phi_{q,use} = r\phi_{q,old} + (1 - r)\phi_q \tag{2-104}$$

式中，$\phi_{q,use}$ 为当前热流修正系数；$\phi_{q,old}$ 为上周期的热流修正系数；r 为滤波中旧值的权重系数。

（7）数据通信及处理模块。数据通信及处理模块主要用于过程优化控制模型软件与通信中间件软件间的数据交换。过程优化控制模型软件与通信中间件使用消息和共享内存机制进行数据传递，如图 2-93 所示。

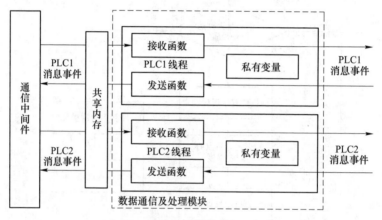

图 2-93　数据通信及处理模块结构图

当通信中间件接收到 PLC 发送来的数据时，按照定义的数据内容结构体将数据拆分成相应的数据项，写入到共享内存，并且向过程优化控制模型软件发送消息。模型中的数据通信及处理模块对数据进行处理，并通过消息事件机制将相应的事件触发传递给跟踪调度模块。同样在数据通信及处理模块接收到发送消息事件后，对共享内存区域的数据按照协议进行序列化处理，发送给通信中间件。

针对部分检测仪表可能在受到干扰的情况下发送一些与正常范围值有明显偏差的过程数据，采用一阶差分法剔除奇异项的方式进行处理。

判断准则：给定一个误差限 Δ，若第 n 次的采样值为 x_n，预测值为 x'_n，当 $|x_n - x'_n| > \Delta$ 时，认为此采样值 x_n 是奇异项，应予以删除，以预测值 x'_n 取代采样值 x_n。

用一阶差分方程推算 x'_n：

$$x'_n = x_{n-1} + (x_{n-1} - x_{n-2}) \tag{2-105}$$

式中，x'_n 为第 n 次采用的预测值；x_{n-1} 为第 $n-1$ 次采样时的值；x_{n-2} 为第 $n-2$ 次采样时的值。

此外为了减少对采样数据的干扰，提高系统的性能，对温度、压力、流量一类信号在数据采集时进行了滤波处理，处理时采用算术平均值法，它的实质即把一个采样周期内对信号的 n 次采样值进行算术平均，作为本次的输出，即：

$$\bar{x} = \frac{1}{n}\sum_{i=1}^{n} x_i \qquad (2\text{-}106)$$

式中，$\bar{x}$ 为 n 次采样的算术平均值；x_i 为第 i 次采样值；n 为采样次数。

2.9 热处理炉示范应用

2.9.1 明火辊底式高温热处理炉

辊底式高温热固溶炉是超级不锈钢和镍基合金等高性能特殊钢板材制造的关键装备。高性能特殊钢合金元素含量多，热处理温度极高，固溶温度一般在1000~1180℃。为保证性能稳定，LNG钢等特殊不锈钢品种的热处理温度均匀性要求±5℃以内。但传统连续炉能耗大、温度精度和均匀性差（15~20℃），难以满足高性能特殊钢稳定、连续、高品质的制造需求。此外，辊底炉传统采用耐热合金炉辊极易结瘤，造成钢板表面质量缺陷难以交货，多年一直困扰国内中厚板热处理企业，已成为行业公认难题。

为此，东北大学系统研制了系列高品质辊底式高温热处理炉成套装备技术，其核心是实现高温条件下（≥1100℃）高效率、低能耗、高均匀性、高表面质量加热，以满足特殊钢新产品、新工艺的开发需要。

2.9.1.1 设备主要技术参数

图 2-94 为东北大学中厚板高温固溶炉设备。

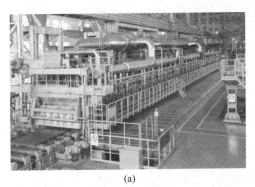 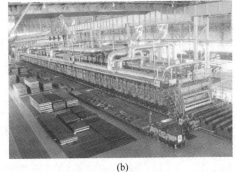

(a) (b)

图 2-94 RAL 中厚板高温固溶炉设备
（a）宝钢高温固溶炉；（b）酒钢高温固溶炉

国内 3 家企业典型的辊底式高温热处理炉主要技术参数如表 2-13 所示。

表 2-13　典型辊底式高温热处理炉主要技术参数

应用企业	宝钢	酒钢	鞍钢
钢板厚度/mm	4~40	4~80（100）	4~60
钢板宽度/mm	600~2650	1500~3200	900~4000
钢板长度/mm	2000~8000	2000~12000	3000~18000
加热类型	上下明火脉冲	上下明火脉冲	上下明火脉冲
	射流加热	射流加热	射流加热
使用燃料	天然气	混合煤气	混合煤气
炉体总长/mm	约65000	约90400	约36000
有效炉宽/mm	3000	3600	4300
烧嘴类型	自身预热式烧嘴	自身预热式烧嘴	自身预热式烧嘴
最高炉温/℃	1180	1180	1200
传动方式	单独变频、单独传动	单独变频、单独传动	单独变频、单独传动
前进方式	连续、步进和摆动	连续、步进和摆动	连续、步进和摆动
排烟方式	单烧嘴引射排烟	单烧嘴引射排烟	单烧嘴引射排烟
	2段烟气强制排烟	3段烟气强制排烟	—

这种热处理炉炉型在以下方面有特殊设计和特点：

（1）炉辊调速范围大、速度控制精度高。由于加热厚度范围宽，不锈钢退火和固溶等不同工艺所需的在炉时间差别较大，因此炉辊速度范围较大：炉内进料段为0.5~20m/min；出料段为了配合淬火机的淬火工艺速度，速度范围更大，为0.5~60m/min。为此，炉辊采用单独传动单独变频的控制方式，从而实现精准的速度控制。

（2）加热极限温度高，炉温控制效果好。要求的加热温度高达1180℃，燃烧系统采用明火加热。与辐射管炉型相比，保证炉温均匀性、温度控制精度的难度更大。烧嘴的点火控制采用了变周期、变脉宽的新型脉冲燃烧时序控制方法。每个烧嘴在工作时均是100%负荷，钢板加热需要的负荷减少时，单烧嘴的负荷不减少，只减少烧嘴的工作时间。这种控制方式对提高炉子的热效率、保证炉温的均匀性起到了重要作用。

（3）炉体密封性好。炉体为了密封，用附加的钢结构紧密连接。在进料炉门和出料炉门上装有压紧装置，炉内入口和出口设有隔离室，用以最大限度减少冷空气渗入热处理炉，影响炉温和炉压。每个隔离室与炉体间有耐热钢丝软密封帘隔离。密封帘采用耐高温的纤维编织布制成，可在工作温度条件下承受钢板的反复接触而不损坏。在炉墙上安有若干维修门，供检修时出入炉门和运送材料用，正常时检修门用螺栓固定以减少散热。

（4）热损失小。炉膛砌体耐火材料由耐火纤维模块和绝热材料组成，以保护钢结构减少热损失，从炉辊以上都是耐火纤维模块，这些模块固定在炉膛内表面。炉顶和炉辊以上部位采用耐火纤维模块轻型结构可使炉子具有较小的热惰性，同时可使炉体蓄热量小、炉膛升温速度快，缩短炉子在停产后再次开炉的升温时间。炉底辊以下由耐火砖砌成，以减少钢板运输时可能造成的损坏。

（5）炉辊冷却技术难度大。炉底辊选用空心辊，内管采用水冷，按最高温度为1180℃承重考虑。在实际使用过程中，冷却炉辊的控制是非常困难的：辊内冷却水供应量过大时，会造成冷却过程带走大量热量，导致固溶炉能耗过高；而冷却水供应流量过小时，有可能造成炉辊温度过高，引起炉辊材料的破坏和工作寿命的缩短。

2.9.1.2 防结瘤耐高温纤维炉底辊应用情况

国内宝钢、太钢、酒钢、鞍钢等多个钢厂均使用了防结瘤耐高温纤维炉底辊。现场的应用效果显示，从根本上解决了炉辊结瘤造成的钢板下表面的压入缺陷问题，并且对炉子燃耗明显降低。其中宝钢的热处理炉长为65920mm，宽3000mm，燃料为天然气，吨钢燃料消耗量在使用合金辊时为472.5m³/t，改用石棉纤维辊后为163.2m³/t。吨钢消耗量大幅降低，分析其原因除了控制优化、石棉纤维炉辊导热系数小，隔热性较好之外，由于不用磨辊，也大大提高了产量。石棉纤维炉辊的最大缺点是承载能力较小，易出现裂纹，耐磨性较差，使用周期较短（需要定期换辊），在热处理炉的低温段，由于温度较低，钢板较硬，可以继续采用合金炉辊，以减少换辊量。根据国内4个不锈钢厂的使用情况，纤维炉辊平均使用寿命在3个月，有些达到4个月以上，一般生产5万吨左右产品需要检查更换，图2-95为现场使用中的石棉纤维辊照片。

  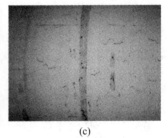

(a)   (b)   (c)

图 2-95 纤维炉辊使用情况
（a）正常使用中；（b）使用后；（c）使用中的裂纹

2.9.2 烟气循环辊底式回火炉

高强度薄规格热处理钢板主要应用于工程机械行业、水泥机械行业、重型矿用车辆行业、军工行业等，这类产品特点是：高强度、高平直度及可加工性要求、高硬度（对耐磨钢）。为了获得较高强度，钢板需进行低温回火处理，很多品种处理温度在 300℃ 以下，有些品种需以 150℃ 回火，并且一些品种钢低温处理时性能的温度敏感性极高，温度波动超过 ±5℃ 时，就会造成同板性能一致性不合格。然而传统的回火炉采用烧嘴火焰加热钢板，低温加热时存在局部温度高点，温度波动较大的问题，无法保证低温热处理钢板的质量稳定性。

2018 年河钢集团邯钢分公司采用东北大学研发的低温烟气（热风）循环式加热技术建设了一台最低温度 150℃ 的中低温高均匀性回火炉（见图 2-96）。回火炉炉长 77.4m、炉宽 3.5m，炉温范围 150~800℃，烧嘴亚高速烧嘴，集中换热排烟方式，配置了烟气循环系统。2020 年南钢中厚板厂和宽厚厂新建的回火炉也采用了该技术。

图 2-96　邯钢高均匀性中低温回火炉

采用该技术的热处理炉将烧嘴火焰射流加热与循环烟气射流加热结合，高、中温加热时以火焰射流加热为主，400℃ 以下低温加热采用循环热风强制对流代替烧嘴火焰加热，使其在全工作温度范围下保证炉内温度均匀。低温加热时烟气循环系统将炉内烟气通过离心风机入口吸入，出口排出，使烟气形成循环，在入口或出口设置加热装置控制烟气温度，如图 2-97 所示。可控温度的循环烟气通过特殊导流管道在钢板上下水平或垂直射流，形成均匀流场，使热量传递至板材。供给热风喷嘴的烟气温度可控、脉冲频率智能控制，通过使用热风喷嘴代替烧嘴火焰射流，射流频率可以比使用烧嘴提高 4~5 倍，炉气搅动更剧烈，避免钢板局部过热，实现炉温均匀性。同时固定温度的烟气通过热风喷嘴高频脉冲射流冲击钢板，提升对流换热效率。这种方法和装置可以实现大温度跨度的热处理炉高精度均匀加热，强化低温传热效率，避免低温加热时烧嘴火焰温度高使钢板边部过热的问题产生，促使烟气循环利用、降低烟气排放，节能减排。

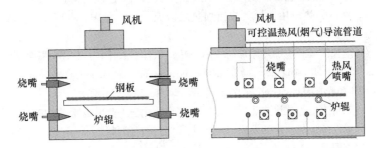

图 2-97　烟气循环系统示意图

参 考 文 献

［1］ 杨世铭，陶文铨. 传热学［M］. 4 版. 北京：高等教育出版社，2006.

［2］ 伊萨琴科. 传热学［M］. 北京：高等教育出版社，1987：14.

［3］ Holman J P. Heat transfer［M］. 8th ed. New York：Mcgraw Hill Book Company，1997：8.

［4］ 埃克特 E R G，德雷克 R M. 传热与传质分析［M］. 北京：科学出版社，1983：31~69.

［5］ 严宗达，王洪礼. 热应力［M］. 北京：高等教育出版社，1993：7~11.

［6］ 杨世铭. 传热学［M］. 北京：人民教育出版社，1981：2~6.

［7］ 俞昌铭. 热传导及其数值分析［M］. 北京：清华大学出版社，1982：68~74.

［8］ 钱任章，俞昌铭，林文贵. 传热分析与计算［M］. 北京：高等教育出版社，1987：99~101.

［9］ 陶文栓. 数值传热学［M］. 西安：西安交通大学出版社，1988：78~85.

［10］ 赵镇南. 传热学［M］. 北京：高等教育出版社，2003.

［11］ 陶文铨. 计算流体力学与传热学［M］. 北京：中国建筑工业出版社，1991：75~126.

［12］ 范祖尧. 现代机械设备设计手册，第三卷非标准机械设备设计［M］. 北京：机械工业出版社，1996.

［13］ 迟剑锋，材料成形技术基础［M］. 长春：吉林大学出版社，2001.

[14] 施慧巍. 铜阀锻前加热系统的设计及其温度控制系统的研究 [D]. 杭州：浙江大学，2006.

[15] 豆瑞锋，温治. 带钢连续热处理炉内热过程数学模型及过程优化 [M]. 北京：冶金工业出版社，2014.

[16] 王国栋，刘相华，王军生，等. 冷连轧生产工艺的进展 [J]. 轧钢，2003，20（1）：39~43.

[17] 周德成，姜秋华，戴万福. 感应加热中的节能途径与措施 [J]. 应用能源技术，1995（2）：44~49.

[18] 潘作为. 基于 ANSYS 的感应加热数值模拟及感应器设计 [D]. 大连：大连理工大学，2006.

[19] 柏劲松. 感应加热钢板变形规律的研究 [D]. 大连：大连理工大学，2006.

[20] 李育芸. 感应加热应用于模具快速加热之研究 [D]. 桃园：中原大学机械工程研究所，2002.

[21] 姜土林，赵长汉. 感应加热原理与应用 [M]. 天津：天津科技翻译出版公司，1993.

[22] Kolleck R V R. Investigation on induction heating for hot stamping of boron alloyed steels [J]. CIRP Annals-Manufacturing Technology，2009，58：275~278.

[23] 牟俊茂. 钢材感应加热快速热处理 [M]. 北京：化学工业出版社，2012.

[24] 王世林. 远红外加热技术的发展与现状 [J]. 甘肃轻纺科技，1997（2）：33~35.

[25] 王月云，李国政，王继璞. 远红外加热技术应用问答 [M]. 上海：上海科学技术文献出版社，1988.

[26] 蔡乔方. 加热炉 [M]. 北京：冶金工业出版社，2007：195~252.

[27] Masayuki IMOSE. Heating and cooling annealing technology in the continuous annealing [J]. Transactions ISIJ，1985，25（9）：911~931.

[28] 李松. 攀钢镀锌线退火炉辐射管应用特点及其性能分析 [J]. 四川冶金，2005，27（3）：22~24.

[29] Totten G E. Steel Heat Treatment Equipment and Process Design [M]. CRC Press，2006.

[30] 李家栋. 中厚板高温固溶炉热工过程建模与控制 [D]. 沈阳：东北大学，2012.

[31] 杨占春，武文斐，李义科，等. 薄板坯连铸连轧辊底加热炉内传热过程的数学模型 [J]. 钢铁研究学报，2006，18（3）：6~9.

[32] 吴唐燕，赵立合，华奇平，等. 高速烧嘴和加热数学模型在热处理炉的应用 [J]. 冶金能源，2003，22（1）：20~23.

[33] Li Yong，Li Jia-Dong，Liu Yu-Jia，et al. Analysis and optimization of heat loss for water-cooled furnace roller [J]. Journal of Central South University，2013，20（8）：2158~2164.

[34] 张先棹，尹丹模. 工业炉的节能技术及计算 [J]. 工业炉，1999，21（1）：19~26.

[35] 荣莉. 基于脉冲点火时序控制的加热炉新型燃烧控制方法的研究 [D]. 沈阳：东北大学，2007.

[36] Keller J O，Bramlette T T，Dec J E，et al. Pulse combustion：the importance of characteristic times [J]. Combustion and Flame. 1989，75（1）：33~44.

[37] 李家栋. 中厚板辊底式热处理炉燃烧控制系统的研究及设计 [D]. 沈阳：东北大

学，2012.

[38] 陈永，陈海耿. 炉子优化控制中真实目标函数的研究 [J]. 钢铁，1999，34（9）：50~53.

[39] 安月明，温治. 连续加热炉优化控制目标函数的研究进展 [J]. 冶金能源，2007，26（2）：55~57.

[40] 苏马科夫斯基. 加热炉控制算法 [M]. 北京：冶金工业出版社，1985.

[41] 尉士民，杨泽宽. 加热炉少氧化优化控制数学模型的研究 [J]. 工业炉，1991，（2）：6~12.

[42] Jang-Ho Seo, Chang-Hwan Im, Chang-Geun Heo, et al. Multimodal function optimization based on particle swarm optimization [J]. IEEE Transactions on Magnetics, 2006, 42（4）: 1095~1098.

[43] 李建勇，俞欢军，张丽平等. 基于Java多线程技术实现的粒子群优化算法 [J]. 计算机工程，2004，30（22）：134~136.

[44] 邓聚龙. 灰色系统基本方法（汉英对照） [M]. 武汉：华中科技大学出版社，2005：74~100，160~170.

3 中厚板连续淬火机

3.1 辊式淬火技术的控制要素及关键技术

3.1.1 辊式淬火技术核心工艺要素

中厚板辊式淬火工艺技术主要包括两个方面，一是要求有高强度的冷却能力，保证淬火板材获得所需的组织及性能；二是要求钢板淬火过程的冷却均匀性，以满足淬火钢板的平直度要求。

3.1.1.1 高冷却速率

钢板淬火过程的冷却速度是最重要的工艺要素之一，钢板以大于临界淬火冷却速度进行快速冷却，是得到马氏体（或下贝氏体）组织的必要条件。在冷却过程中，受材料本身导热影响，厚度方向存在温度差，冷却速率分布不均匀，厚度越大的钢板，温差越大。而冷却速度对钢板的组织性能有很大影响，因此钢板淬火过程的厚度方向的冷却速度控制是得到淬透层深度要求的重要手段，其与淬火设备的冷却方式及淬火介质的冷却特性直接相关。淬火工艺要求淬火设备具备较大的冷却强度和冷却能力。淬火设备冷却能力与淬火介质和钢板表面的热交换方式密切相关。如何使钢板表面和冷却水之间获得合理的换热方式和冷却强度，是中厚板辊式淬火的重要研究内容。

3.1.1.2 高冷却均匀性

淬火过程的冷却均匀性主要体现在钢板淬火后的性能均匀性及板形平直度。对于较厚规格钢板，由于抗变形能力强，冷却均匀性与否主要在淬火后的力学性能指标中体现，一般来说，可以通过测量表面硬度均匀性来检测整个冷却区域的冷却强度的均匀分布程度；对于薄规格板材淬火过程来说，冷却均匀性直接导致淬火后板形的变化。不同方向的冷却强度非均匀性分布导致淬火后不同类型的变形，且钢板厚度越薄，对冷却均匀性越敏感。高强度均匀化淬火技术的实现，在淬火冷却系统的喷嘴结构设计上，关键在于考虑沿钢板宽度方向以及长度方向的冷却介质的合理分布。考虑到钢板上表面滞留水对钢板冷却过程的影响，喷水系统在结构上应考虑沿钢板宽向的射流速度的分布问题。

3.1.2 中厚板辊式淬火关键技术

中厚板辊式淬火技术主要满足淬火钢板的高冷却强度和高冷却均匀性，这在很大程度上依赖于具有高强度冷却能力且冷却介质流量分布合理的淬火系统喷嘴结构。同时，辊式淬火过程中涉及冷却换热机理、淬火过程温度及冷却速度控制、钢板淬火变形规律及控制策略等，这些都是辊式淬火技术的关键核心内容。

3.1.2.1 射流流场及换热特性

中厚板淬火过程中冷却强度很大，喷水系统必须从结构设计上保证钢板在长度、宽度以及厚度方向的冷却均匀性。目前，对广泛应用的层流冷却设备用的圆形射流喷嘴射流特性的研究较多，但是对于流速较高、湍流流动形态的喷嘴射流的流量分布和冷却均匀性问题国内研究很少，辊式淬火机喷水系统结构缺乏设计依据。同时，随着国外厂家对中厚板淬火设备的技术开发不断深入，国外相关设备厂商已申请了淬火喷水系统的相关喷嘴结构专利，形成了一定程度上的技术垄断。因此，开发具有自主知识产权的流量分布合理的喷水系统结构是均匀化辊式淬火技术的核心关键内容。

辊式淬火机淬火系统的核心是狭缝式喷嘴。为保证淬火介质流量合理分布及冷却均匀性效果，国外辊式淬火机的高压淬火喷嘴均采用多段狭缝式喷嘴拼接方式，而回避了开发大型整体超宽喷嘴的技术难题。但由于各分段喷嘴在连接处存在淬火介质断点，易于在钢板表面产生淬火盲点并造成薄规格钢板冷却不均，从而导致淬火软点及钢板翘曲变形。国内的研究学者在狭缝式喷嘴结构优化设计和射流均匀性研究方面发表了很多研究成果。东北大学的相关科研技术人员在深入分析中厚板高温水冷换热过程，研究阐明钢板高强度均匀化冷却机理的基础上，利用有限元数值方法，系统研究分析了大型喷嘴进水方式、均流装置、喷嘴体型等结构参数对冷却介质流量分布及中厚板淬火过程冷却特性的影响规律。依托数值模拟计算，并结合喷嘴流量分布实测结果，开发出冷却均匀性好、具有高强度冷却能力的大型整体超宽狭缝式喷嘴结构。

东北大学[1,2]基于自主研发设计的缝隙喷嘴结构，通过解析计算，得到了不同水压下喷嘴的射流速度，并通过有限元分析工具 ANSYS 软件，模拟分析了在一定冷却系统压力下缝隙喷嘴的出口射流流场情况。模拟计算与解析计算的结果相近。图 3-1 为射流速度分布情况及分布曲线。在该喷嘴结构下，出口射流沿喷嘴长度方向的速度分布较为均匀，紊动度小，有利于保证淬火过程中钢板宽度方向的冷却均匀性，验证了缝隙喷嘴结构的设计合理性。这种喷嘴结构也在中厚板淬火生产中得到了广泛的应用。

朱启建[3-5]、牛珏[6,7]及周娜[8,9]等利用有限元数值方法，对集管圆形自由射

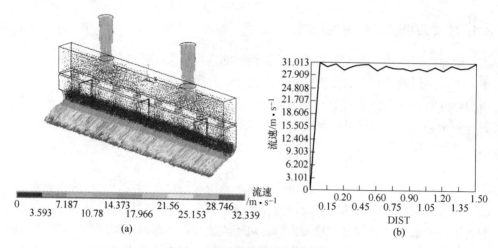

图 3-1 缝隙喷嘴射流流场情况

(a) 出口射流沿喷嘴长度方向的流场分布；(b) 缝隙射流流场速度曲线

(扫书前二维码看彩图)

流冲击钢板的流动与换热特性进行了研究，并分析了射流参数对其换热特性的影响。分别针对冷却系统上、下射流喷嘴，分析了钢板表面温度、射流速度、射流出口直径和射流高度对钢板表面局部热流密度、平均热流密度及换热系数的径向变化影响规律。其研究的圆形喷嘴射流基于层流冷却机理，应用常压水对轧后钢板进行控制冷却，喷嘴直径为 16~24mm，距钢板上表面高度为 1.5m 左右，射流速度范围为 1.0~2.0m/s 左右。

刘国勇、朱冬梅等[10-14]分析了缝隙冲击射流换热过程的机理。并分析了射流高度、射流速度、射流角度、射流缝宽、水温及钢板温度等因素对表面换热系数和热流密度的影响因素。关于钢板表面温度的对换热系数的影响关系，其认为，钢板温度的变化并不改变表面换热系数的分布，但钢板温度越高，其热流密度越高。以上各种因素对射流冲击换热的影响中，射流的速度对冲击区的换热影响最显著，其次是水温及喷嘴的宽度，而射流出口速度方向与冲击板的夹角只影响局部换热系数的分布。

3.1.2.2 淬火换热机理与换热系数计算

中厚板淬火过程的换热系数可以简单地以常数表示，用以表征设备的冷却强度。文献 [15] 采用平均换热系数的表示方法，分析了常压水流与喷射水流等不同冷却方法和设备的冷却能力以及温度场情况。但考虑到实际淬火过程中表面热交换与钢板表面的温度有关，将换热系数表示成钢板表面温度的非线性函数。其优点在于采用实测时间-温度曲线和数值计算相结合得到的钢板表面换热系数，能定性地反映表面换热系数随表面温度变化的全部情况，提高淬火过程温度的计算精度，是一种能有效得到表面换热系数的方法。

两种形式表示的换热系数均是基于冷却过程的钢板温度变化进行求解计算得到的。基于实测温度求解得到换热系数的问题属于反向热传导问题或热传导过程的逆问题，其特点是利用已知物体内部一点或多个点的温度及其随时间的变化，通过求解导热微分方程，来反推物体表面的边界条件、热物性参数、表面综合换热系数以及初始条件等未知项。对求解随温度变化的换热系数反传热问题，因其在工程实际中有重要的应用价值，已吸引了国内外很多学者进行研究，探讨了很多较为成功的求解处理方法[16]。

针对温度场数值计算以及寻找最优换热系数的方法问题，不同的研究者提出了各具特色的计算方法。比较有代表性的算法有如下几种：

Flether 和 Prince 等[17]采用显式有限差分格式与数值迭代方法确定得到了钢板表面的换热系数。刘庚申[18]采用完全隐式有限差分格式的温度场数值计算方法，通过单纯形法对换热系数进行寻优处理。李辉平、赵国群、牛山廷等[19-21]通过把有限元方法引入反向热传导问题，结合最优化方法中的进退法和试探法对换热系数进行寻优确定。J. V. Beck[22]采用显式有限差分格式的温度场数值计算方法，通过非线性估计法对淬火过程的换热系数进行了寻优计算。

近来关于表面综合换热系数的研究表明：淬火时的表面综合换热系数对实验条件极为敏感。实验条件的微小变化，将会使淬火时表面综合换热系数产生较大的误差。因此，想通过换热系数来指导研究不同厚度钢板辊式淬火温度场变化，就要寻求基于实际生产的实验数据来分析计算得到的表面换热系数变化规律的研究方法。

3.1.2.3 淬火板形控制

钢板淬火过程的板形控制是辊式淬火机淬火工艺实际应用中非常重要的问题。淬火后板形的好坏是淬火过程中钢板冷却均匀与否的直接体现，也是淬火过程中钢板内应力综合作用的宏观表现。钢板淬火后的马氏体层硬度很高，使钢板的屈服强度大幅度提高，若淬火后板形差，则很难得到矫正。且钢板宽度越宽，厚度越薄，其宽度方向的冷却均匀性控制难度也越大，淬火过程的板形控制难度亦愈大，对淬火设备的冷却均匀性要求越高[23]。由于其技术复杂，控制难度大，薄规格中厚板辊式淬火技术更是被国外少数公司垄断，对外只出售成品板，对核心技术严格保密，因此未见薄板淬火过程控制的相关研究报道。

3.2 淬火喷嘴设计

中厚板淬火系统核心在于开发出具有高强度冷却能力且冷却介质流量分布合理的淬火系统喷嘴结构。淬火冷却系统必须能够均匀控制钢板淬火过程各向的性能，尤其是宽度方向均匀性及可控性。其中，狭缝式喷嘴流速较高，射流冲击强度大，对钢板具有良好的换热能力，是淬火喷水系统的关键结构部件。

3.2.1 淬火换热特性

冷却水流冲击到高温钢板表面，经典局部换热区描述形式如图 3-2 所示[24-27]。

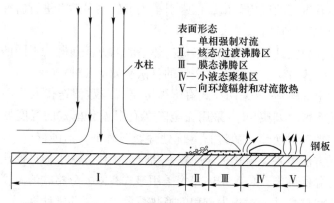

图 3-2　钢板表面局部换热区描述

根据图 3-2 所示，换热区主要可划分为单相流体的强制对流换热区、核态及过渡沸腾换热区、膜态沸腾换热区以及辐射换热区等。水流落到热钢板表面以后，在水流下方和几倍水流宽度的扩展区域内，形成具有层流流动特性的单相流体的强制对流换热区域（区域Ⅰ），也称为射流冲击换热区。随着冷却水的径向流动，流体逐渐由层流到湍流过渡，流动边界层和热边界层厚度增加。高温壁面附近的冷却水被加热，出现沸腾，形成范围较窄的核状沸腾和过渡沸腾区域（区域Ⅱ）。随着表面滞留水温的提高，高温钢板表面上形成稳定的蒸汽膜层，钢板表面出现膜态沸腾换热区（区域Ⅲ）。随着流体沸腾汽化，在膜态沸腾区之外，冷却水在表面聚集形成不连续的小液态聚集区（区域Ⅳ），该区域内的热交换过程实质上也属于沸腾换热。冷却水未覆盖的地方则形成辐射换热区。

实际运动钢板的水冷过程，钢板长度方向依次经过喷嘴出流冷却区域。一定的钢板位置将依次出现上述的局部热交换形式。除因冷却设备喷嘴直径和喷嘴排布方式不同，使各局部换热区在钢板整个换热过程中所占的大小比例不同外，所形成的局部换热区和换热方式基本是相同的。

3.2.2 喷嘴结构设计

流量分布合理的喷水系统是保证钢板均匀冷却的先决条件。喷水系统射流在钢板表面上的流量分布不仅取决于射流冲击区的分布，同时还与冷却介质在钢板表面上的流动有关。喷射到钢板上表面的冷却水流将会在板面上滞留一段时间，受相邻喷嘴射流冲击阻隔作用，在滞留水最终从钢板宽向边部流下的过程中，钢板上表面水流量将在宽度方向呈马鞍形分布。流量的这种不均匀分布，将导致钢板在宽度方向中部温度高于边部，造成钢板宽向的冷却不均。为此，喷水系统结构设计时应使喷嘴出流的冷却介质流量沿板宽方向呈中凸分布，并沿板宽中心线呈左右对称。如果不能做到流量中凸也一定要保证喷嘴出流的介质流量沿板宽方向均匀分布，这样才能在钢板冷却过程中保证板宽方向的冷却均匀。影响沿板宽方向流量分布的结构因素主要有集管进水方式、均流结构设计及喷嘴体型等[28]。

3.2.2.1　集管进水方式

中厚板辊式淬火机低压段采用集管形式喷嘴，喷嘴沿集管长度方向均匀分布。集管进水方式是影响集管长度方向喷嘴出流分布状况的重要因素之一。进水方式主要有端部进水和中间进水两种方式。为得到合理的淬火系统流量分布，对比分析了两种进水方式对集管长度方向流量分布的影响规律。

考虑到喷嘴结构的对称性，为便于计算，在有限元建模过程中，取实际集管的 1/4 长度，单排喷嘴个数为 10 个，共 4 排，分两边对称排布，各喷嘴直径和间距不变。两种进水方式集管内的流体有限元模型分别如图 3-3 所示。

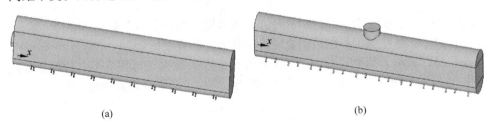

(a)　　　　　　　　　　　　　　　　　(b)

图 3-3　不同进水方式的集管有限元模型
（a）端部进水集管形式；（b）中部进水集管形式

忽略集管初始充水的瞬态过渡过程，考虑稳定的集管喷嘴出流，入口工作压力保持不变。集管内的流体流动模拟，进、出口的边界条件设定有两种方式[75]：一是指定集管进口流动速度，即在边界上指定所有速度分量，出口边界设定压力为零，求解出口水流参数；二是指定压力，集管进口设定为压力边界条件，即压力已知，出口压力边界条件仍设定为零，求解出口水流参数。模拟计算中，设定流体集管入口压力为 0.35MPa，即压力已知。流体与集管相交的壁面边界条件，均为设定壁面所有速度分量为零。

有限元模型网格划分采用三维流体单元 FLUID142。流体参数为 20℃水的物性参数，即密度为 998.2kg/m³，动力黏度系数 $\eta = 1.002 \times 10^{-3} Pa \cdot s$。集管的流体模型，除进水方式不同外，采用同样的单元密度、数目以及边界条件，以保证计算结果的可比较性。模拟计算得到的集管喷嘴射流的速度矢量分布如图 3-4 所示。

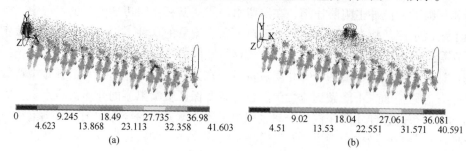

图 3-4　不同进水方式的流体速度矢量分布

（a）端部进水集管；（b）中间进水集管

（扫书前二维码看彩图）

取集管长度方向各喷嘴出口的射流速度进行比较。因湍流射流具有一定的扩散度（表现为喷嘴出口断面射流的速度由内向外递减），为便于分析，这里取各喷嘴出口的平均射流速度 $\bar{v}$：

$$\bar{v} = \frac{\sum\limits_{i=1}^{n} v_i}{n} \tag{3-1}$$

式中　i——各喷嘴出口断面沿直径方向的有限元网格节点个数；

　　　v_i——各喷嘴出口断面沿直径方向各节点的速度值。

图 3-5 表示了两种进水方式下，集管长度方向喷嘴（取图 3-4 中两种集管前侧内排喷嘴为例，从左至右排布为 1~10 号，）出口的平均射流速度分布状况。

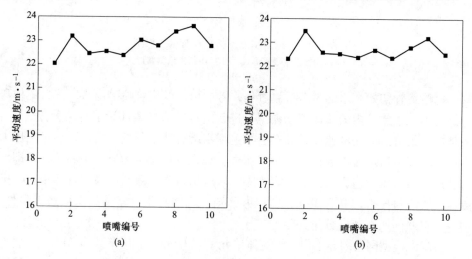

图 3-5　不同进水方式下喷嘴射流的速度分布状况

（a）端部进水集管；（b）中部进水集管

根据图 3-5 端部进水情况下，沿集管进水方向，喷嘴出口射流平均速度近似呈现逐渐增大的趋势。原因可解释为集管一端进水，从入口到终端，流体沿集管长度方向的流速逐渐降低，流体的动头逐渐转化为位头，使喷嘴出口射流速度逐渐增大。

中部进水方式下，从集管中部向两个边部方向，喷嘴出口射流的平均速度呈现逐渐增大的趋势。进一步的分析还表明，随进水口位置与集管中间喷嘴位置的变化，中间进水形式的集管可形成一定的中凸水量分布。因此，中间进水形式的集管在实际使用中易于获得较为合理的水量分布。

3.2.2.2 均流装置

层流冷却设备通常在集管内设置套管或阻尼隔板来实现板宽方向冷却水流量的均匀分布[29]。但对于较高供水压力作用下均流结构对湍射流流量分布的影响效果，尚未见到较为详细的分析。

对比模型采用中部进水集管形式，集管内设置阻尼板后计算得到的喷嘴（同样取集管前侧内排喷嘴为例）出口射流速度的分布状况如图 3-6 所示。图 3-6 中的速度值为各喷嘴出口的平均射流速度 $\bar{v}$。

由图 3-6 可见，集管内增加均流隔板后，可较明显地改善各喷嘴射流平均速度分布的均匀性。但由于湍流的流动特性与层流不同，导致均流隔板的阻尼作用很难达到层流特性下的流量均布效果。进一步的模拟计算表明，集管内均流隔板阻尼孔位置及布置方式的改变将导致不同的流量分布规律，集管结构设计中需要予以综合考虑。

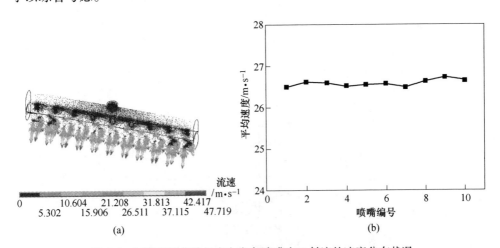

图 3-6 加隔板后集管长度方向各喷嘴出口射流的速度分布状况

（a）喷嘴的流体速度矢量分布；（b）各喷嘴出口的平均射流速度分布

（扫书前二维码看彩图）

3.2.2.3　喷嘴形状

保证射流对钢板表面保持一定的冲击压力和冲击区面积，应使喷嘴出口射流尽可能保持紧密状态，紊动扩散愈小愈好。前述对于喷嘴出口断面流速均匀分布的理想简化，事实上多不可能做到。研究表明，只有在喷口上游喷嘴有很好设计的收缩段时才有可能导引流体达到或近于这种断面流速的均匀分布[30,31]。

实际工作中，人们为了使射流出射断面流速分布均匀和紊动强度降低，常采用收缩形的喷嘴控制射流，达到整流的目的。喷嘴进出口断面面积的收缩比与时均流速分布的均匀性和紊动衰减的关系，在理论上还没有一致的结论。这里，我们从实用角度出发，分析了几种不同体型的圆形喷嘴对出口射流初始断面扩散度的影响，用于淬火机冷却系统喷嘴的结构设计参考。

图 3-7 为常用的四种轴对称收缩型喷嘴的形式。四种喷嘴的区别主要在于喷嘴线型曲线不同。CE 型喷嘴的线型设计公式为：

$$r = \frac{D_i}{2} - \frac{3}{2}(D_i - D_e)\left(\frac{x}{L}\right)^2 + (D_i - D_e)\left(\frac{x}{L}\right)^3$$

式中，L、D_i 和 D_e 含义见图 3-7，长度 L 与 D_i 及 D_e 无关。这种喷嘴在上游和下游都有一短的等截面段。

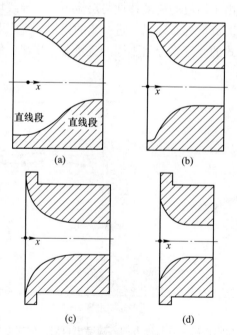

图 3-7　常见喷嘴形状

（a）CE 型；（b）BS 型；（c）ASME HB 型；（d）ASNE LB 型

对于 BS 型喷嘴，其线型按下列经验公式计算：

$$\frac{1}{A^2} = \frac{1}{A^2} + \left(\frac{1}{A_e^2} - \frac{1}{A_i^2}\right)\left(\frac{x}{L} - \frac{1}{2\pi}\sin 2\pi\,\frac{x}{L}\right)$$

式中，A 是断面面积（ $A = \pi R^2$ ）；下标 A_i 表示进口面积；A_e 表示出口面积。

HB 型喷嘴的直径比 $\beta > 0.25$，$\beta = \dfrac{D_e}{D_i}$；
LB 型喷嘴直径比 $\beta < 0.5$，建议采用的直径比均为 $\beta = 0.3$。四种喷嘴线型沿轴向收缩比 $c\left(c = \dfrac{D_i^2}{D_e^2}\right)$ 的变化如图 3-8 所示。

在空气介质条件下，四种喷嘴出口射流断面的流动特性为：

（1）收缩后喷嘴出口断面上的时均流速都基本上达到均匀分布。可见通过收缩调整，流速分布的效果都是很好的。四种喷嘴中，边界层最薄的是 CE 型喷嘴。

（2）收缩后断面上沿纵向湍动强度的分布基本上也是均匀的。其中，CE 型喷嘴的湍动强度最低，而 HB 和 LB 型则最高。

根据上述分析，出射断面的收缩对调整喷嘴出口平均流速分布是很有效的，四

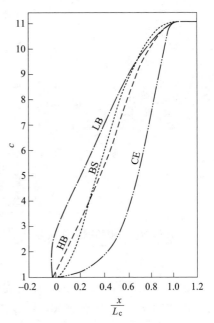

图 3-8　喷嘴轴向收缩比变化曲线

种喷嘴均可达到出口断面流速均匀分布的目的。CE 型喷嘴的出口射流边界层最薄，紊动强度最低，对降低喷嘴出口射流的起始紊动是最有效的。

3.2.3　射流流场模拟

3.2.3.1　喷嘴出流流场模拟

辊式淬火机淬火系统中，缝隙喷嘴对淬火过程中钢板的性能和效果影响最大。为此，基于自主研发设计的缝隙喷嘴结构，模拟分析了在一定冷却系统压力下缝隙喷嘴的出口射流流场情况。考虑到缝隙喷嘴结构的对称性，建模过程中取实体结构的一半。建立的缝隙喷嘴内流体的三维实体有限元模型如图 3-9 所示。

单元类型采用三维流体 FLUID142，流体特性为常温 20℃下水的性质，即密度为 998.2kg/m³，动力黏度系数 $\eta = 1.002 \times 10^{-3}$ Pa·s。因喷嘴实体模型不规则，采用自由网格划分单元，对缝隙喷嘴内阻尼孔及喷嘴进出口处等特殊部位的模型单元进行了细化，以确保求解的计算精度。分析过程中实体模型的单元网格数为 266816，单元节点数为 55551。

边界条件及载荷施加：缝隙喷嘴入口施加压力边界条件，为 0.8MPa；出口边界设定相对压力为零；对称断面上施加对称约束；壁面设定零速度；环境条件 $g = 9.8 \text{m/s}^2$，大气压 $p_0 = 1.013 \times 10^5 \text{Pa}$。

图 3-10 为计算求解后的缝隙喷嘴横截面出口射流的流场情况。

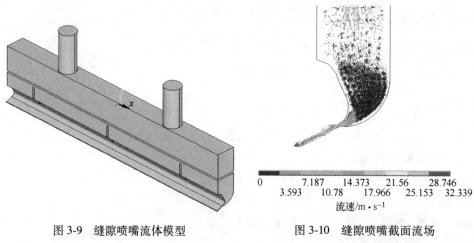

0   7.187   14.373   21.56   28.746
   3.593   10.78   17.966   25.153   32.339
                    流速/m·s⁻¹

图 3-9　缝隙喷嘴流体模型

图 3-10　缝隙喷嘴截面流场
（扫书前二维码看彩图）

由计算结果所示，在入口压力为 0.8MPa 的条件下，喷嘴出口射流最大速度为 32.339m/s。在缝隙喷嘴出口处，缝隙射流存在一定的紊动扩散现象，这与现场实际的缝隙喷嘴出流情况是较为一致的。这是由于喷嘴出口的流体约束消失及射流断面速度很难实现理想的流速均匀分布而导致的。

图 3-11 为缝隙喷嘴出口射流沿喷嘴长度方向（即钢板宽度方向）的流场情况。图 3-12 为通过定义缝隙射流宽度方向上中心节点沿喷嘴长度方向的路径所

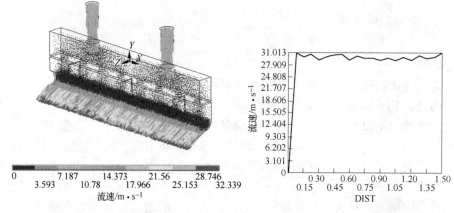

0   7.187   14.373   21.56   28.746
   3.593   10.78   17.966   25.153   32.339
                    流速/m·s⁻¹

图 3-11　缝隙喷嘴出口流场
（扫书前二维码看彩图）

图 3-12　射流中心节点流速分布

作出的射流速度分布曲线。可以看出，模拟计算与解析计算的结果相近。在该喷嘴结构下，出口射流沿喷嘴长度方向的速度分布较为均匀，紊动度小，有利于保证淬火过程中钢板宽度方向的冷却均匀性，验证了缝隙喷嘴结构的设计合理性。

3.2.3.2 冲击压力模拟

射流在换热表面上冲击压力值的大小，决定了换热过程中换热强度的高低，表征了冲击射流对加热表面换热能力的强弱[32]。因此，喷嘴出口射流在钢板表面上的压力分布状况，体现了冲击射流对换热表面的冷却均匀性。

考虑到模型建立过程中单元数量过多以及计算模拟过程复杂而造成的计算困难，基于上述缝隙喷嘴出口射流流场的模拟结果，通过将缝隙喷嘴的出口射流速度作为该问题分析模拟的初始边界条件，在同样能够模拟射流冲击钢板表面的流场特性的前提下，可大大减少计算时间。

建模过程中，取一定宽度的钢板，模拟缝隙射流冲击到钢板上表面的流场情况及压力分布。缝隙射流的参数主要为喷嘴宽度 W、射流距离钢板上表面的高度 H 以及射流与钢板之间的夹角 α。为得到缝隙射流在钢板上表面的冲击压力分布状况，采用三维实体模型建立有限元分析模型，如图 3-13 所示。

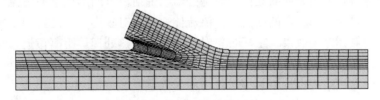

图 3-13　缝隙射流冲击钢板上表面的有限元模型

采用映射网格划分单元，单元类型为三维流体 FLUID142。流体材料特性同上节模拟计算过程的设定参数值。

边界条件及载荷施加：

（1）对缝隙喷嘴出口射流断面施加喷嘴出口射流速度分量。设定水平速度分量为 26.9m/s，垂直速度分量为 13.15m/s，即射流的合速度值为 30m/s；体积组分 VFRC=1；相对压力为零。

（2）钢板表面施加的所有速度分量均为零。

（3）其余流体区域体积组分 VFRC=0。

（4）环境条件 $g=9.8m/s^2$，大气压 $p_0=1.013\times10^5Pa$。

射流距离钢板上表面的高度 H、射流与钢板之间的夹角 α 均采用实际现场的设备安装尺寸。求解计算后缝隙射流冲击到钢板上表面在冲击点附近的流场情况如图 3-14 所示。

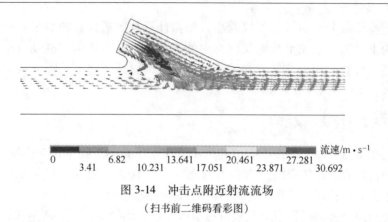

$$流速/m \cdot s^{-1}$$

| 0 | 3.41 | 6.82 | 10.231 | 13.641 | 17.051 | 20.461 | 23.871 | 27.281 | 30.692 |

图 3-14　冲击点附近射流流场

（扫书前二维码看彩图）

　　根据模拟结果，射流在 30m/s 的初始条件下，冲击到钢板表面的射流合速度值最大为 30.692m/s。由于缝隙喷嘴距离钢板上表面的高度 H 较小，冲击到钢板上表面的射流速度并未因重力作用而有明显增加。可见，射流冲击到钢板表面上的速度在一定程度上取决于初始射流速度。但值得注意的是，射流在钢板表面上的冲击落点却因重力作用而偏离几何驻点向上游移动（表现为图示中红色流线向左弯曲偏移），且冲击到钢板表面的射流受钢板表面阻挡而向右上方表现出明显的反弹。冲击到钢板表面的流体，大部分沿喷嘴射流方向形成壁面射流区，部分流体产生与射流方向相反的回流，回流流体速度相对较小，这是与现场实际情况一致的。为保证淬火效果，工厂布置时，淬火机与热处理炉距离很近。淬火过程中钢板运行速度较慢，冷却水的回流有可能进入热处理炉内，影响加热炉工作。这是辊式淬火机结构设计中必须予以考虑的问题。

　　图 3-15 为缝隙射流冲击到钢板表面上时，射流沿钢板宽向的冲击压力分布

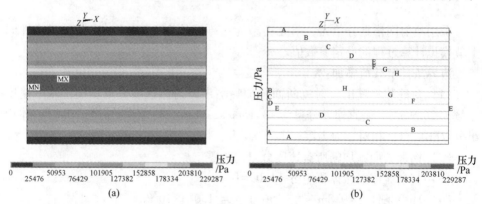

压力/Pa

| 0 | 25476 | 50953 | 76429 | 101905 | 127382 | 152858 | 178334 | 203810 | 229287 |

压力/Pa

| 0 | 25476 | 50953 | 76429 | 101905 | 127382 | 152858 | 178334 | 203810 | 229287 |

(a)　　　　　　　　　　　　　(b)

图 3-15　钢板壁面压力分布（沿钢板宽度方向）

（a）冲击压力云图；（b）冲击压力等值线图

（扫书前二维码看彩图）

状况。从图 3-15 中可以看出，缝隙射流在钢板表面上的冲击压力沿板宽方向的分布一致性良好，在一定程度上表明了淬火过程中缝隙射流沿板宽方向具有良好的冷却均匀性。

此外，根据模拟计算结果，具有一定喷射角度的缝隙射流，其冲击压力的主要贡献者是射流的垂向速度分量。水平分量在一定程度上转化为钢板表面上流体沿射流方向流动的驱动量，影响钢板表面冲击换热区外滞留水的对流换热效果。

3.3　中厚板淬火换热特性

中厚板辊式淬火过程中，钢板表面与淬火介质间进行换热，这种换热是对流、辐射及沸腾换热综合作用的结果。在钢板淬火过程温度场、应力场的数值模拟中，需要建立热交换边界条件，而表面综合换热系数是建立淬火工艺过程换热边界条件的最关键参数，它的选择对淬火过程数值模拟的计算精度有决定性影响。

本章针对钢板辊式淬火过程，建立了钢板的非线性热传导控制方程，利用逆求解法来计算表面综合换热系数。在非线性估算法测算换热系数的算法基础上，采用等效比热法处理相变潜热，在温度场的求解中考虑了相变潜热的影响，建立了换热系数的计算模型，编制计算程序，根据钢板在辊式淬火过程中内部温度的实测结果，计算分析了淬火过程中换热系数随钢板表面温度的变化关系。

3.3.1　钢板辊式淬火过程换热机理

高温钢板淬火冷却过程中的热交换方式主要为对流换热[33,34]，有两种形式，一是有一定压力的冷却水流冲击到钢板表面形成的单相流体的射流冲击换热；二是冷却水在高温钢板表面的沸腾换热。这两种换热方式是中厚板淬火过程中的主要换热方式，同时也是研发高效冷却技术、提高钢板冷却效率的理论基础所在。

钢板辊式淬火过程中高压冷却水冲击换热钢板表面时，射流冲击区钢板表面流动边界层和热边界层大为减薄，大大提高了热传递效率，其换热能力与射流速度以及冲击压力密切相关。换热表面上压力值的大小，表征了传热能力的强弱。热交换在射流冲击点处出现最大值，然后沿径向距离的增大而逐渐减小。基于辊式淬火机射流流动结构特点，在淬火过程中，随着倾斜射流最大冲击压力区向射流倾斜的上游方向移动，淬火钢板最大热交换系数的几何位置将向射流倾斜的上游方向移动。此外，壁面射流与周围介质之间的剪切所产生的湍流，被输送到传热表面的边界层中，使得壁面射流也具有很强的传热效果。

辊式淬火机采用高低不同的冷却水压力，得到高低不同的射流冲击速度，从而可获得不同的冷却强度[35-42]。同时，在淬火喷水系统喷嘴布置上，通过减小喷嘴间距，在钢板表面形成大范围的射流冲击换热，减小热交换过程的沸腾换热过程，从而实现钢板淬火过程的高强度冷却及微观换热过程的稳定性和均匀性。

3.3.2　综合换热系数及求解

钢板在辊式淬火过程中，高温钢板表面与高压冷却水间的换热过程非常复杂。要对钢板淬火工艺过程进行数值模拟，需要准确确定钢板淬火时的换热边界条件，而表面综合换热系数是建立淬火工艺过程换热边界条件的最关键参数。

求解淬火时表面综合换热系数，并用来确定淬火换热边界条件是一个淬火导热逆问题。利用热电偶和温度记录仪测定辊式淬火工艺过程钢板内部温度变化，用该已知量、有限差分法和非线性估算法求解钢板淬火过程表面综合换热系数。在计算表面综合换热系数的过程中，用有限差分法建立钢板淬火过程非线性热传导控制方程组的有限差分格式；在求解钢板辊式淬火温度场的同时，用非线性估算法对表面综合换热系数进行迭代计算。

3.3.2.1　热传导方程与边界条件

淬火钢板厚度及宽度尺寸相对厚度尺寸较大，长度方向及宽度方向的热交换相对较小，可以忽略不计[43]，可以考虑为无限大平板热传导问题，对应的一维非稳态导热微分方程为：

$$\rho(T)c_{\mathrm{p}}(T)\frac{\partial T}{\partial t}=\frac{\partial}{\partial z}\left(\lambda(T)\frac{\partial T}{\partial z}\right) \tag{3-2}$$

采用等效比热法，考虑相变潜热，对应的热传导方程为：

$$\rho(T)c_{\mathrm{e}}(T)\frac{\partial T}{\partial t}=\frac{\partial}{\partial z}\left(\lambda(T)\frac{\partial T}{\partial z}\right)c_{\mathrm{e}}(T)=c_{\mathrm{p}}(T)-L\frac{\partial V}{\partial T}=c_{\mathrm{p}}(T)-L\frac{\Delta V}{\Delta T} \tag{3-3}$$

式中　$\rho(T)$——材料密度；
　　　$c_{\mathrm{p}}(T)$——材料等压比热；
　　　$\lambda(T)$——材料导热系数；
　　　L——材料相变潜热；
　　　$c_{\mathrm{e}}(T)$——材料等效比热，$\mathrm{J/(kg\cdot K)}$；
　　　ΔV——Δt时间内组织的体积百分含量；
　　　ΔT——Δt时间内的温度转变量。
　边界条件为：

$$-\lambda(T)\frac{\partial T}{\partial z}=h(T_{\mathrm{s}}-T_{\mathrm{w}}) \tag{3-4}$$

式中　h——为考虑辐射传热的综合对流换热系数；
　　　T_{s}——钢板表面温度；
　　　T_{w}——冷却介质温度，即水温。

根据非线性导热方程的有限差分离散法，采用显示有限差分格式，方程变为

$$\rho c_e \frac{T_i^j - T_{i-1}^j}{\Delta t} = \lambda \frac{T_i^{j+1} - 2T_i^j + T_i^{j-1}}{\Delta z^2} \tag{3-5}$$

$$h(T_i^1 - T_w) = -\lambda \frac{T_i^2 - T_i^1}{\Delta z} \tag{3-6}$$

3.3.2.2 反传热法

根据上述的导热过程及边界条件的差分方程，用非线性估算法[44-47]对表面综合换热系数进行迭代计算，令

$$\delta = \sum_{i-1}^n (T_i^{exp} - T_i^{cal})^2 \tag{3-7}$$

非线性估算法的关键是使得 δ 最小，即

$$\frac{\partial \delta}{\partial h} = (T_i^{exp} - T_i^{cal}) \frac{\partial T_{m+1}^{cal}}{\partial h} = 0 \tag{3-8}$$

式中　T_{m+1}^{cal} ——第 $m+1$ 次的温度迭代值；

　　　T_i^{exp} ——温度测量值；

将 T_{m+1}^{cal} 展开为泰勒级数：

$$T_{m+1}^{cal} = T_m^{cal} + \frac{\partial T_{m+1}^{cal}}{\partial h}\Delta h \tag{3-9}$$

在边界上

$$-\lambda(T)\frac{\partial T}{\partial z} = h(T_s - T_w) \tag{3-10}$$

将式代入，得

$$\Delta h = \frac{-\lambda}{T_s - T_w}\frac{T^{cal} - T^{exp}}{\Delta z} \tag{3-11}$$

引入加权参数 ξ，上式变为：

$$\Delta h = \xi \frac{-\lambda}{T_s - T_w}\frac{T^{cal} - T^{exp}}{\Delta z}$$

计算过程中，首先给定表面换热系数初始值 h_0，利用式可以得到各节点的温度值 T_1^j，将计算所得据表面距离为 1mm 的节点温度计算值 T_1^{cal} 与该节点的温度测量值 T^{exp} 进行比较，如果满足下式：

$$|T_1^{cal} - T^{exp}| \leq \delta \tag{3-12}$$

则进入下一个时间步长，否则，修改表面换热系数 h，即

$$h = h_0 + \Delta h \tag{3-13}$$

式中的 Δh 值可按式计算，以新的 h 为基础，重复上述迭代过程，直至温度计算值与测量值的偏差小于 δ。在不同的时间步内重复上述过程，直到所有时间步长

之和等于总的淬火时间。在计算结束后，即可得到随淬火钢板表面温度变化的表面综合换热系数。图 3-16 为换热系数的计算流程图。

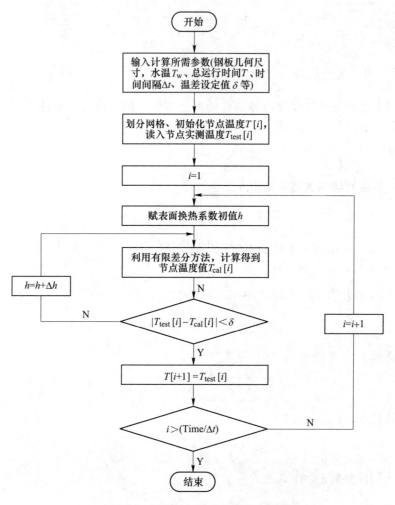

图 3-16　温度场差分求解程序流程图

3.3.3　辊式淬火试验验证

采用反传热法求解钢板淬火过程的表面换热系数时，需实验测量淬火过程中钢板温度随淬火时间的变换曲线，即淬火冷却曲线。多数学者采用实验室的简单淬火装置进行淬火实验，对小尺寸试样钢板以静止状态模拟实际淬火过程。由于受钢板尺寸、冷却水工况参数等因素的影响，与钢板真实辊式淬火工艺过程有一定的偏差。为了使得实验测量数据符合真实淬火情况，文中采用工业在线实验，测量实际淬火过程中的钢板心部温度变化曲线。

3.3.3.1 实验材料

实验测试钢板选取热轧态的 Q690-QT 钢种，钢板尺寸为 50mm × 2280mm × 12000mm，高温奥氏体化进行辊式淬火处理。为避免辊式淬火过程高压冷却水对测量数据结果的干扰，在钢板头部和侧面的厚度方向 1/2 处钻测温孔，位置如图 3-17 所示。

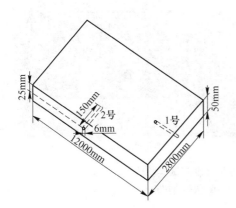

图 3-17　测试钢板热电偶安装位置示意图

测温采用直径为 3mm 的 K 型镍铬-镍硅铠装热电偶。该型热电偶具有较高的动态响应速度，温度记录周期为 0.1s。经标准热电偶校验，在 0~1000℃间该热电偶的测量误差为±1.1℃。钢板温度跟踪记录仪通道数为 7 通道，采样周期为 0.1s，温度记录器外用高级耐火纤维进行绝热和保温。

测试装置形式如图 3-18 所示，整体由测温钢板、辅助钢板、连接杆、温度记录仪和热电偶组成。根据测温点位置要求在钢板侧边四周加工有 100~150mm 深测温孔，将热电偶测温端插入孔内，并做密封处理。钢板温度记录仪放置在耐高温且防水的密闭铁箱内，固定在辅助钢板末端。辅助钢板和测温钢板之间焊接连接杆相互连接成整体，将热电偶的测温端部插入到测温孔后，将测温端上的锁紧螺母和测温钢板上的测温孔周围通过焊接方法焊死，保证冷却水不进入到测温孔中。热电偶通过安置在辅助钢板上的导线与温度记录仪连通。连接杆数量可为 2~3 根，连接杆宽为 200mm。测温孔直径为 6mm，深度为 150mm。

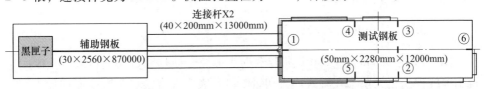

图 3-18　测试用钢板信息及相对位置示意图

3.3.3.2 工艺流程

钢板在辊底式热处理炉内加热到 920℃，经过一段时间保温后，通过辊式淬火机进行淬火冷却，钢板温度迅速降到室温，测定钢板从 920℃到室温的连续淬火冷却过程中钢板心部温度变化。图 3-19 为在线温度测量实验装置。

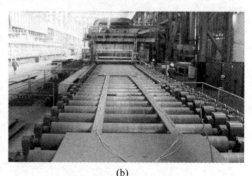

(a)   (b)

图 3-19　钢板辊式淬火过程温度测试实验
（a）辊式淬火机；（b）试验钢板入炉前照片

3.3.3.3 瞬时温降曲线

50mm 厚度的 Q690 钢板在不同水温下辊式淬火过程测试点 1 号和 2 号的温度变化曲线及瞬时冷却速度计算曲线如图 3-20 所示。

图中，Ⅰ，Ⅱ，Ⅲ代表辊式淬火机设备的三段高压冷却区，均配备了不同类型的高压射流喷嘴，具有不同的冷却强度。从图 3-20（a）中可以看出，不同温度下 1 号测试点的温度曲线在高压Ⅰ区和Ⅱ区基本重合，但在高压Ⅲ区及低压淬火区，温度变化逐渐发生偏差，且差异越来越大。水温对高压Ⅰ和Ⅱ冷却区内钢板的冷却特性影响很小，随着钢板的继续运行，影响越来越大。从图 3-20（b）中可以看出，心部冷速呈现先增大后减小的规律，水温为 15℃时，约 30s 后在高压Ⅰ、Ⅱ淬火区内心部瞬时冷速达到最大值 17.6℃/s。

测试点 2 号的温度曲线和冷却速率曲线的趋势与测试点 1 号的结果是相似的，不同之处在于淬火开始时间，由于淬火过程工艺参数的波动等因素影响，最大冷却速率值有较小的差异。

3.3.3.4 综合换热系数计算

图 3-21 为 50mm 厚 Q690 钢板淬火时表面综合换热系数与钢板表面温度间呈现出非线性变化关系。在辊式淬火初级阶段，表面综合换热系数缓慢增加，变化不大，当钢板表面温度降低到 600℃时，表面换热系数逐渐变大，且增速逐渐变

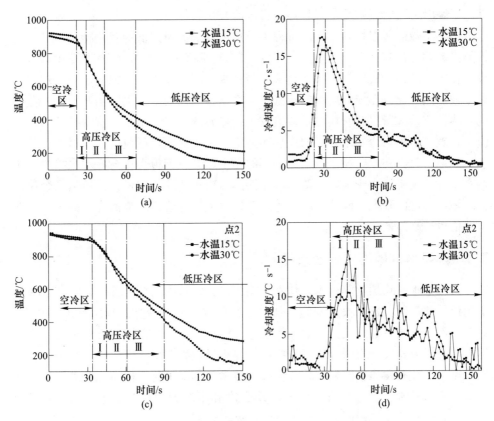

图 3-20 测试点温度曲线及瞬时冷却速度曲线

（a），（c）1 号测温点心部温降曲线；（b），（d）1 号测温点冷速曲线；

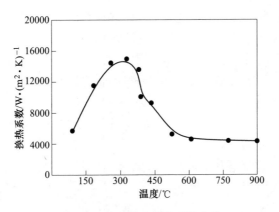

图 3-21 表面综合换热系数曲线

大，当温度降至 320℃时，达到峰值，约为 15000W/（m² · K）。当钢板表面温度继续下降时，换热系数呈下降趋势，直至冷却过程结束。

换热系数之所以在整个淬冷过程中呈现由低到高再到低的变化特点，是因为换热系数要经历三个特点不同的阶段：膜态沸腾阶段、泡状沸腾阶段和对流阶段。在淬火的初始阶段，由于在钢板与冷却水之间温差较大，钢板表面冷却水被急剧被加热气化，形成一层薄的蒸汽膜，将钢板表面与冷却水隔离开，由于蒸汽的导热性较差，所以此时换热系数值较小。随着淬火时间增长，蒸汽膜被高压射流水打破，钢板与冷却水之间的换热逐渐增强，表面换热系数值迅速增大，并迅速达到最大值，在此阶段，由于蒸汽膜的完全破裂，钢板直接与冷却水接触，不断产生强烈沸腾，由于需要大量的汽化潜热，冷却速度达到最快，换热系数值最大。随着温度的降低，沸腾逐渐停止，开始对流换热阶段，冷速开始减小，换热系数值也逐渐降低。

3.4　薄规格钢板淬火形变及控制

薄规格板材均匀化淬火工艺技术是钢板淬火领域内的核心技术，具有重要的实用价值，但因其对淬火过程的冷却均匀性要求极高，冷却过程影响因素众多，对淬火设备结构参数及工艺参数非常敏感，淬火过程的板形控制难度很大。通过淬火工艺工业实验，直观分析薄规格板材淬火过程板形变化规律及良好板形的控制策略，系统开发出中厚板辊式淬火核心技术，解决了薄规格高强度中厚板淬火过程的板形控制以及较厚规格钢板冷却强度和组织均匀性控制等难题，开发出 4~10mm 极限薄规格中厚板的高平直度淬火工艺。

3.4.1　钢板淬火均匀性影响因素

相对于常规中厚板来说，薄规格板材淬火过程中高冷却强度较易实现，但在冷却均匀性方面要求极为苛刻。这里主要从淬火系统对称性结构、流量分布、淬火运行速度及钢板自身条件等方面分析对冷却均匀性的影响。

薄规格板材淬火后残余应力达到一定值时，钢板即出现失稳屈曲，按照板材的弹性屈曲理论，在理想弹性状态下，板材的临界屈曲应力为[48]：

$$\sigma_{cr} = \frac{KE\pi(t/b)^2}{12(1-\nu)^2}$$

式中　σ_{cr}——临界屈曲应力；

　　　K——临界屈曲应力系数；

　　　t——钢板厚度；

　　　b——钢板宽度；

　　　ν——材料泊松比。

从临界屈曲应力的计算公式可以看出,淬火钢板厚度越薄,宽度越宽,临界屈曲应力越小,越容易发生对冷却均匀性极为敏感的淬火变形。故薄规格宽幅钢板的辊式淬火板形控制过程是研究中厚板材淬火变形问题的难点。

3.4.1.1 结构对称性

薄规格钢板对冷却系统的均匀性更为敏感,其中钢板上下表面的对称性冷却对板形有重要的影响。钢板淬火过程中的对称性冷却可以理解为两个方面,首先在单侧的冷却区域内的均匀冷却,考虑到钢板是连续式通过淬火区域,在单个喷嘴参数调整方面主要考虑钢板宽向的冷却均匀性;其次,淬火过程中保证钢板上下表面冷却区域内冷却强度的对称性,如图 3-22 所示。

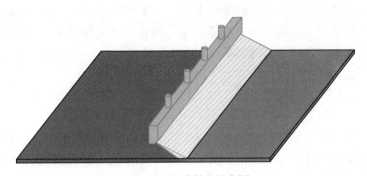

图 3-22　缝隙射流示意图

单个喷嘴的机械参数调节主要有:射流角度、缝隙宽度和喷嘴距钢板表面的位置参数,如图 3-23 所示。

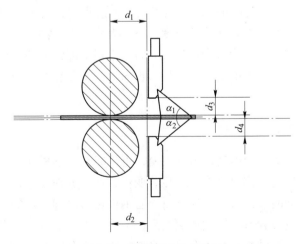

图 3-23　缝隙喷嘴位置参数

假设在理想的条件下，上下缝隙喷嘴水平度和狭缝开口度均匀一致、完全对称，上下缝隙到钢板上下表面的距离完全相等（辊缝完全等于钢板厚度），上下水幕面与钢板表面形成的二面角完全相等。在喷射速度快、压力高的条件下，忽略重力对射流射线的影响，则上下缝隙喷嘴入射点应该是对称的，钢板在同一个铅垂面上由于钢板薄、缝隙喷嘴水量大、淬透性强，仅缝隙喷嘴就将钢板温度降至马氏体相变温度点以下。当上下淬火系统结构出现不对称时，先喷射到钢板上的水幕会造成单面淬透现象，宏观表现形式为淬火后钢板始终呈现头尾上翘或下扣，因此，不管如何极端设定控制喷嘴水量、水比和辊道速度参数，也无法改变超薄规格钢板淬火后板形的变化总趋势。

在实际过程中，要确保对称的距离参数及角度参数相等，而且要确保喷嘴沿钢板宽度方向的两侧均保持一致，即确保上下喷嘴喷射水线的三维对称精度。此外，淬火机辊道平直度控制和调节很重要，下部辊道应水平，钢板应沿中心线进行运动，上辊道的中心线应与下辊道的中心线在一条基准线上，不能发生偏移，特别要注意辊道正确找平，尤其是高压喷嘴区的辊道，否则钢板通过该区时极易发生变形不能保持平整。

3.4.1.2　流量参数

水量参数是满足低合金高强度钢板淬后组织和性能的重要工艺参数，也是保证薄规格钢板均匀性冷却的决定性因素。冷却水量对淬火冷却过程钢板表面换热系数有一定的影响。随着冷却水量的增加，钢板表面换热系数逐渐增加，但达到一定水量后，水量增加对换热能力的提高效果不明显。

淬火过程的上下表面的水量比是板形宏观翘曲变形的决定因素。射流冲击换热过程钢板上表面受残留水影响，而下表面冷却水由于重力作用自然下落，故上下水量比小于1，一般在0.6~0.9。钢板在淬火过程中，若水量比设定小于实际需要的设定值时，钢板上表面冷却速度大于下表面，先行淬火的钢板头部略向下凹曲，产生向上的翘曲变形。变形量很大时，钢板头部的上翘将受到上排辊道的反作用力。随着淬火进程的继续，钢板出现向上的中凸翘曲变形，导致淬火后钢板上凸。

3.4.1.3　钢板运行速度

钢板在辊式淬火机内的运行速度快慢，直接影响了钢板在高压冷却区的淬火时间，即出高压区的心部温度会发生显著变化，在一定程度上，对钢板的性能有较明显的影响。同时，淬火运行速度对淬后钢板板形也有一定的影响。淬火过程钢板上下表面水量设置有一定的比例关系，下水量大于上水量。尤其高压冷却区的上下水量比对板形的影响最为明显，当设定比例不合适时，辊速的减慢会扩大水量比对其板形的影响。辊速的降低，高压段的冷却时间增长，相当于增加了下表面的冷却强度，因此在板形控制过程中，辊速在某种程度上相当于水量比的影响。当钢板速度增加，钢板在高压淬火区时间将越少。钢板高压区淬火时间过少将显著影响钢板上表面，导致钢板出现瓢曲变形。

3.4.1.4 钢板自身条件

钢板自身条件是指板温、板形、表面质量等，它们对钢板冷却均匀程度有着重要影响。

A 氧化铁皮

如果钢板表面存在氧化铁皮，由于其与钢的导热系数不同，将降低水的冷却效果；氧化铁皮的不均匀分布，导致钢板不均匀冷却。钢板表面存在麻点或其他缺陷，也将对钢板的冷却均匀性带来不利影响。图 3-24 所示为氧化铁皮厚度和表面对流换热系数的关系。

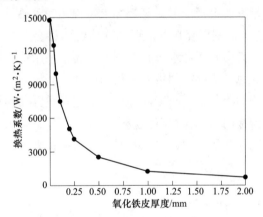

图 3-24　氧化铁皮厚度和表面对流换热系数的关系

在某种特定的淬火工况条件下，当钢板表面光滑，钢板与冷却水之间的对流换热系数约为 15000W/(m² · K) 左右，随着氧化铁皮厚度的增加，钢板表面综合对流换热系数呈急剧下降趋势，当氧化铁皮厚度为 0.2mm 左右时，表征钢板淬火过程热交换速率的对流换热系数降为 5000W/(m² · K) 左右，仅为正常过程的 1/3。可以看出，氧化铁皮对冷却过程影响比较明显，淬火钢板的氧化铁皮分布情况也就直接影响到冷却过程的均匀性。故，为了保证薄规格钢板淬火过程的表面均匀性及上下表面的高度对称性，严格控制氧化铁皮的含量是有必要的。氧化铁皮的钢板淬火后的表面及板形如图 3-25 所示。

抛丸机的质量直接关系到抛丸后钢板的表面质量，若抛丸及清扫不彻底，将氧化铁皮带入炉内，很容易造成炉底辊结瘤，不仅划伤钢板表面，而且结瘤清理困难。因此抛丸质量的好坏是影响产品表面质量的关键因素之一。

图 3-25　钢板表面质量及钢板板形照片

B　淬火前温度分布

淬火前板温的不均匀直接决定了淬火开始温度的差异。在整个淬火过程中由于不同的组织变化带来的钢板变形对薄板淬火过程尤为重要。一般来说同板温差需小于5℃。如果淬火前钢板存在着浪形和翘曲，那将会严重地破坏钢板的均匀冷却，因为钢板不平必引起冷却水分布不均匀。无论采用什么样的厚度和板形控制技术，所轧制产品总是要存在同板差和板凸度的。同板差的存在要引起板长方向和板厚方向的不均匀冷却；板凸度的存在要引起板宽方向和板厚方向的不均匀冷却。一般来说，钢板两边部存在有压应力，加上冷却不均匀引起的热应力和组织应力，就会诱发钢板变形。因此，尤其对薄规格钢板来说，要尽可能控制及消除轧制、抛丸等工艺过程板形的变化。

3.4.2　钢板辊式淬火变形模拟

钢板在辊式淬火过程中，忽略辊道对其的外力载荷，只受热载荷作用，钢板自身温度变化是其产生热应力应变的主要原因。钢板淬火过程引起翘曲变形的内在因素是相变、屈服应力和导热系数，其诱导因素是钢板的不均匀冷却，影响冷却均匀性的因素很多，钢板自身条件（钢板淬火前板形及表面质量）、冷却区长度、上下表面水量比等都会对钢板的变形产生不同程度的影响。

钢板冷却过程的模拟计算采用有限元工具软件 ABAQUS，利用直接耦合法模拟钢板冷却过程中应力应变和变形量的变化。单元类型选为二维壳单元，定解边界条件为第三类边界条件，即冷却水的温度及钢板表面的对流换热系数已知，考虑换热系数为钢板表面温度、钢板宽度和长度的函数。在这个模型中，假定初始状态时钢板温度均匀为900℃，冷却水温度设为15℃，冷却区域固定，设置空间区域载荷，钢板以一定的速度通过冷却区域，即将上下热流量加载到钢板表面上。上下热流量为钢板表面温度、空间宽度和长度方向的函数。在这里，相变对钢板淬火过程变形的影响通过热膨胀系数随温度的变化来体现。有限元模型如图 3-26 所示。

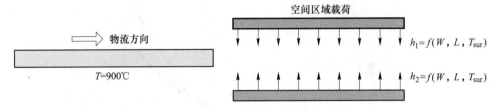

图 3-26　钢板辊式淬火有限元计算模型

为便于计算，作如下假设：

（1）认为淬火前钢板内部温度场均匀，即模拟计算所采用模型的初始温度均匀，这样可以直接设定所有节点的初始温度值。淬火前钢板初始温度为 900℃。

（2）高温奥氏体化钢板的辊式淬火机内淬火冷却过程的换热，包括钢板内部和外部的热传导、冷却水射流冲击强制对流、空气对流和热辐射，还有材料相变产生的相变潜热以及与辊道之间的热传导。有限元计算时将其他换热形式的影响归结于钢板与冷却水的对流换热，即仅以对流换热系数来表征钢板表面与冷却介质间的换热强度。

（3）考虑材料为理想弹塑性体[49]。

（4）空间区域载荷子程序二次开发。应用 Visual Fortran 语言，编制空间区域载荷子程序，钢板以一定的速度通过淬火冷却区，上下冷却区域的换热系数为钢板长度及钢板表面温度的函数。

淬火过程的上下表面水量比是板形宏观翘曲变形的决定因素。为了模拟计算分析上下表面的冷却强度差异对钢板变形的影响规律，保持其他的淬火工艺参数不变，将上下表面换热系数设置成不同值，且上表面的换热系数大于下表面的换热系数值。比值 R 设定为（上表面换热系数－下表面换热系数）/下表面换热系数，分别计算 R 为 5%、7% 和 10% 时淬火后钢板头部宽度方向的翘曲变形量，计算结果如图 3-27 所示。其他的相关参数有钢板尺寸规格为 20mm × 2500mm × 10000mm，淬火前钢板温度均匀为 900℃，钢板运行速度为 0.1m/s，淬火后钢板温度为室温。

从计算结果可以看出，淬火过程中钢板上下表面换热系数存在偏差时，淬火钢板宽度方向发生翘曲变形，当偏差为 5% 时，最大的变形量为 51.77mm，当偏差值增加到 7% 时，最大的变形量为 57.43mm，当偏差值为 10% 时，最大的变形量为 70.03。可以看出，随着换热系数的偏差增大，钢板的宏观变形量增加。从

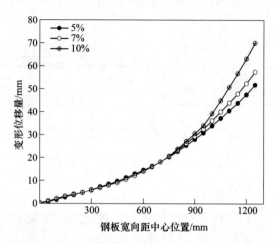

图 3-27　不同的上下表面换热系数比例下的淬火后钢板位移变化量

计算结果曲线中可以观察，钢板沿宽度方向发生了简单的凸曲变形，从中心位置到钢板边部变形量逐渐增大，其中距边缘 450mm 范围内变形对换热系数偏差值的变化最为敏感。

为了分析辊道速度对淬火变形及内部应力的影响，对同样规格钢板施加同样的热力学边界条件，上下表面换热强度偏差值为 5%，分别以 0.3m/s 和 0.1m/s 两种运行速度淬火，淬火后的钢板变形情况如图 3-28 所示。速度的增加使得淬火后钢板的变形量增大。例如，当辊道运行速度为 0.1m/s 时，最大的变形量为 51.7mm，而当辊道运行速度为 0.3m/s 时，最大的变形量为 93.1mm。

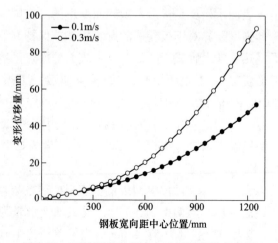

图 3-28　不同辊速下的淬火后钢板位移变化量

3.4.3 钢板淬火变形分析

薄规格钢板淬火后容易发生变形，变形种类主要由翘曲、中凸、浪形及不规则瓢曲等（图3-29）。通常使用1m或者2m的钢板直尺，直尺侧立在钢板上（钢板直尺此时变形可以忽略），测量直尺下端与钢板之间的最大间距，即得到钢板平直度指标。对于中凸变形的钢板，原则上应将其翻转测量凹处的平直度值，在这里将凸变形的平直度指标定义为负值，用以和翘曲凹变形平直度测量结果数值上进行区分。

(a) (b) (c) (d)

图3-29 淬火后薄钢板变形情况
(a) 翘曲凹变形；(b) 中凸变形；(c) 边浪；(d) 不规则瓢曲变形

3.4.3.1 水量参数对板形的影响

为对比分析淬火系统上下水量参数对淬火钢板板形的影响规律，以4100mm辊式淬火机为例，选取同批次的相同规格相同成分的工程机械用Q690D钢板进行对比试验，辊道运行速度为18m/min，保证上表面冷却的水流密度分别为1.875m³/(min·m²)，通过调节下表面冷却水水流密度，测量淬火后钢板的平直度，结果如表3-1所示。

表 3-1　不同水流密度下钢板淬火平直度测量结果

序号	规格（厚度×宽度）/mm×mm	水流密度/m³·(min·m²)⁻¹		辊道速度/m·min⁻¹	平直度/mm·m⁻¹
		上	下		
1	12×2600	1.875	1.875	18	16
2	12×2600	1.875	2.25	18	7
3	12×2600	1.875	2.5	18	4
4	12×2600	1.875	2.75	18	9

在特定的设备精度和工艺参数情况下，下表面水流密度为 $2.5m^3/(min \cdot m^2)$ 时，淬后平直度最小，板形最好。当下表面的水流密度增大或减小时，淬火钢板均发生变形，变化范围越大，变形越严重。当水流密度大于 $2.5m^3/(min \cdot m^2)$ 时，钢板发生翘曲凹变形，反之则发生中凸变形。这是由于钢板上表面冷却速度大于下表面时，先行淬火的钢板头部略向下凹曲，产生向上的翘曲变形。变形量很大时，钢板头部的上翘将受到上排辊道的反作用力。随着淬火进程的继续，钢板出现向上的中凸翘曲变形，导致淬火后钢板上凸。但是，水量参数的比值并不是一个固定值，一个水量比值不能满足所有不同水量条件下的冷却均匀性，须随着喷水流量的调节适当改变上下水量比值。当上表面水流密度增大时，上下表面的换热除了受冲击速度的影响外，还受到钢板上表面的残留水的冷却效果的影响，下表面的水流密度应该增加去补偿在上表面水的聚积造成的二次冷却。但是上下表面水流密度比值的调节一般在 0.6~0.9 范围内。

3.4.3.2　辊道速度对板形的影响

为对比分析辊道运行速度对淬火钢板板形的影响规律，以 4100mm 辊式淬火机为例，选取同批次的相同规格相同成分的工程机械用 Q690D 钢板进行对比试验，保证上下表面冷却的水流密度分别为 $1.875m^3/(min \cdot m^2)$ 和 $2.25m^3/(min \cdot m^2)$ 不变，在 10~30m/min 的范围内调整淬火钢板运行速度，测量淬火后钢板的平直度，结果如表 3-2 所示。

表 3-2　不同辊速下钢板淬火平直度测量结果

序号	规格（厚度×宽度）/mm×mm	水流密度/m³·(min·m²)⁻¹		辊道速度/m·min⁻¹	平直度/mm·m⁻¹
		上	下		
1	12×2600	1.875	2.25	10	14
2	12×2600	1.875	2.25	12	12
3	12×2600	1.875	2.25	18	3
4	12×2600	1.875	2.25	24	9
5	12×2600	1.875	2.25	30	13

淬火钢板板形随辊道速度的变化规律如图 3-30 所示，在特定的设备精度和工艺参数情况下，辊道速度为 18m/min 时，淬后平直度最小，板形最好。当辊速增加时，淬火后钢板发生凸变形，平直度指标随之增大。当降低辊速时，淬后钢板发生凹变形，且变形量越来越大，当辊道速度降低到一定程度时，平直度指标趋于稳定，但是由于高强度冷却时间增加，扩大了其他因素造成的冷却不对称的影响，淬后钢板出现了浪形或不规则的瓢曲变形。因此，选取合适的辊道运行速度不仅能满足淬火钢板的心部温度冷却速率要求，同时对防止淬火钢板变形有一定的作用。

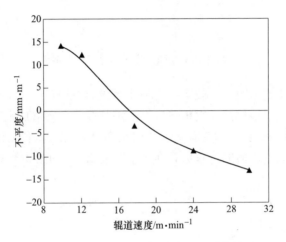

图 3-30 淬火运行速度与淬火后板形的关系

3.4.4 钢板淬火变形控制

3.4.4.1 对称性冷却控制

淬火系统的关键设备参数调节主要满足喷射水流对钢板上下表面的均匀对称冷却。这些参数主要有喷水射流角度的对称性、射流速度的稳定性和缝隙宽度的均匀性等。缝隙喷嘴的喷射角度在 20°～30°之间。

假设在理想的条件下，上下缝隙喷嘴水平度、狭缝开口度均匀一致、完全对称、上下缝隙到钢板上下表面的距离完全相等（辊缝完全等于钢板厚度）、上下水幕面与钢板表面形成的二面角完全相等。在喷射速度快、压力高的条件下，忽略重力对射流射线的影响，则上下缝隙喷嘴入射点应该是对称的，即钢板在同一个铅垂面上[50]，如图 3-31 所示。

在实际过程中，要确保对称的距离参数及角度参数相等，而且要确保喷嘴沿钢板宽度方向的两侧均保持一致，即确保上下喷嘴喷射水线的三维对称精度。但在实际过程中，喷嘴的位置可能会发生变化，主要由两个原因造成，一是为了防

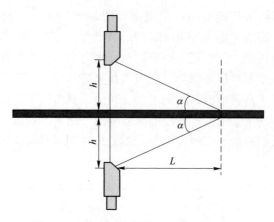

图 3-31　上下缝隙喷嘴对称分布位置参数

止钢板淬火变形造成卡阻，一般会将上喷水系统提高 Δh；二是由于在生产过程中，上喷水系统可以根据淬火钢板厚度上下调节高度，会造成上喷嘴相对下喷嘴的安装精度发生位移变化，将垂直位移归结于 Δh 中，水平位移为 ΔS，这样，射流水冲击钢板上下表面的位置会存在水平距离 ΔL，如图 3-32 所示。

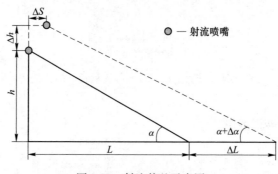

图 3-32　射流偏差示意图

$$\Delta L = \Delta S + \frac{\Delta h + h}{\tan(\alpha + \Delta\alpha)} - \frac{h}{\tan\alpha} \qquad (3\text{-}14)$$

式中　Δh ——垂直偏差值；

ΔS ——水平偏差值；

h ——喷嘴与钢板表面距离；

α ——喷嘴射流与钢板表面夹角；

$\Delta\alpha$ ——发生偏差后喷嘴射流线与钢板表面的夹角。

为了保证钢板上下表面射流冲击冷却的对称、均匀、同步，保证钢板上下面相变的同步性，令 $\Delta L = 0$，则式（3-14）变为：

$$\Delta S + \frac{\Delta h + h}{\tan(\alpha + \Delta\alpha)} - \frac{h}{\tan\alpha} = 0 \qquad (3\text{-}15)$$

式中，ΔS 和 Δh 较容易检测、校准，容易消除，令 ΔS 等于 0，则式（3-15）变为：

$$\frac{\Delta h + h}{\tan(\alpha + \Delta\alpha)} = \frac{h}{\tan\alpha}$$

$$\Delta\alpha = \frac{180}{\pi}\arctan\left[\frac{(\Delta h + h)\tan\alpha}{h}\right] - \alpha \qquad (3\text{-}16)$$

令 Δh 等于 0，则式（3-16）变为：

$$\Delta S + \frac{h}{\tan(\alpha + \Delta\alpha)} = \frac{h}{\tan\alpha}$$

$$\Delta\alpha = \frac{180}{\pi}\arctan\left(\frac{h\tan\alpha}{h - \Delta S\tan\alpha}\right) - \alpha$$

当 α 取 30°，$h = 20\text{mm}$ 时，可以获得射流角度偏差 $\Delta\alpha$ 分别与 Δh、ΔS 之间关系曲线如图 3-33 所示。

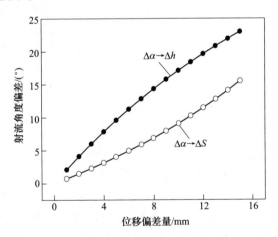

图 3-33 射流角度偏差 $\Delta\alpha$ 与喷嘴偏移量 Δh 和 ΔS 的关系

从图 3-33 中可以看出，考虑 Δh 和 ΔS 的存在，上喷嘴射流角度 α 在安装过程中可以考虑一定的正偏差，即可消除 Δh 和 ΔS 的存在造成的上下钢板表面冷却不同步现象。

3.4.4.2 工艺参数高精度调节

淬火过程工艺参数的精度及响应速度是确保淬火系统稳定性的重要因素。其中水量参数是满足低合金高强度钢板淬后组织和性能的重要工艺参数，也是保证薄规格钢板均匀性冷却的决定性因素。水量参数的高精度调节及响应技术，采用了流量-压力双闭环控制和淬火参数动态监测，结合检测仪表和执行机构的快速响应，实现设定规程迅速执行和动态调节，保证了辊式淬火机准确、平稳运行。通过在淬火喷水系统增加旁通管路，通过采用 PID 控制器对水量参数进行快速高精度控制[16]，满足了辊式淬火机淬火工艺参数的控制精度及响应速度要求，见图 3-34。

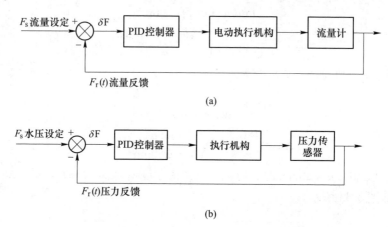

图 3-34　水量及水压 PID 控制器结构框图
(a) 水量 PID；(b) 水压 PID

3.5　辊式淬火机工艺自动控制系统

根据中厚板热处理线高强度板材产品的淬火工艺开发需要，构建基础自动化和过程自动化两级控制系统，自主开发出中厚板辊式淬火机淬火工艺控制系统。同时，采用自主开发的数据通信平台，实现系统数据交换。其配置及通信情况说明如图 3-35 所示。

基础自动化采用 1 套 SIEMENS S7-400 PLC，主传动控制系统采用现场总线 PROFIBUS-DP 网实现。PLC 系统和人机操作界面（HMI）由工业以太网连接起来，用于满足淬火机的顺序控制、逻辑控制及设备控制功能。

3.5.1　淬火机控制系统构成

基础自动化主要完成辊式淬火机的顺序控制、逻辑控制及设备控制功能，包括数据采集及处理、物料位置跟踪、阀组控制、辊道速度及提升机构控制等。

（1）数据采集及处理。数据采集及处理主要包括出炉板材温度、水温、水压及流量以及用于板材位置跟踪的金属检测器信号。经数据处理后，用于基础自动化及工艺过程模型调用。

（2）物料位置跟踪。物料跟踪是指从热处理炉保温段至淬火机机后输送辊

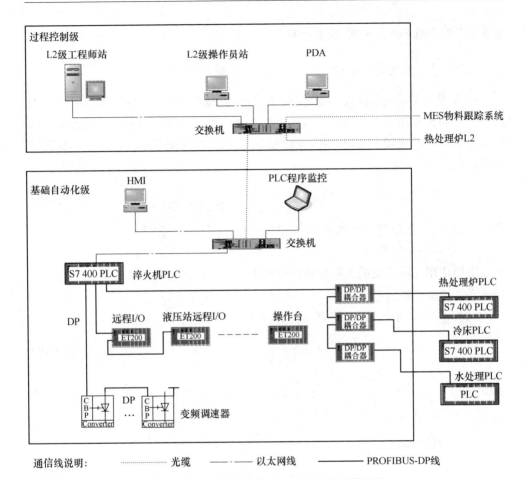

图 3-35 辊式淬火机控制系统配置及通信说明

道之间的板材位置的跟踪控制，目的在于实现辊式淬火机不同的淬火冷却模式。

（3）阀组控制。水量参数是影响淬火后板材板形和性能稳定性的最重要工艺参数，要求很高的控制精度和快的响应速度。对于辊式淬火机所特有的高度复杂性的流量调节过程，喷水系统的流量调节采用 PID 控制对多变的调节阀进行流量控制。

（4）辊道速度控制。辊道速度控制是为满足淬火板材的淬硬层深度要求，根据淬火工艺所需的辊道运行速度，实现对淬火板材的速度控制及淬火模式控制。

（5）提升机构控制。提升机构控制的难点在于上移动框架液压多缸（14~18个液压缸）系统的快速（约 100mm/s）同步提升控制。为此，自主开发了一种液压多缸高精度快速同步控制系统。实际应用结果表明，快速提升平均速度达到约 110mm/s，同步误差小于 4%，较好地满足了上框架快速提升同步控制要求。

3.5.2　淬火机 Fuzzy-PID 喷水控制

3.5.2.1　原有传递函数

结合现场实测流量曲线可以看出，随着调节阀开口度的变化，阀体及管路对冷却水的缓冲作用小于冷却水本身具有的能量。部分能量返回源端，造成流量波动。由此可知，流量调节闭环控制过程属于二阶系统欠阻尼响应过程，其标准闭环传递函数为

$$\Phi(s) = \frac{\omega_n^2}{s^2 + 2\zeta\omega_n s + \omega_n^2} \tag{3-17}$$

式中　　ω_n——无阻尼自振角频率，rad/s；

　　　　ζ——阻尼系数。

下面依据二阶系统的欠阻尼响应过程来推导性能指标与系统参量 ζ、ω_n 的定量关系。性能指标包括[51]：

（1）上升时间 t_r，即系统第一次到达稳态值所需的时间，有

$$t_r = \frac{\pi - \theta}{\omega_n(1 - \zeta^2)^{1/2}} \tag{3-18}$$

式中，$\theta = \arctan\frac{(1-\zeta^2)^{1/2}}{\zeta}$。可以看出，当 ζ 一定时，系统响应速度与 ω_n 成正比。

（2）峰值时间 t_p，即系统到达第一个峰值所需要的时间，有

$$t_p = \frac{\pi}{\omega_n(1 - \zeta^2)^{1/2}} \tag{3-19}$$

（3）超调量 σ_p，考虑到 $c(\infty) = 1$，可得

$$\sigma_p = \frac{c(t) - c(\infty)}{c(\infty)} \times 100\% = -e^{-\zeta\omega_n t_p}\frac{1}{(1-\zeta^2)^{1/2}}\sin(\omega_d t_p + \theta) \times 100\% \tag{3-20}$$

将式（3-19）代入式（3-20）中可得

$$\sigma_p = e^{-\frac{\zeta}{(1-\zeta^2)^{1/2}}\pi} \times 100\% \tag{3-21}$$

根据实测流量曲线可得 $t_r = 4.81$s，$t_p = 8.28$s。由式（3-20）和式（3-21）可求出 $\zeta = 0.25$，$\omega_n = 0.393$rad/s。同时可得出 $\sigma_p = 44.44\%$。

结合式（3-17）可得出系统闭环传递函数为

$$\Phi(s) = \frac{31}{200s^2 + 39s + 31} \tag{3-22}$$

开环传递函数为

$$G(s) = \frac{\varPhi(s)}{1 - \varPhi(s)} = \frac{31}{200s^2 + 39s} \quad (3\text{-}23)$$

（4）调整时间 t_s。t_s 与系统参量 ζ、ω_n 及描述允许误差的微量 Δ 有关，有

$$t_s \geqslant \frac{1}{\zeta \omega_n} \ln \frac{1}{\Delta (1 - \zeta^2)^{1/2}} \quad (3\text{-}24)$$

若选取 $\Delta = 0.02$，则 $t_s \geqslant 40.145\text{s}$。

（5）振荡次数 N。当描述允许误差的微量 $\Delta = 0.02$ 时，有

$$N = 2 \frac{(1 - \zeta^2)^{1/2}}{\pi \zeta} \quad (3\text{-}25)$$

经计算可得 $N = 2.4669 \approx 3$ 次。

根据响应传递函数，利用 MATLAB 仿真得出淬火机喷水系统二阶欠阻尼响应曲线，如图 3-36 所示。

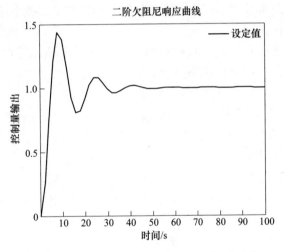

图 3-36　改进前的淬火机喷水系统二阶欠阻尼响应曲线

由上述各项性能指标计算结果可知，本系统超调量较大，调整时间较长，振荡次数较多，不能够满足实际生产要求。同时可知阻尼比 ζ 和无阻尼自振频率 ω_n 对二阶系统性能指标影响较大。提高 ω_n 可提高系统的响应速度，增大 ζ 可提高系统的阻尼程度，从而使超调量降低，振荡次数减少。

3.5.2.2　水量 PID 控制

A　增量式 PID 控制算法[52]

若执行机构的控制方式为增量控制，需要将连续的控制规律离散化。则控制算式表示为

$$\Delta u(k) = K_P[e(k) - e(k-1)] + K_I e(k) + K_D[e(k) - 2e(k-1) + e(k-2)]$$
$$= K_P \Delta e(k) + K_I e(k) + K_D[\Delta e(k) - \Delta e(k-1)] \qquad (3\text{-}26)$$

经简化可得

$$\Delta u(k) = Ae(k) - Be(k-1) + Ce(k-2) \qquad (3\text{-}27)$$

式（3-26）和式（3-27）中，$e(k)$ 为控制偏差；$\Delta e(k) = e(k) - e(k-1)$ 为控制偏差变化率；$\Delta u(k)$ 为控制增量；$A = K_P \left(1 + \dfrac{T}{T_I} + \dfrac{T_D}{T}\right)$，$B = K_P \left(1 + 2\dfrac{T_D}{T}\right)$，$C = \dfrac{K_P T_D}{T}$，都是与采样周期（$T$）、比例系数（$K_P$）、积分时间常数（$T_I$）、微分时间常数（$T_D$）有关的系数。

采用增量控制误操作影响小，手动/自动切换时冲击小，且算式不需要累加，易获得较好的控制效果。然而，增量控制积分截断效应大，静态误差大，溢出的影响也很大。为此本节选用带死区的积分分离 PID 算法，减小超调量，避免由于频繁动作引起的振荡。

PID 控制需要对 K_P，T_I，T_D 进行整定。本节采用动态特性整定方法中的柯恩（Cohen）-库恩（Coon）法来整定 PID 参数，有：

$$K_c K = 1.35 \, (\tau/T)^{-1} + 0.27 \qquad (3\text{-}28)$$
$$T_I/T = [2.5(\tau/T) + 0.5 \, (\tau/T)^2]/[1 + 0.6(\tau/T)] \qquad (3\text{-}29)$$
$$T_D/T = 0.37(\tau/T)/[1 + 0.2(\tau/T)] \qquad (3\text{-}30)$$

式中　T——采样周期，ms；

　　　τ——计算时间，s。

利用 MATLAB 进行增量式 PID 阶跃跟踪。采样周期为 0.1s，计算时间为 100s，选用 $K_P = 0.4$，$T_I = 0.0001$，$T_D = 0.68$。所用开环传递函数为

$$G(s) = \frac{\Phi(s)}{1 - \Phi(s)} = \frac{31}{200s^2 + 39s} \qquad (3\text{-}31)$$

控制效果如图 3-37 所示。图 3-38 为带扰动的 PID 响应曲线。扰动在 50s 给出，扰动量为 -0.06，持续时间为 3s。可知，单纯使用增量 PID 调节响应时间长，灵敏度不高。

B　积分分离 PID 控制算法[53]

PID 控制器中引入积分环节后，在过程启动、过程结束或大幅增减设定值时，短时间内系统输出有很大偏差。这会造成 PID 运算的积分积累，使系统产生较大的超调量。为此引入积分分离 PID 控制算法。该法既减少超调量，又保持积分的作用。

下面简要介绍积分分离 PID 控制算法的实现过程。首先设定一个阈值 $\varepsilon > 0$。当 $|e(k)| > \varepsilon$ 时，采用 PD 控制，避免系统过大超调。当 $|e(k)| \leqslant \varepsilon$ 时，采用

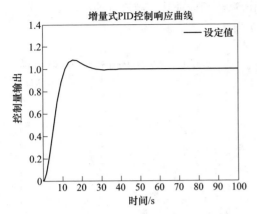

图 3-37　增量式 PID 控制响应曲线　　　图 3-38　带扰动的增量式 PID 控制响应曲线

PID 控制，保证系统控制精度。具体算法为当 $|e(k)| > \varepsilon$ 时

$$u(k) = A'e(k) - f(k-1) \tag{3-32}$$

式中，$A' = K_P\left(1 + \dfrac{T_D}{T}\right)$，$f(k-1) = B'e(k-1)$，$B' = K_P\dfrac{T_D}{T}$，它们都是与采样周期（$T$）、比例系数（$K_P$）、积分时间常数（$T_I$）、微分时间常数（$T_D$）有关的系数。

当 $|e(k)| \leqslant \varepsilon$ 时，结合式（3-27），采用增量式 PID 控制，有

$$u(k) = Ae(k) + g(k-1) \tag{3-33}$$

式中，$A = K_P\left(1 + \dfrac{T}{T_1} + \dfrac{T_D}{T}\right)$，$g(k) = u(k) - Be(k) + Ce(k-1)$，$B = K_P\left(1 + 2\dfrac{T_D}{T}\right)$，

$C = K_P\dfrac{T_D}{T}$，它们都是与采样周期（T）、比例系数（K_P）、积分时间常数（T_I）、微分时间常数（T_D）有关的系数。

由于管路复杂和供水不稳等原因，供水压力会产生波动。为避免控制动作过于频繁，在大偏差范围内采用积分分离 PID 算法的同时，在小偏差范围内采用带死区的 PID 控制算法[54,55]。实现过程为：首先引入一个死区阈值 $e_0>0$，该值可调。当 $|e(k)| \geqslant e_0$ 时，采用 PID 控制。当 $|e(k)| < e_0$ 时，数字调节器输出为0。即

$$e'(k) = \begin{cases} 0, & \text{当 } |e(k)| \leqslant e_0 \text{ 时} \\ e(k), & \text{当 } |e(k)| > e_0 \text{ 时} \end{cases} \tag{3-34}$$

因此，带死区的积分分离 PID 控制算法可描述为：当 $|e(k)| > \varepsilon$ 时，采用 PD 控制。当 $e_0 < |e(k)| \leqslant \varepsilon$ 时，采用 PID 控制。当 $|e(k)| < e_0$ 时，数字调节器输出为0。响应曲线如图 3-39 所示。

图 3-40 为带扰动的死区积分分离 PID 算法响应曲线。扰动在 50s 给出，扰动量为 -0.06（即减小 6%），扰动持续时间为 3s。

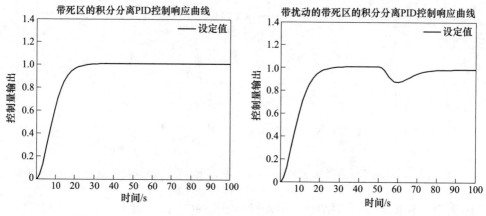

图 3-39　带死区积分分离 PID 响应曲线　　　图 3-40　带扰动+死区积分分离 PID 响应曲线

由图 3-40 可知，尽管采用一系列 PID 算法，系统调节时间仍然较长，扰动需要很长时间才能稳定。

3.5.2.3　水量模糊控制

模糊控制原理如图 3-41 所示。一个典型的模糊控制器由输入量模糊化接口、数据库、规则库、推理机和输出解模糊接口五个部分组成[56]。下面论述动态模糊控制系统中模糊控制器各组成部分的算法构成[57-59]。

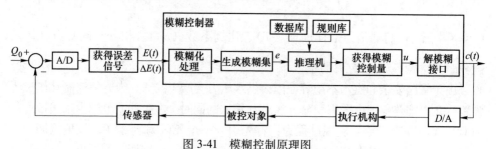

图 3-41　模糊控制原理图

A　模糊与解模糊接口

本文选择单变量二维模糊控制器。模糊控制器输入量是流量偏差 $E(t)$ 和流量偏差变化率 $\Delta E(t)$，两者分别表示为

$$E(t) = Q(t) - Q_0, \Delta E(t) = E(t) - E(t') \tag{3-35}$$

式中　Q_0——各段设定流量，可由淬火机工艺模型计算出或通过经验系统获得，m^3/h；

$Q(t)$ ——各段实际流量，m^3/h；

　　t ——系统采样周期；

　　t' ——系统上一个采样周期。

　　首先对输入变量进行模糊化处理。处理过程包括输入论域模糊子集的划分和各模糊子集隶属度的选择。模糊化等级不应划分得过细，否则不仅会失去某些信息，体现不出模糊量的优点，而且会增加运算与推理的工作量。因此，根据淬火机工作节奏及设备响应特性，流量偏差 $E(t)$、流量偏差变化率 $\Delta E(t)$ 及调节阀控制输出 u 的模糊子集和论域可定义成下列形式。$\Delta E(t)$ 和 u 的模糊子集均为 {负大，负中，负小，零，正小，正中，正大}，即 { NB, NM, NS, ZO, PS, PM, PB }；$E(t)$ 的模糊子集为 {负大，负中，负小，零负，零正，正小，正中，正大}，即 { NB, NM, NS, NO, PO, PS, PM, PB }。$E(t)$ 的论域 e 和 $\Delta E(t)$ 的论域 e_c 均为 { -6, -5, -4, -3, -2, -1, 0, 1, 2, 3, 4, 5, 6 }；u 的论域 U 为 { -7, -6, -5, -4, -3, -2, -1, 0, 1, 2, 3, 4, 5，6，7 }。如果输入和输出量不在论域范围，首先需要进行尺度变换。体现实际范围与离散论域转换关系的是增益系数 k。例如：$E(t)$ 基本论域为 $[-30m^3, 30m^3]$，对应模糊论域 e 为 {-6, …, 6}，其增益系数为 $12/60 = 0.2$；$\Delta E(t)$ 基本论域为 $[-6m^3/s, 6m^3/s]$，对应模糊论域 e_c 为 {-6, …, 6}，其增益系数为 1；u 基本论域为 $[-6\%, 6\%]$，对应模糊论域为 {-7, …, 7}，其增益系数为 0.0086。模糊控制器输出量增益系数的作用是将解模糊后得到的控制输出论域上的值转化为实际输出量。

　　常用的隶属度函数形状有三角形、梯形、高斯函数等，本文采用三角形函数。偏差 $E(t)$、偏差变化率 $\Delta E(t)$ 和输出量 u 的隶属度函数如图3-42所示。为避免偏差及偏差变化率较小时调节阀频繁动作，采用非均匀分布的隶属函数。这种设计减小了开口度大范围调节的可能性，使系统抗扰动能力增强。

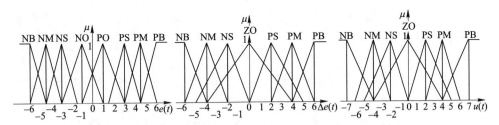

图 3-42　隶属度函数定义示意图

B　建立模糊控制规则

　　模糊规则是一类根据系统输出的误差及误差的变化趋势来消除误差的模糊控制规则。当 $E(t)$ 为负时，如果 $E(t)$ 为 NB 或 NM，且 $\Delta E(t)$ 为非正（NB，NM，NS 或 ZO），说明流量需增加且与目标流量差值很大。选择 PB 作为控制量，尽快减小流量，消除偏差。当 $\Delta E(t)$ 为正时，说明偏差趋于减小，应选择较小的控制量。例如 $\Delta E(t)$ 为 PS 时，控制量取 PS。当 $\Delta E(t)$ 为 PM 或 PB 时，控制量可选为 ZO。当 $E(t)$ 较小（NS, ZO, PS）时，应使控制系统尽快趋于稳定，防止发生超调现象。这时的控制量是根据 $\Delta E(t)$ 确定的。例如，若 $E(t)$ 为 NS，$\Delta E(t)$ 为 PB，则控制量取 NM。根据系统的运行特点，当控制系统的 $E(t)$ 和 $\Delta E(t)$ 同时改变正负号时，控制量也需变号。本文针对淬火机流量调节控制，制定出如下 56 条模糊条件语句。

R1，if $E(t)$ = NB and $\Delta E(t)$ = NB then u = PB；

R2，if $E(t)$ = NB and $\Delta E(t)$ = NM then u = PB；

R3，if $E(t)$ = NB and $\Delta E(t)$ = NS then u = PS；

R4，if $E(t)$ = NS and $\Delta E(t)$ = PB then u = NM；

$$\vdots$$

R56，if $E(t)$ = PB and $\Delta E(t)$ = PB then u = NB。

以第一条语句为例，所确定的模糊关系可用式（3-36）表示出：

$$R = \left[NB_{E(t)} \times PB_u \right] \cdot \left[NB_{\Delta E(t)} \times PB_u \right] \tag{3-36}$$

令此时的实际偏差为 e，偏差变化率为 Δe，控制量 u_1 可表示为

$$u_1 = e \cdot \left[NB_{E(t)} \times PB_u \right] \cdot \Delta e \cdot \left[NB_{\Delta E(t)} \times PB_u \right] \tag{3-37}$$

e 和 Δe 隶属函数值对应的量化等级上取 1，其余均取零，上式可简化成

$$u_1 = \min \left\{ \max \left[\mu_{NBE(t)}(i) ; \mu_{NME(t)}(i) \right] ; \max \left[\mu_{NB\Delta E(t)}(j) ; \mu_{NM\Delta E(t)}(j) \right] ; \mu PB_u \right\}$$
$$\tag{3-38}$$

式中，$\mu_{NBE(t)}(i)$ 和 $\mu_{NME(t)}(i)$ 分别为模糊集合 $NB_{E(t)}$ 和 $NM_{E(t)}$ 第 i 个元素的隶属度；$\mu_{NB\Delta E(t)}(j)$ 和 $\mu_{NM\Delta E(t)}(j)$ 分别为模糊集合 $NB_{\Delta E(t)}$ 和 $NM_{\Delta E(t)}$ 第 j 个元素的隶属度。

同理，可由其他模糊条件语句求出控制量 u_2，u_3，$\cdots$，u_{56}。控制量模糊集合 U 可表示成

$$U = u_1 + u_2 + \cdots + u_{56} \tag{3-39}$$

通过分析模糊隶属函数和模糊推理表，可得出模糊控制规则设计流程。首先选择 MATLAB 模糊逻辑工具箱。然后对 $E(t)$、$\Delta E(t)$，U 三路信号进行设定，修改模糊子集及隶属度函数曲线。最后根据模糊推理表编辑模糊控制规则[58]。Fuzzy-PID 控制系统仿真结构图如图 3-43 所示。

3.5.3　自动淬火功能的实现

自动淬火功能是淬火机自动控制系统主要功能之一。通过合理的规程分配制度、准确快速的数据通信功能及精确稳定的跟踪功能，配合淬火机 PLC 控制及过程控制，实现淬火过程的自动化、无人化，提升淬火机整体控制水平。

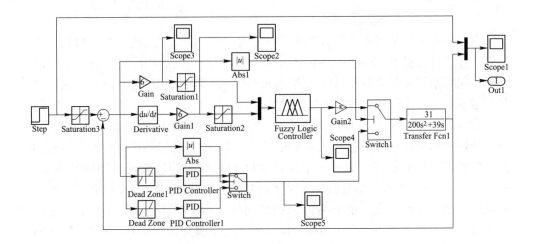

图 3-43 Fuzzy-PID 控制系统仿真结构图

3.5.3.1 数据传递及功能触发的自动实现

从软件方面考虑，淬火机通信系统由两部分组成，分别是与厂级生产管理系统（简称 L3）相关的通信和与淬火机过程控制系统（简称 L2）相关的通信。与 L3 相关的通信包括 L3 计划的下达、修改、补发等操作和淬火实绩的上传、修改、补发等操作。与淬火机 L2 相关的通信包括淬火机 L2 系统与淬火机人机界面（简称 HMI）的通信、淬火机 L2 与淬火机 PLC 的通信、淬火机 L2 与生产线上其他单体设备的通信和淬火机 PLC 与生产线上其他单体设备的通信。

从硬件方面考虑，淬火机通信系统由五部分组成，分别是 HMI 客户端、控制系统服务器、现场通信终端、水处理通信终端和通信线路。HMI 客户端用于显示界面，便于操作人员查看及操作。HMI 界面包括计划录入界面、生产操作监控界面、跟踪界面等。服务器用于实现稳定快速的运算，包括 L2 模型服务器、HMI 服务器和跟踪管理服务器。现场通信终端用于实现现场数据的反馈和控制信息的下达等功能，包括现场远程站、现场仪表等。水处理终端用于实现与水处理的通信，包括水处理 HMI 和水处理与淬火机通信接口等。

3.5.3.2 淬火机精确跟踪功能

跟踪系统与通信系统一起构成了淬火机控制系统与外界的接口。跟踪系统控制范围从钢板入热处理炉起，经炉内加热、出炉进淬火机、在淬火机内冷却到钢板出淬火机为止。主要操作包括淬火机跟踪触发操作、淬火机跟踪队列操作和淬火机 PLC 队列操作。

A 淬火机跟踪触发操作

事件触发机制是淬火机跟踪系统主要控制手段。跟踪系统通过线上检测仪表触发，操作淬火机 PLC 队列、WinCC 数据库队列，完成某些控制功能及跟踪功能。与跟踪系统相关的触发包括入热处理炉触发、准备出热处理炉触发、出热处理炉触发、出淬火机触发和实绩反馈触发等。

当入炉触发由炉区 PLC 传至淬火机 PLC 时，同时传递的还有入炉钢板号、钢板规格和钢种信息。信息传至淬火机 L2 后，L2 根据板号到计划数据库中查询该块钢板详细计划信息。此时，结合淬火机 PLC 传递的信息及模型固有参数，淬火机 L2 计算出钢板冷却规程，并保存到 L2 模型数据库中。若系统调用的是经验规程，则凭借调用规程所必需的钢板组别号（由初始信息编码组成），到 L2 各经验子库中调取冷却参数，并按一定规则组合成最优经验规程，保存到 L2 模型数据库中。

当准备出炉触发由炉区 PLC 传至淬火机 PLC 时，同时传递的还有出炉钢板号。淬火机 L2 据此到模型数据库中调取已计算好的规程，将其发送到 HMI 上显示和 PLC 中执行。若传递的出炉板号在模型数据库中不存在，跟踪系统向 HMI 发送跟踪异常信息，手动操作钢板淬火。冷却规程发送到 PLC 后，PLC 系统调整各供水管控制阀组，以达到设定的水量、水比和供水压力等目标值。该过程是淬火机准备出钢自检过程，分供水水量自检、供水压力自检、液压系统自检、辊道系统自检和辊缝自检五步（如图 3-44 所示）。各步自检完成后，淬火机跟踪系统返回"准备好"信号。热处理炉按淬火机传递的出钢速度出钢。

当出炉触发由淬火机 PLC 传至淬火机 L2 时，L2 调用相应模块计算钢板出炉时刻。同时，PLC 根据出炉触发开始跟踪钢板在淬火机中的位置。

当出淬火机触发由淬火机 PLC 传至淬火机 L2 时，L2 据此生成淬火实绩。该实绩存放在淬火机实绩数据库中。同时，淬火机 PLC 根据此触发将操作信息和控制参数传至下游设备 PLC 中。

B 淬火机跟踪队列操作

除了通过触发控制淬火过程外，跟踪系统还对各单体设备控制区域内的钢板队列进行操作。淬火机跟踪队列包括等待入炉队列、炉内队列和淬火机内队列。各队列对应的数据表存储在 WinCC 数据库中。此外，在淬火机 PLC 中存在一种由触发操作的队列。该队列存在于 PLC 数据块中，用于检验宏跟踪的准确性。

当 L3 更新计划信息时，L2 计划数据表也同步更新。此时，跟踪系统将新增钢板的信息添加到等待入炉队列对应的数据表中。此外，人工录入的非计划信息也可上传至 L2 计划数据表中，并由跟踪系统添加到等待入炉队列对应的数据表中。因此，等待入炉队列中存储的是已经下达计划但未入炉的所有钢板信息。当入炉触发传至 WinCC 等待入炉队列中时，跟踪系统将最早一块钢板的信息移至

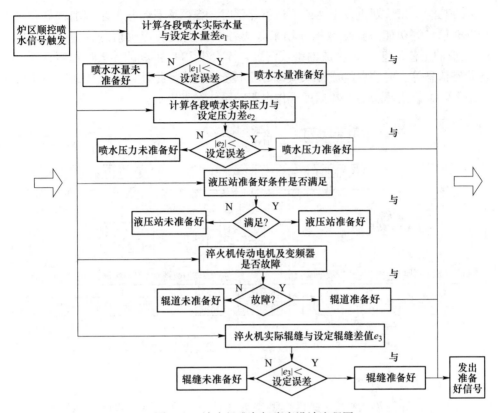

图 3-44　淬火机准备好步序设计流程图

炉内队列对应的数据表中。同时在 HMI 上，跟踪系统将该块钢板信息由等待入炉队列列表移至炉内队列列表。同理可知，当出炉触发传至 WinCC 炉内队列中时，跟踪系统将待出炉钢板信息移至淬火机队列对应的数据表中，同时更新 HMI 上的队列列表。当出淬火机触发传至 WinCC 淬火机队列中时，跟踪系统将钢板信息从淬火机队列中删除，表示钢板已淬火完毕。

3.5.3.3　数据存取与自动收发功能的实现

淬火机数据库由计划及实绩数据库、L2 模型数据库、WinCC 数据库和淬火数据记录表组成。在淬火机控制系统中，数据库是钢板跟踪信息及计划信息的中转站、冷却规程及淬火实绩的存储库、淬火过程工艺参数及设备参数的数据仓库。具体数据库系统构成及功能如图 3-45 所示。

A　计划及实绩数据库

计划及实绩数据库用来存放淬火机 L2 与厂级 L3 交换的数据。其中计划数据库用来保存 L3 下达的计划，并执行计划的修改、补发、应答、同步更新、人工录入等功能。当计划重复下达或下达不完整时，数据库具备按要求提取计划和自动补充信息等功能。实绩数据库用来收集各系统生成的淬火信息，例如淬火机L2生成的工艺信息、L3生成的钢板信息、淬火机PLC生成的淬火过程信息和设备状态信息等。将信息组成淬火实绩，上传至L3处。此外，实绩数据库还执行实绩补发、修改等功能。数据库操作由跟踪系统触发完成。

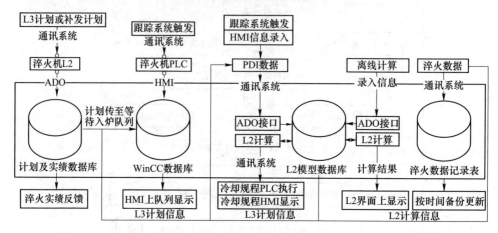

图3-45　淬火机数据库系统构成及功能示意图

B　L2模型数据库

模型数据库为淬火机L2提供模型参数和计算规程的存储空间。该数据库主要功能包括：（1）数据库给L2提供对应钢种的合金成分信息；（2）数据库给L2提供对应钢种的热物性参数；（3）数据库给L2提供工艺参数默认值；（4）数据库给L2提供经验规程；（5）数据库给L2提供钢种组号、分类号、层别号等组合分类信息；（6）数据库给L2提供计算用的其他参数信息；（7）数据库给L2提供可调模型参数信息。

当淬火机L2接收到模型计算指令时，首先检查钢板原始数据（简称PDI数据）是否完整及数据是否超限。若数据不完整或不合格，L2调用模型数据库，提取出对应的参数作为默认值参与模型计算。在此过程中，L2调用的数据子库包括合金成分库、物性参数库和工艺参数库。之后，淬火机L2根据PDI数据判断调用经验规程还是调用模型计算规程。若调用经验规程，L2先根据已知参数调用组合分类信息库，从中确定索引号，再根据索引号调用经验规程库中的规程。若调用模型计算规程，L2需访问模型参数库调取模型参数，结合已经获取的初始数据计算淬火规程。淬火规程获取后，L2将其存入到规程存储库中。

当淬火机L2接收到模型调用指令时，首先根据传递的钢板信息调用组合分类信息库，确定查询索引号。之后，根据索引号查询规程存储库，调取相应规程。

C WinCC 数据库

淬火机 PLC 和 HMI 访问 WinCC 数据库也采用 ADO/OLE-DB 方式。OLE-DB 层和数据库的连接是通过数据库提供者（Provider）建立的。通过 WinCC OLE-DB Provider，HMI 可以直接访问存储在 MS SQL Server 数据库中的数据。WinCC 数据库除包括 WinCC 自带的归档数据库外，还包括队列数据库。队列数据库由入炉等待队列数据表、炉内队列数据表和淬火机队列数据表组成。通过 WinCC 动作触发实现数据表内队列的操作。首先在 WinCC 中定义触发变量标签。标签一端对应 PLC 中的触发变量，另一端对应 WinCC 全局脚本中的数据库调用程序。当 PLC 中的触发变量发生变化时，对应的 WinCC 标签发生变化，激活数据库操作程序。队列数据库的操作已在前文跟踪系统中详述。

D 淬火数据记录表

数据记录按记录时间类型可分为按块数记录和按时间段记录，按数据类型可分为工艺数据记录和淬火机设备状态数据记录，按数据来源可分为实测数据记录、计算数据记录和通信数据记录。当钢板出淬火机触发传至淬火机 L2 时，L2 将淬火实绩、淬火规程、模型系统运行报告、报警记录和通信状态信息存储到淬火数据记录表中。按时间段数据记录由 L2 时间计算模块触发，L2 将此时间段内淬火机消耗的能源介质量、处理钢板的详细信息存储到淬火数据记录表中。数据记录表为生产统计、故障分析及设备考核等提供了原始的数据。

3.6 中厚板淬火工艺数学模型

淬火过程中钢板温降的实现主要靠内部的导热过程和外部的对流换热过程。除受材料本身物性参数影响外，内部导热过程最主要的影响因素是作为导热方程边界条件的表面换热系数。文中利用有限元法求解导热方程，建立水冷温降模型。此外，相变潜热是钢板导热过程中不可忽视的因素。文中通过对淬火过程中马氏体转变量的计算，得出相变潜热计算公式。

3.6.1 以射流冲击换热为主的水冷模型的建立

3.6.1.1 导热方程及边界条件

钢板淬火过程可概括为具有内热源的二维非稳态导热问题。笛卡尔坐标系下的导热微分方程为

$$\rho(\theta)c_{\mathrm{p}}(\theta)\frac{\partial\theta}{\partial t}=\frac{\partial}{\partial x}\left(\lambda(\theta)\frac{\partial\theta}{\partial x}\right)+\frac{\partial}{\partial y}\left(\lambda(\theta)\frac{\partial\theta}{\partial y}\right)+\dot{\Phi} \tag{3-40}$$

式中　$\rho(\theta)$ ——钢板密度，kg/m^3；

　　　$c_{\mathrm{p}}(\theta)$ ——钢板比热，$J/(kg \cdot \mathrm{℃})$；

$\lambda(\theta)$ ——钢板的导热系数，W/(m·℃)；

$\dot{\Phi}$——单位时间内单位体积内热源的生成热，这里主要指相变潜热；

θ ——钢板温度，℃；

t ——时间，s；

$x,\ y$——钢板厚度和宽度方向坐标。

淬火过程中钢板厚度方向的强制对流换热显著增强，而长度和宽度方向的热交换相对较小，可以忽略[59]。因此方程（3-40）可简化为一维非稳态导热微分方程：

$$\rho(\theta)c_{\mathrm{p}}(\theta)\frac{\partial\theta}{\partial x}=\frac{\partial}{\partial z}\left(\lambda(\theta)\frac{\partial\theta}{\partial z}\right)+\dot{\Phi} \tag{3-41}$$

淬火过程导热问题采用第三类边界条件，即认为钢板与冷却介质的表面换热系数 h 和冷却介质的温度 θ_{w} 已知。边界条件可表示成

$$\begin{cases} z=0, & \dfrac{\partial\theta}{\partial z}=0; \\[2mm] z=H/2, & -\lambda(\theta)\dfrac{\partial\theta}{\partial z}=h(\theta-\theta_{\mathrm{w}}) \end{cases} \tag{3-42}$$

式中　　h——综合换热系数，W/(m²·℃)；

θ_{w}——水温，℃；

θ——钢板温度，℃。

综合换热系数已由 3.3 节求出。

3.6.1.2　有限元模型与求解方法

瞬态温度场的有限元求解步骤包括几何模型的建立、网格划分、材料属性的确定、边界条件和初始条件的确立等。冷却过程中钢板逐渐进入冷却区，又逐渐退出冷却区，头部和尾部并不是同时得到冷却。为模拟钢板的动态温度场，必须施加动态的热流边界条件，即运动边界条件。由于钢板与冷却区的相对运动是确定的，可看做钢板不动，冷却区沿着钢板运动的反方向以相同速度运动。这样，假设钢板匀速运动且初始温度场分布均匀，可认为板长方向上不同位置的冷却规律基本相同，只是尾部温度变化滞后于头部。此外，由于采用了喷嘴均流设计，可认为板宽方向无传热。

利用 Euler-Lagrange 方程，对含内热源的平面二维非稳态温度场所对应的泛函求极小值，有

$$J[\theta(x,y)]=\frac{1}{2}\iint\limits_{D}\left\{k\left[\left(\frac{\partial\theta}{\partial x}\right)^{2}+\left(\frac{\partial\theta}{\partial y}\right)^{2}\right]-2\left(\dot{q}-\rho c_{\mathrm{P}}\frac{\partial\theta}{\partial t}\right)\theta\right\}\mathrm{d}x\mathrm{d}y+\frac{1}{2}\int_{x}h\,(\theta-\theta_{\mathrm{w}})^{2}\mathrm{d}s$$

$$\tag{3-43}$$

式中 θ ——钢板温度, ℃;

$\dot{q}$ ——热流密度, W/m^2;

ρ ——钢板密度, kg/m^3;

c_p ——钢板比热, $J/(kg \cdot ℃)$;

t ——时间, s;

h ——表面对流换热系数, $W/(m^2 \cdot ℃)$;

θ_w ——水温, ℃;

x, y ——钢板厚度和长度方向坐标。

选择等参元,将区域离散成有 4 个节点的 E 个单元。如图 3-46 所示。

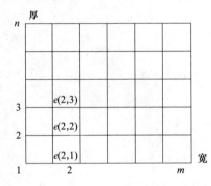 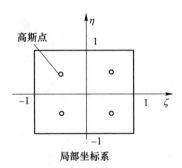

图 3-46 有限单元区域离散化示意图

根据导热问题的变分原理,对泛函求一阶偏导数并置零得

$$\frac{\partial J}{\partial \theta_i} = \sum_{e=1}^{E} \frac{\partial J^{(e)}}{\partial \theta_i} = 0 \qquad (3-44)$$

即

$$(K_1^{(e)} + K_2^{(e)}) \cdot \theta^{(e)} + K_3^{(e)} \cdot \frac{\partial \theta^{(e)}}{\partial t} = p \qquad (3-45)$$

式中 K_θ ——温度刚度矩阵,其值为 $\sum_{e=1}^{E} (K_1^e + K_2^e)$;

K_3 ——变温矩阵,其值为 $\sum_{e=1}^{E} K_3^e$;

p ——常向量,其值为 $\sum_{e=1}^{E} p^{(e)}$;

t ——当前时刻。

用单元刚度矩阵表示整体刚度矩阵为

$$K_\theta \cdot \theta + K_3 \cdot \left\{ \frac{\partial \theta}{\partial t} \right\} = p \qquad (3-46)$$

以差分形式表示温度对时间的导数为

$$\left\{\frac{\partial \theta}{\partial t}\right\} = \frac{\theta_t - \theta_{t-\Delta t}}{\Delta t} \tag{3-47}$$

式中　Δt ——时间间隔。

整体刚度矩阵表示为:

$$\left\{K_\theta + \frac{1}{\Delta t} K_3\right\} \cdot \theta_t = \frac{1}{\Delta t} K_3 \cdot \theta_{t-\Delta t} + p \tag{3-48}$$

$$K_{1ij}^e = \iiint_{Ve} k \left(\frac{\partial N_i}{\partial x} + \frac{\partial N_j}{\partial y} \times \frac{\partial N_j}{\partial y}\right) \mathrm{d}V \tag{3-49}$$

$$K_{2ij}^e = \iint_S h N_i N_j \mathrm{d}S \tag{3-50}$$

$$K_{3ij}^e = \iiint_{Ve} \rho c_p N_i N_j \mathrm{d}V \tag{3-51}$$

$$p_i^e = \iiint_{Ve} \dot{q} N_i \mathrm{d}V + \iint h \theta_w N_i \mathrm{d}S \tag{3-52}$$

式中, N_i 为有限元中的形函数, 有

$$N_i = \frac{1}{4}(1 + \zeta_i \zeta)(1 + \eta_i \eta) \tag{3-53}$$

式中　ζ_i ——节点 i 在 ζ, η 局部坐标系中的横坐标值;

　　　η_i ——节点 i 在 ζ, η 局部坐标系中的纵坐标值。

实际计算中 ζ, η 可取为有限元求解时高斯积分点处的局部坐标值。上述方程经过反复迭代求解可得出冷却过程中任意时刻的温度场。

为提高有限元法的计算精度和运算速度, 满足在线控制需求, 需要合理的划分有限单元网格。

非对称问题有限单元网格划分的计算表达式为

$$nod_i = \frac{L}{2}\left[\left(\frac{i+1}{n/2}\right)^{4/3} - \left(\frac{i}{n/2}\right)^{4/3}\right] \tag{3-54}$$

式中　n ——网格总数;

　　　nod_i ——第 i 单元长度, mm;

　　　L ——钢板厚度或宽度, mm。

对称问题有限单元网格划分的计算表达式为

$$nod_i = L\left[\left(\frac{i+1}{n}\right)^{4/3} - \left(\frac{i}{n}\right)^{4/3}\right] \tag{3-55}$$

3.6.1.3　相变潜热处理

根据温度和压力对自由焓的偏导函数在相变点的数学特性 (连续或非连续) 将相变分成一级相变、二级相变和高级相变。马氏体相变是一级相变, 潜热量取决于高温相与低温相焓在相变点的差值[60]。焓值为状态函数, 影响因素较多,

计算难度较大。

Miettinen 利用实测数据得到了奥氏体分解过程的相变潜热半经验模型[109]:

$$L = (H_{\theta_0} - H_{\theta_1} - \int_{\theta_1}^{\theta_0} C_p \mathrm{d}\theta) / (f_{\theta_0}^{\gamma} - f_{\theta_1}^{\gamma}) \tag{3-56}$$

式中　θ_0, θ_1——分别为相变的起始和终止温度（$\theta_0 > \theta_1$），℃；

　　　　H——摩尔焓，kJ/mol；

　　　　f^{γ}——奥氏体相份数；

　　　　C_p——每摩尔物质恒压升高或降低 1℃ 吸入或放出的热量，kJ；

　　$H_{\theta_0} - H_{\theta_1}$——相变过程中焓的变化量，kJ/mol；

　　$f_{\theta_0}^{\gamma} - f_{\theta_1}^{\gamma}$——相变过程中奥氏体分数的变化量。

该半经验模型同样是在考虑温度、钢种成分、冷却速度及晶粒尺寸等因素的基础上求得相变潜热。

淬火过程中，相变潜热对钢板内部热扩散的影响表现为钢板内部截面冷却速度的降低。这将导致导热方程的高度非线性，给求解带来一定困难。所以计算过程中必须对相变潜热进行处理。

在数值模拟计算中，潜热问题的处理方法有很多，例如等效内热源法、等效热容法、等效热量法（或称温度回升法）和比热焓法[61,62]。等效内热源法是将淬火时单位体积内的相变潜热 q' 直接作为内热源，式（3-56）可改写成

$$\rho(\theta)c_p(\theta)\frac{\partial\theta}{\partial t} = \frac{\partial}{\partial z}\left(\lambda(\theta)\frac{\partial\theta}{\partial z}\right) + q' \tag{3-57}$$

式中　θ——钢板温度，℃；

式中其余变量含义同式（3-56）。q' 为淬火时单位体积内的相变潜热，可表示成

$$q' = \Delta H \frac{\Delta V'}{\Delta t} \tag{3-58}$$

式中　ΔH——材料的热焓，kJ/kg；

　　　$\Delta V'$——Δt 时间内组织增量分数；

　　　Δt——时间，s。

等效热容法是将淬火时的相变潜热作为导热微分方程中定压比热容的一部分，式（3-58）可改写成

$$\rho(\theta)\left(c_p - L\frac{\partial V}{\partial \theta}\right)\frac{\partial\theta}{\partial t} = \frac{\partial}{\partial z}\left(\lambda(\theta)\frac{\partial\theta}{\partial z}\right) \tag{3-59}$$

等效比热 c_p' 可表示成

$$c_p' = \dot{c}_p - L\frac{\partial V}{\partial \theta} \approx \dot{c}_p - L\frac{\Delta V}{\Delta \theta} \tag{3-60}$$

式中　ΔV——Δt 时间内组织增量分数；

$\Delta\theta$ ——Δt 时间内温度增量,℃ ;

L ——淬火时单位体积释放的相变潜热,根据相关资料 $L =$ (3.2 ~ 5.0) $\times 10^8$J/m^3。

可见,对淬火过程中相变潜热的处理可转化为对新马氏体形成分数的计算。相变驱动力的增量 $[\, d(\Delta G_V^{\gamma\to M})\,]$ 决定单位体积奥氏体形成新马氏体的数目 dN ,同时从应力诱发马氏体的实验结果可知新马氏体的数目 dN 正比于应力的大小[63] ,由此可得

$$dN = -\varphi d(\Delta G_V^{\gamma\to\alpha'}) \tag{3-61}$$

式中　φ ——比例常数。

设 $\bar{V}$ 为新形成马氏体的平均体积,f 为新形成马氏体的体积分数,单位体积中新马氏体的数目为 dN_V ,则

$$df = \bar{V}dN_V \tag{3-62}$$

因 $dN_V = (1 - f)dN$,由式(3-62)有

$$dN = \frac{df}{\bar{V}(1 - f)} \tag{3-63}$$

$$dG_V^{\gamma\to\alpha'} = \frac{dG_V^{\gamma\to\alpha'}}{d\theta}d\theta \tag{3-64}$$

将式(3-63)和式(3-64)代入式(3-61),可得

$$df = -\bar{V}(1 - f)\varphi\frac{dG_V^{\gamma\to\alpha'}}{d\theta}d\theta \tag{3-65}$$

对式(3-65)积分,由 M_s 积分至 θ_q ,并假定 $\bar{V}$,φ 及 $\dfrac{dG_V^{\gamma\to\alpha'}}{d\theta}$ 均为常数,可得

$$\ln(1 - f) = -\bar{V}\varphi\left(\frac{\partial\Delta G_V^{\gamma\to\alpha'}}{d\theta}\right)(M_s - \theta_q) \tag{3-66}$$

$$1 - f = \exp\left[-\bar{V}\varphi\left(\frac{\partial\Delta G_V^{\gamma\to\alpha'}}{d\theta}\right)\cdot(M_s - \theta_q)\right] \tag{3-67}$$

令 $\alpha = \bar{V}\varphi\left(\dfrac{\partial\ \Delta G_V^{\gamma\to\alpha'}}{d\theta}\right)$,则式(3-67)可写成

$$f = 1 - \exp[-\alpha(M_s - \theta_q)] \tag{3-68}$$

式中,α 为常数,取决于钢的成分。对于碳钢(1.1%C 以下),$\alpha = 0.011$。

徐祖耀等[64,65]考虑到低碳钢中马氏体形成时碳的扩散,$\Delta G^{\gamma\to\alpha'}$ 不仅是温度的函数,也是碳浓度的函数。因此,将式(3-59)改写为

$$dG_V^{\gamma\to\alpha'} = \left(\frac{\partial G_V^{\gamma\to\alpha'}}{\partial\theta}\right)d\theta + \left(\frac{\partial\Delta G_V^{\gamma\to\alpha'}}{\partial C}\right)dC \tag{3-69}$$

式中, $\partial G_V^{\gamma \to \alpha'}/\partial\theta$ 及 $\partial G_V^{\gamma \to \alpha'}/\partial C$ 均大于零, 并为线性常数。式 (3-65) 可写成

$$df = -\bar{V}(1-f)\varphi\left(\frac{\partial G_V^{\gamma \to \alpha'}}{\partial\theta}d\zeta + \frac{\partial G_V^{\gamma \to \alpha'}}{\partial C}dC\right) \tag{3-70}$$

于是, 式 (3-68) 可写成

$$f = 1 - \exp[\beta(C_1 - C_0) - \alpha(M_s - \theta_q)] \tag{3-71}$$

式中 C_0, C_1——分别为淬火前、后奥氏体内碳浓度;

β, α——常数, 因材料不同而异。

对于中碳钢, $C_1 = C_0$, 则式 (3-71) 与式 (3-68) 相同。

计算时, 将 M_s 温度和 θ_q 代入式 (3-71) 便可计算出 Δt 时间内温度为 θ_q 时马氏体形成分数 f。由此可知, $[\theta_{q1}, \theta_{q2}]$ 温度区间内的相变量可表示成

$$\Delta V = f_{q2} - f_{q1} \tag{3-72}$$

式中 ΔV——新生成马氏体的体积。

根据式 (3-72) 便可得到式 (3-63) 及式 (3-65) 中组织变化的增量分数值。

于是, 式 (3-59) 可表示成

$$\rho(\theta)c_p'(\theta)\frac{\partial\theta}{\partial t} = \frac{\partial}{\partial z}\left(\lambda(\theta)\frac{\partial\theta}{\partial z}\right) \tag{3-73}$$

式中变量含义同式 (3-59)。根据得到的相变体积, 结合单位体积内相变潜热量就可计算出淬火过程中相变潜热。

3.6.2 汽雾冷却两相参数计算及换热模型建立

3.6.2.1 基于大容器膜态沸腾的汽雾冷却换热机理研究

由于低温冷却过程对钢板组织性能影响较小, 文中仅研究高温、中温状态下 ($\geqslant 200\,^{\circ}\mathrm{C}$) 汽雾雾滴与钢板表面的换热过程。汽雾冷却过程中, 喷嘴将雾滴以一定初速度喷射到钢板上后, 雾滴在钢板表面逐渐积累形成液膜。该过程的换热形式是沸腾换热。钢板上下表面沸腾换热存在差异。下喷嘴将雾滴喷射到钢板下表面后, 由于自身重力, 雾滴在钢板表面停留时间比上表面短, 形成的液膜厚度比上表面薄。因此, 上下表面汽雾冷却局部换热系数不同。汽雾冷却钢板上下表面换热过程如图 3-47 所示。

沸腾换热相关计算公式多为从实验中获得的经验公式。由于影响汽雾冷却传热特性的参数较多, 实验参数取值不同必将导致实验结果存在差异。因此, 经验公式计算精度不高, 很难用于中厚板汽雾冷却计算。目前, 大容器沸腾(池内沸腾)理论较为成熟[33], 汽雾冷却沸腾虽与大容器沸腾略有差别, 但机理大致相同。本书以大容器沸腾理论为基础, 经过修正, 得到符合汽雾冷却换热过程的换热公式。

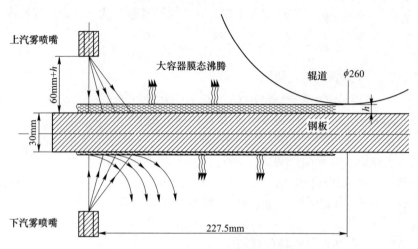

图 3-47　汽雾冷却换热情况示意图

　　加热壁面沉浸在具有自由表面的液体中所发生的沸腾称为大容器沸腾。该过程产生的气泡能自由浮升，穿过液体表面进入容器空间。根据 Nukiyama 等人的研究[66]，结合饱和水在高温钢板上沸腾的典型曲线可知，汽雾冷却换热形式属于部分过渡沸腾换热+稳定膜态沸腾换热。当温度较低时，由于气泡汇聚覆盖在加热面上，蒸气排除过程不断恶化。这种情况持续到热流密度达到最低（q_{min}）为止。此后，由于加热面上已形成稳定的蒸气膜，产生的蒸气有规则的排除，再加上壁面辐射的增强，热流密度显著增加。根据文献分析可知[16]，汽雾冷却大部分换热过程属于稳定的膜态沸腾换热。本书在研究汽雾冷却过程中钢板表面稳定膜态沸腾换热机理的基础上，建立汽雾冷却综合换热系数计算模型。

3.6.2.2　汽雾冷却综合换热系数模型建立

　　为了便于计算和分析，本文将汽雾冷却模型做如下简化：（1）雾滴均垂直钢板运动；（2）气膜内气体做层流运动；（3）雾滴相互独立，互不影响；（4）钢板表面汽雾冷却换热形式均为大容器膜态沸腾；（5）气膜内气体物性参数不随温度变化；（6）雾滴与气膜碰撞过程中保持球形；（7）气膜与钢板表面接触时，两者接触面温度相同（T_w），而气膜与液膜接触时，两者接触面为饱和温度（T_s）。雾滴穿过气-液膜的过程如图 3-48 所示。

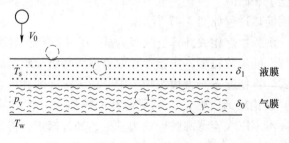

图 3-48　雾滴穿过气-液膜的过程示意图

A 气膜厚度计算

结合文献可知[67]，稳定
的大容器膜态沸腾蒸汽膜平均厚度可表示成

$$\delta_0 = C\left[\frac{\sigma}{g(\rho_1 - \rho_v)}\right]^{1/8}\left[\frac{\mu_v\lambda_v\Delta T_w}{h_{fg}\rho_v g(\rho_1 - \rho_v)}\right]^{1/4} \qquad (3\text{-}74)$$

式中 μ_v——饱和空气动力黏度，$Pa \cdot s$；

  λ_v——饱和状态下空气导热系数，$W/(m \cdot ℃)$；

  ΔT_w——钢板表面过冷度，$℃$；

  h_{fg}——饱和条件下水的气化潜热，J/kg；

  ρ_1，ρ_v——饱和条件下水、水蒸气密度，kg/m^3；

  σ——水-水蒸气间的表面张力，N/m；

  C——常系数。

B 液膜厚度计算

液膜厚度由两部分组成，分别为由液体表面张力引起的厚度 δ_{11} 和由水流密度引起的厚度 δ_{12}。根据文献[68]，δ_{11} 可表示成

$$\delta_{11} = \left[2\sigma(1 - \cos\theta)/\rho_1 g\right]^{1/2} \qquad (3\text{-}75)$$

式中 σ——水-水蒸气间的表面张力，N/m；

  θ——气泡与热表面接触角，$(°)$。

δ_{12} 可表示成

$$\delta_{12} = \left(\frac{9l^2 q_w^2}{cg}\right)^{1/3} \qquad (3\text{-}76)$$

式中 l——汽雾喷嘴形成的水膜厚度，m；

  q_w——水流密度，m/h；

  c——计算常数。

C 综合换热系数修正计算

钢板汽雾冷却换热形式是大容器水平表面膜态沸腾换热。在这种换热形式下，相变驱动力是钢板表面过冷度。换热表面覆盖着连续的水蒸气薄膜，通过蒸汽膜内的热传导和辐射，热量以液体汽化的形式在液体和表面之间传递。因此，对流换热系数计算可仿造 Nusselt 对凝结液膜的计算得出[69]。Bromley 给出了小高度水平表面膜态凝结的对流换热系数计算式[70]，即

$$h_d = 0.883\left[\frac{g\rho_v(\rho_1 - \rho_v)\lambda_v^3(\Lambda + 0.68c_{pv}\Delta\theta)}{H\mu_v\Delta\theta}\right]^{1/4} \qquad (3\text{-}77)$$

式中 h_d——对流换热系数，$W/(m^2 \cdot ℃)$；

  ρ_1，ρ_v——饱和条件下水、水蒸气密度，kg/m^3；

  λ_v——饱和状态下空气导热系数，$W/(m \cdot ℃)$；

$\Delta\theta$——钢板表面过冷度,℃;

μ_{v}——饱和空气动力黏度, Pa·s;

c_{pv}——饱和空气定压比热容, J/(kg·℃);

H——喷嘴距钢板表面高度, m;

Λ——常数。

根据文献[70]论述, 式 (3-77) 在高度 H 很小的情况下获得了与试验一致的结果。式中计算水蒸气物性参数所用的温度采用膜态平均温度 $T_{m} = (T_{p} + T_{s})/2$。其中 T_{p}, T_{s} 分别为壁面温度及液膜温度。由此可知, 该公式也适用于汽雾冷却过程对流换热系数的计算。

由于换热表面的温度较高, 气膜热阻较大, 壁面的净换热量除按沸腾换热计算外, 还需考虑辐射换热。辐射换热会增加气膜的厚度。因此不能认为此时的总换热量是对流换热与辐射换热各自计算结果的简单叠加。考虑对流换热系数 h_{d} 和辐射换热系数 h_{f} 相互影响的综合换热系数 h_{t} 的计算式可表示成

$$h_{t} = h_{d}\left(\frac{h_{d}}{h_{t}}\right)^{1/3} + h_{f} \qquad (3\text{-}78)$$

式中, h_{t}, h_{d}, h_{f} 的单位为 W/(m²·℃)。

研究汽雾冷却壁面辐射换热时作如下假设:(1)换热表面与水-水蒸气表面相互平行或在同轴柱面上;(2)水蒸气可以通过辐射传递热量;(3)液体具有黑体属性。于是可得 h_{f} 的计算式为

$$h_{f} = \frac{\sigma\varepsilon_{p}(T_{p}^{4} - T_{s}^{4})}{T_{p} - T_{s}} \qquad (3\text{-}79)$$

式中　σ——Stefan-Boltzmann 常数, $\sigma = 5.67\times10^{-8} \text{W}/(\text{m}^{2}\cdot\text{K}^{4})$;

ε_{p}——钢板表面发射率;

T_{p}, T_{s}——分别为壁面温度和液膜温度,℃。

综上所述, 根据水-气膜相关参数、雾滴运动参数、壁面参数、设备参数等已知参数, 利用式 (3-77)~式 (3-79) 便可计算出汽雾冷却综合换热系数值。

汽雾冷却综合换热系数理论值计算需要水-气膜相关参数和雾滴运动参数。由于现场检测手段有限, 这些参数在实验过程中很难测出或测准, 直接影响综合换热系数的计算和汽雾冷却温降模型的使用。为此, 文中采用反传热法计算汽雾冷却综合换热系数经验值。

实测数据取自工业化测试。通过分析开冷温度、板厚、冷却时间、水量等参数对综合换热系数的影响, 总结汽雾冷却综合换热系数分布规律。由于汽雾冷却主要对象是薄规格中厚板, 为方便研究, 本书将钢板按厚度划分成 4 个层别, 分别是 6~7mm (以 6mm 和 6.55mm 为代表)、7~9mm (以 8mm 为代表)、9~11mm (以 10mm 为代表)、11~13mm (以 12mm 为代表)。现场部分测试数据如表 3-3 所示。

表 3-3 综合换热系数测试数据表

序号	现场	钢种	厚度 /mm	宽度 /mm	出炉温度 /℃	空冷时间 /s	汽雾段数	水冷时间 /s	上水量 /m³·h⁻¹
1	1	304	12	2085	1028	66.7	3	13.7	34
2	1	304	12	2085	1028	66.7	3	13.7	30
3	1	316L	10	1541	1055.4	61.54	3	11.4	34
4	1	316L	10	1539	1055	61.54	3	11.4	34
5	1	316L	10	1524	1050	61.54	3	11.4	34
6	1	316L	10	1541	1054.2	64	3	12.5	34
7	1	316L	10	1537	1054.5	64	3	12.5	34
8	1	316L	6.55	1505	1050	48.5	2	4.8	52
9	1	316L	6.55	1505	1050	50	1	2.54	20
10	1	316L	6.55	1505	1050	50	1	2.54	20
11	1	316L	6.55	1505	1050	57.1	1	3.3	26
12	2	Q345B	8	2400	900	5.7	3	4.57	15
13	2	Q345B	8	2400	900	8.5	3	6.85	15
14	2	Q345B	8	2400	910	17	3	13.7	30
15	2	Q345B	6	2500	910	4.25	4	4.57	80
16	2	Q345B	6	2500	910	4.72	4	5.08	120
17	2	Q345B	6	2500	910	4.72	4	5.08	200
18	2	Q345B	6	2400	860~880	11.3	3	9.13	15

结合表 3-3 所示工艺参数，利用中厚板汽雾冷却装置进行钢板冷却测试。结合测得的温度、水量、冷却时间等参数，使用空冷温降模型和汽雾冷却温降模型分别计算汽雾冷却开冷温度分布和终冷温度分布。同时，运用反传热法计算各种冷却条件下的综合换热系数。计算结果如表 3-4 所示。

根据现场实测数据，汽雾冷却综合换热系数分布规律可概括为以下几点：

（1）由于钢种对汽雾冷却的影响主要体现在热物性参数的差异上，而热物性参数仅与钢板内部导热有关，与综合换热系数关系不大。因此，这里不考虑钢种的影响。

（2）从表 3-4 中可以看出，出炉温度和出炉后的空冷过程对钢板汽雾冷却影响较小，在研究汽雾冷却综合换热系数时不考虑两者的影响。

（3）影响综合换热系数的主要因素依次是钢板厚度、辊速（冷却时间）和水量。

（4）在同一板厚区间内，随着辊速的降低，综合换热系数减小。

（5）当板厚和辊速相同时，随着汽雾段喷水水量的增加，综合换热系数增大明显。

（6）汽雾冷却重现性较好，在相同的冷却条件下，得到的终冷温度偏差在5%以内。可见计算出的综合换热系数能较好的应用在以后同种条件下的汽雾温降计算中。

表 3-4　汽雾冷却计算结果

序号	汽雾开始温度 /℃			汽雾段表面温降/℃	冷后钢板表面温度/℃	汽雾段冷速/℃·s⁻¹	换热系数/W·(m²·℃)⁻¹
	表面	平均	心部				
1	739.5	742.5	744.2	671.5	64~72	66.7	8280
2	739.5	742.5	744.2	610.5	124~134	66.7	5280
3	745.7	748.5	750	651.7	94	61.54	7300
4	745.7	748.5	750	650.7	90~100	61.54	7300
5	744.4	747.2	748.7	654.4	90	61.54	7500
6	738.5	741	742.8	648.5	90	64	6650
7	738.5	741	742.8	646.5	92	64	6625
8	705.4	706.7	707.5	640.4	60~70	48.5	11800
9	700.5	701.9	702.6	465.5	230~240	50	9060
10	700.5	701.9	702.6	410.5	290	50	7080
11	674.8	676	676.6	364.8	300~320	57.1	4650
12	861.7	865.5	838.3	201.7	660	5.7	1580
13	847.6	851.2	799.1	237.6	610	8.5	1400
14	805.9	808.8	783.7	365.9	440	17	1200
15	871.9	874.9	744.2	291.9	580	4.25	1920
16	863.1	867.4	744.2	323.1	540	4.72	1990
17	863.1	867.4	750	383.1	480	4.72	2440
18	780.6	782.2	750	220.6	560	11.3	780

通过反传热法得到的钢板表面综合换热系数只能用来表征钢板经过汽雾段时温降能力的大小，是利用钢板温度、冷却时间等参数，通过导热方程反算得到的边界条件中的对流换热系数。该对流换热系数与钢板表面真实的因对流而产生的温降能力有一定的差距。通过上文分析可知，这种差距是由于汽雾冷却特有的换热形式决定的。

3.6.2.3 汽雾冷却温降模型的建立

钢板在汽雾冷却过程中的换热分为表面对流换热和内部导热换热。表面对流换热与钢板表面冷却形式有关。内部导热换热与钢板材料属性和初始温度分布有关，表面换热系数只是内部导热计算的边界条件。因此，汽雾冷却温降模型及其边界条件与射流冲击水冷温降模型及其边界条件基本一致。

汽雾冷却装置位置比较自由，可放在淬火机入口也可放在淬火机出口。汽雾装置放置在淬火机入口时，钢板出热处理炉即冷却，冷却效率高。但由于离出料炉门较近，汽雾段产生的水雾影响出料炉门和炉内气氛。同时钢板上表面回流水较多，甚至回流至炉内，对钢板产生预冷却，影响温降均匀性和板型。汽雾装置放置在淬火机出口时，由于距炉门较远，水雾对炉内正常燃烧和出料炉门正常工作影响较小。此时，冷却水也被上辊系挡住，不易回流。但由于冷却段距出料炉门较远，钢板汽雾冷却前须经很长一段时间的空冷。与辊道接触和钢板热辐射影响了汽雾冷却前钢板组织及温度分布的均匀性，冷却效果比汽雾段放置在淬火机入口时差。

汽雾冷却策略的不同不仅体现在汽雾段所处的位置上，还体现在对汽雾冷却各段水量、水比的控制上。以典型的四组汽雾喷嘴为例，汽雾冷却段分成预冷却段、强化冷却段、次强冷却段和过渡段四段。若汽雾段布置在淬火机入口，为减小其对热处理炉的影响，四段布置为预冷段、次强冷却段、强化冷却段、过渡段。若汽雾段布置在淬火机出口，四段布置为预冷段、强化冷却段、次强冷却段、过渡段。将冷却强度大的段提前，尽量快速冷却钢板，减少空冷时间。此外，随着钢板厚度的不同，四段可酌情减开。基本原则是：（1）尽量保持中间段开启；（2）尽量避免相邻喷嘴同时开启，以防止各段交互干扰。汽雾各段在冷却过程中的作用不同，影响权重也不同。权重从高到低分别为强化冷却段、次强化冷却段、预冷段和过渡段。若减开汽雾某一段，其他冷却强度较低的段依次提高权重。例如，若汽雾段布置在淬火机后，最重要的冷却段是第二段（强化冷却段），将其关闭后，次重要的第三段（次强化冷却段）就会加大水量，升至强化冷却段状态，其他各段权重依次提升。

3.7 中厚板辊式淬火装备技术的应用

依托开发的中厚板辊式淬火技术，东北大学开发了具有国内自主知识产权的辊式淬火机设备，并开发出 4~10mm 极限薄规格中厚板的高平直度淬火工艺，突破了进口辊式淬火机生产钢板厚度的下限，在国内率先开发出系列高等级中厚板热处理工艺及高品质产品，产品实物质量达到国际领先水平或国际先进水平。图 3-49 为部分国产辊式淬火机设备照片。

(a)　　　　　　　　　　　　　　　(b)

(c)　　　　　　　　　　　　　　　(d)

图 3-49　自主研发的中厚板辊式淬火机设备
（a）华菱涟钢极薄钢板辊压式淬火装备；（b）舞钢特厚钢板辊式淬火装备；
（c）南钢超宽厚钢板辊式淬火装备；（d）鞍钢特种钢板多功能淬火装备

3.7.1　中厚板辊式淬火机设备构成

中厚板辊式淬火机设备布置在热处理炉后，由喷水系统、供水系统、移动框架、辊道传动系统、液压提升系统、润滑系统、固定钢结构组成。配备的独立水处理系统可实现板材冷却用水的稳定供给，并保证水质要求。考虑到钢板材质和冷却路径的多样化，冷却设备分为高压段和低压段。各段喷嘴上下对称布置高压段喷嘴分三种，分别为狭缝式喷嘴、密集快冷喷嘴和常规喷嘴。狭缝式喷嘴是倾斜式缝隙喷嘴，通过强冷迅速降低钢板温度。两组密集快冷喷嘴布置在狭缝式喷嘴后，为倾斜式三联排孔隙喷嘴，冷却能力仅次于狭缝式喷嘴。常规喷嘴分成六组，布置在密集快冷喷嘴后。常规喷嘴为单道倾斜孔隙喷嘴，冷却能力在高压段中最小。低压段喷嘴分成两组套（或三组套），布置在高压段后。单个喷嘴喷水方式是多孔多角度喷射。低压段作用为继续相对慢速降低钢板温度，防止钢板回温。各段喷嘴内均设阻尼装置，使各孔隙（或缝隙）喷水均匀。淬火机提升装置带动上框架上下运动，实现辊缝调节功能。淬火系统上框架快速提升由液压系统实现。淬火机辊道采用集中链式传动，使冷却过程中钢板速度均一。低压段辊道设摆动功能。在淬火机两端安装位置检测装置、测温装置和尾部吹扫装置。

3.7.2 淬火钢板品种及规格

以国内某企业中厚板辊式淬火机项目为例，依托该设备及辊式淬火工艺技术，开发并连续稳定生产的热处理产品品种及规格如表3-5所示。

表3-5 调质产品品种及规格

序号	品种	代表钢号	规格/mm
1	石油储罐用钢	N610E、SPV490Q	(5~180)×2440×(6000~15000)
2	高强度钢（结构钢、船用钢、海工钢）	Q550D/E、Q690D/E、Q890D/E、Q960D/E、Q1100D/E	(3~180)×(2000~3250)×(6000~15000)
3	耐磨钢	NM360、NM400、NM450、NM500、NM550、NM600	(3~90)×(2000~3250)×(6000~15000)
4	水电、球罐用钢	07MnNiDR、07MnNiCrMoVDR	(6~200)×(1600~3200)×(3000~15000)
5	Ni系超低温容器钢	9Ni（06Ni9）	(6~90)×3000×(6000~15000)

3.7.3 淬火后钢板性能

3.7.3.1 钢板力学性能

基于中厚板辊式淬火机及辊式淬火技术，研发了系列高等级极限规格钢板，批量化生产的钢板力学性能优异且稳定性好，调质处理后相关性能值如表3-6所示，均达到或优于国家标准。

表3-6 调质处理后 Q960 钢板力学性能

试样序号	厚度/mm	拉伸实验			冲击试验（-20℃）/J·cm^{-2}			
		屈服强度/MPa	抗拉强度/MPa	伸长率/%	A_{KV1}	A_{KV2}	A_{KV3}	平均值
1	5	970	1010	16.5	64	64	62	63
2	8	990	1030	15.5	74	69	69	71
3	10	985	1020	15	94	81	131	102
4	14	975	1020	17.5	83	70	121	91

试样序号	厚度/mm	拉伸实验			冲击试验（-20℃）/J·cm⁻²			
		屈服强度/MPa	抗拉强度/MPa	伸长率/%	A_{KV1}	A_{KV2}	A_{KV3}	平均值
5	30	960	1000	15	69	96	90	85
6	40	970	1010	14.5	78	74	80	77
国标		980~1150	—	≥10	≥27			

3.7.3.2　表面硬度均匀性

以 50mm×2500mm×8500mm 耐磨钢板 NM450 为测试板，对测试表面进行打磨、抛光处理，表面光洁度达到 Ra1.6 以上，应用手持硬度计对表面 15 个均匀分布的位置进行测试，每个位置取 6 个测量值，测试点位置见图 3-50。

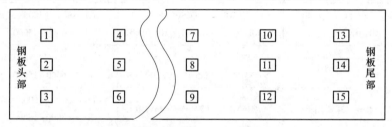

图 3-50　测试点位置示意图

图 3-51 为淬火钢板表面硬度测量结果。可以看出，钢板长度方向两侧测试点 3、7、12 和钢板尾部中间位置测试点 14 硬度值较大，钢板头部中间位置测试点 2 硬度值最小，测试点平均值相对偏差为 5.13%。测试结果说明淬火后钢板表面硬度均匀性较好。

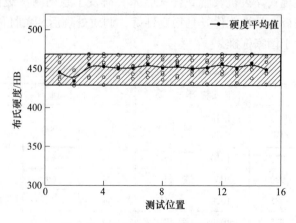

图 3-51　淬火钢板表面硬度测量值

3.7.3.3 厚度方向组织及硬度均匀性

以某厂 45mm 厚 NM450 耐磨钢板为例，经过辊式淬火后钢板表面、1/4 处及心部组织如图 3-52 所示，其中在钢板表面和 1/4 处，淬火后得到了呈一定规则分布的板条马氏体组织，而在钢板心部主要由马氏体及粒状贝氏体组成。

图 3-52 淬火钢板组织金相照片（500×）

（a）表面；（b）1/4 厚度；（c）心部

对其进行淬火后钢板厚度方向硬度分布测试。测试点在 1/2 板厚内每隔 1mm 平均分布，如图 3-53 所示。测试的硬度结果如图 3-54 所示。结果表明，淬火后

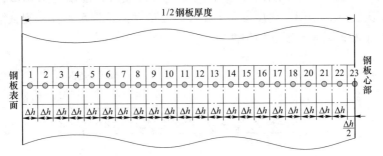

图 3-53 测试点位置示意图

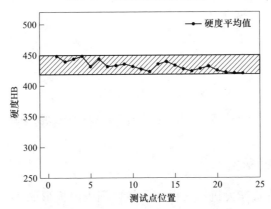

图 3-54 淬火钢板厚度方向硬度测量值

的钢板从表面到中心，硬度下降，中心处最低硬度约为 420HB。最大差值为 30HB，相对偏差小于 7%。测试结果说明淬火后钢板厚度方向硬度均匀性较好。

3.7.3.4　断面硬度均匀性

选择 50mm×2500mm×8500mm 的 Q550D-QT 高强钢板，测试距钢板表面同深度处的硬度分布情况。按图 3-55 中标明的位置选取 20 个测试点，测量淬火后钢板厚度方向 1/2 处硬度分布情况。

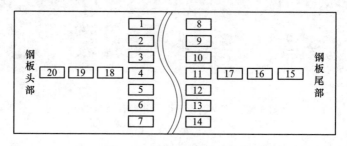

图 3-55　测试点位置示意图

测试结果如图 3-56 所示，可以看出硬度最大值为布氏硬度 256HB；硬度最小值为布氏硬度 242HB，厚度方向 1/2 处硬度最大偏差为 5.47%。测试结果说明淬火后钢板 1/2 深度处硬度均匀性较好。

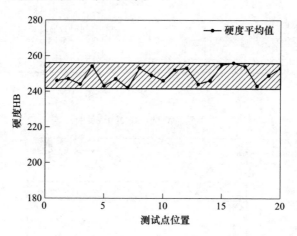

图 3-56　淬火钢板厚度方向 1/2 深度处硬度测量值

3.7.4　淬火后钢板板形

图 3-57 为经辊式淬火机淬火后部分规格钢板的板形照片。经测定，整板不平度≤3mm/m，优于目前国际最好水平。基于成套技术装备，相继生产出目前国

内宽厚比最大（宽 5.0m，宽厚比 700）、最薄（2mm）、最厚（300mm）调质钢板。热处理后切割不变形、焊后 180°折弯不开裂，国际上首次实现批量淬火生产，形成了对进口钢板性能和板形的优势。

图 3-57　极限规格特种钢板调质热处理生产

（a）国内最薄（2mm）；（b）国内最宽（5m）；（c）第三代超宽幅核电钢；（d）国内最厚（300mm）

参 考 文 献

［1］王超，袁国，王昭东，等．XGCF62 钢板辊式淬火工艺开发与应用［J］．东北大学学报（自然科学版），2011，32（7）：968~971.

［2］袁国．宽厚板辊式淬火机冷却技术的研究与应用［D］．东北大学，2007.

［3］朱启建，李谋渭，金永春．中厚板高密度管层流无约束淬火与控冷的关键技术［J］．钢铁，2003，38（3）：29~33.

［4］朱启建，赵永忠，李谋渭．中厚板淬火机集管流场的数值模拟与参数优化设计［J］．冶金

设备, 2001 (5): 35~37.

[5] 朱启建, 李谋渭, 金永春, 等. 基于喷水强度均匀分布的多级阻尼集管设计 [J]. 北京科技大学学报, 2003, 25 (5): 469~472.

[6] 牛珏, 温治, 王俊升. 中厚板无约束淬火冷却过程温度场有限元模拟 [J]. 热加工工艺, 2006, 35 (22): 66~70.

[7] 牛珏, 温治, 王俊升. 圆形喷口紊流冲击射流流动与传热过程数值模拟 [J]. 冶金能源. 2007, 26 (1): 16~20.

[8] 周娜. 中厚板冷却过程特性分析及控制策略研究 [D]. 沈阳, 东北大学, 2008.

[9] 周娜, 于明, 吴迪, 等. 圆形喷嘴射流对钢板冷却的数值模拟 [J]. 轧钢, 2008, 25 (2): 7~10.

[10] 刘国勇, 李谋渭, 王邦文. 常压柱状流与喷射流在中厚板控冷及淬火中冷却能力研究 [J]. 冶金设备, 2005 (5): 10~13.

[11] 刘国勇, 李谋渭, 王邦文, 等. 缝隙冲击射流换热数值模拟 [J]. 北京科技大学学报, 2006, 28 (6): 581~586.

[12] 刘国勇, 朱冬梅, 张少军, 等. 缝隙冲击射流淬火对流换热的影响因素 [J]. 北京科技大学学报, 2009, 31 (5): 638~642.

[13] 朱冬梅. 缝隙流冷却特性分析 [J]. 冶金能源, 2006, 25 (5): 34~37.

[14] 刘国勇, 朱冬梅, 张少军, 等. 高温平板水雾冷却换热系数的数值分析 [J]. 钢铁研究学报, 2009, 21 (12): 24~27.

[15] 付天亮, 王昭东, 袁国, 等. 中厚板轧后超快冷综合换热系数模型的建立及应用 [J]. 轧钢, 2010, 27 (1): 11~15.

[16] 付天亮. 中厚板辊式淬火机冷却过程数学模型的研究及控制系统的建立 [D]. 沈阳: 东北大学, 2011.

[17] Prince R F, Fletcher A J. Determination of surface heat-transfer coefficients during quenching of steel plates [J]. Metals Technology, 1980, 7 (1): 203~211.

[18] 刘庚申. 中厚钢板在压力淬火机中冷却模型的研究 [D]. 北京: 北京科技大学, 1997.

[19] 李辉平, 赵国群, 牛山廷, 等. 基于有限元和最优化方法的淬火冷却过程反传热分析 [J]. 金属学报, 2005, 41 (2): 57~62.

[20] 李辉平, 赵国群, 牛山廷, 等. 淬火过程冷却曲线的采集及换热系数求解方法的研究 [J]. 金属学报, 2006, 31 (7): 29~32.

[21] 牛山廷, 赵国群, 李辉平. 淬火过程温度场的三维有限元模拟 [J]. 金属热处理, 2008, 33 (6): 73~76.

[22] Beck J V. Nonlinear estimation applied to the nonlinear inverse problem of heat conduction problem [J]. International Jounal of Heat and Mass Transfer, 1970, 13 (4): 703~716.

[23] 付天亮, 王昭东, 袁国, 等. 临钢淬火机过程控制系统的开发及应用 [J]. 冶金自动化, 2008, 32 (2): 38~42.

[24] 余常昭. 紊动射流 [M]. 北京: 高等教育出版社, 1993: 162~189.

［25］ 陈庆光，徐忠，吴玉林，等．平面倾斜冲击射流场的数值模拟［J］．工程热物理学报，2005，26（2）：237~239．

［26］ Sikdar S，Mukhopadhyay A．Numerical determination of heat transfer coefficient for boilingphenomenon at runout table of hot strip mill［J］．Ironmaking and Steelmaking，2004，31（6）：495~502．

［27］ Zumbrunnen D A，Viskanta R，Incropera F P．The effect of surface motion on forcedconvection film boiling heat transfer［J］．Transactions of the ASME，1989，111：760~766．

［28］ 付天亮，李勇，王昭东．冷却方式对特厚钢板淬火温度均匀性的影响［J］．东北大学学报（自然科学版），2013，34（11）：1575~1579．

［29］ 王超，王昭东，王国栋，等．超宽狭缝式喷嘴流场数值模拟和射流速度凸度控制［J］．轧钢，2013，30（2）：6~9．

［30］ Chiriac V A，Ortega A A．Numerical Study of the Unsteady Flow and Heat Transfer in a Transitional Confined Slot Jet Impinging on a Isothermal Surface［J］．International Journal of Heat and Mass Transfer，2002，45（6）：1237~1248．

［31］ Tong Albert Y．On the Impingement Heat Transfer of an Oblique Free Surface Plane Jet［J］．International Journal of Heat and Mass Transfer，2003，46（11）：2077~2085．

［32］ 李东生．平面射流流场的数值模拟与实验研究［D］．沈阳：东北大学硕士论文，2000．

［33］ 陶文铨，杨世铭．传热学［M］．北京：高等教育出版社，1998．

［34］ 赵镇南．传热学［M］．北京：高等教育出版社，2002．

［35］ 徐惊雷，徐忠，肖敏，等．冲击射流的研究概述［J］．力学与实践，1999（6）：8~17．

［36］ 陈庆光，徐忠，吴玉林，等．平面倾斜冲击射流场的数值分析［J］．工程热物理学报，2005，26（2）：237~239．

［37］ 冷浩，郭烈锦，张西民，等．圆形自由表面水射流冲击换热特性［J］．化工学报，2003，54（11）：1510~1512．

［38］ Tong A Y．On the impingement heat transfer of an oblique free surface plane jet［J］．International Journal of Heat and Mass Transfer，2003，46（11）：2077~2085．

［39］ 李得玉．回流和冲击射流流动中流动过程和热过程相互作用的研究［D］．北京：清华大学，1997．

［40］ 马重芳．强化传热［M］．北京：科学出版社，1990．

［41］ 王致清．粘性流体动力学［M］．哈尔滨：哈尔滨工业大学出版社，1990．

［42］ 张洪生．FC-72射流冲击冷却模拟电子芯片的沸腾传热实验研究［D］．北京：北京工业大学，1997．

［43］ Chen S J，Biswas S K，Han B，et al．Modeling and analysis of controlled cooling for hot moving metal plates，Dallas，TX，USA，1990［C］．Publ by ASME，1990．

［44］ 程赫明，王洪纲．圆柱体45钢淬火过程中热传导方程逆问题的求解［J］．昆明理工大学学报，1996（3）：54~58．

［45］ 程赫明，王洪纲，陈铁力．45钢淬火过程中热传导方程逆问题求解［J］．金属学报，

1997, 33 (5): 467~472.

[46] 程赫明, 何天淳, 黄协清, 等. 高压气体淬火过程中热传导方程逆问题的求解 [J]. 金属热处理学报, 2001, 22 (4): 81~84.

[47] 谢建斌, 程赫明, 何天淳, 等. 1045 钢淬火时温度场的数值模拟 [J]. 甘肃工业大学学报, 2003, 29 (4): 33~37.

[48] Wang S C, Chiu F J, Ho T Y. Characteristics and prevention of thermomechanical controlled process plate deflection resulting from uneven cooling [J]. Materials Science and Technology, 1996, 12 (1): 64.

[49] Withers P J, Bhadeshia H K D H. Residual stress, Part 2-nature and origins [J]. Materials Science and Technology, 2001 (17): 366~375.

[50] 王超. 宽厚板辊式淬火机淬火工艺控制系统的开发与应用 [D]. 沈阳: 东北大学, 2007.

[51] 付天亮, 赵大东, 王昭东, 等. 中厚板 UFC-ACC 过程控制系统的建立及冷却策略的制定 [J]. 轧钢, 2009, 26 (3): 1~6.

[52] 陶永华. 新型 PID 控制及其应用 (第二版) [M]. 北京: 机械工业出版社, 2002.

[53] 黄国建, 虞平良, 曾芬芳. 微型计算机应用技术 [M]. 上海: 上海交通大学出版社, 1995.

[54] 郭敬枢, 庄继东, 孔峰. 微机控制技术 [M]. 重庆: 重庆大学出版社, 1994.

[55] 俞忠原, 陈一民. 工业过程控制计算机系统 [M]. 北京: 北京理工大学出版社, 1995.

[56] 李士勇. 模糊控制和智能控制理论与应用 [M]. 哈尔滨: 哈尔滨工业大学出版社, 1990.

[57] 付天亮, 刘宇佳, 李勇, 等. 不锈钢固溶热处理线自动控制系统的开发与应用 [J]. 冶金自动化, 2012, 36 (1): 41~44.

[58] 付天亮, 李勇, 刘宇佳, 等. 中厚板辊式淬火机 Fuzzy-PID 喷水控制系统研究 [J]. 轧钢, 2012, 34 (6): 23~27.

[59] 付天亮, 邓想涛, 王昭东, 等. 钢板超快速冷却条件下换热试验研究 [J]. 东北大学学报 (自然科学版), 2017, 38 (10): 1399~1406.

[60] 付天亮, 王昭东, 李勇, 等. 中厚板淬火热弹性马氏体相变潜热模型 [J]. 东北大学学报 (自然科学版), 2013, 34 (12): 1734~1738.

[61] 周业涛, 关振群, 顾元宪. 求解相变传热问题的等效热容法 [J]. 化工学报, 2004, 55 (9): 1428~1433.

[62] 谢建斌. 金属及合金在不同介质中淬火时的数值模拟和应用研究 [D]. 昆明: 昆明理工大学, 2003.

[63] 徐祖耀. 马氏体相变与马氏体 [M]. 北京: 科学出版社, 1999.

[64] Koistinen D P, Marburger R E. A general equation prescribing the extent of the austenite transformation in pure iron-carbon alloys and plain carbon steels [J]. Acta Metallurgica Sinica, 1959, 7: 50~60.

［65］ Hsu T Y. Effects of rare earth element on isothermal and martensitic transformations in low car-
bon steels ［J］. ISIJ International，1998，38（11）：1153~1164.

［66］ Nukiyama S. The Maximum and Minimum Values of Heat Q transmitted from Metal to Boiling
Water under Atmospheric Pressure ［J］. International Journal of Heat and Mass Transfer，1966，
9（12）：1419~1433.

［67］ 林瑞泰. 沸腾换热 ［M］. 北京：科学出版社，1988.

［68］ 李洪芳. 热学 ［M］. 北京：高等教育出版社，2001.

［69］ Bianchi A，Fautrelle Y，Etay J. 传热学 ［M］. 大连：大连理工大学出版社，2008.

［70］ Bromley L A. Heat Transfer in Stable Film Boiling ［J］. Chemical Engineering Progress，1950，
46：235.

4 中厚板热处理线辅助设备

4.1 抛丸机

抛丸机是一种通过抛丸器抛出的高速弹丸来清理钢板上、下表面氧化铁皮等附着物，满足热处理钢板的生产工艺要求的设备。抛丸机的类型很多，可用于钢板抛丸的有立式、斜式和卧式三种。立式、斜式抛丸机是将钢板沿宽度方向直立或倾斜通过抛丸清理室，弹丸利用及回收率高，抛射均匀。但这两种抛丸机前后都需要配置相关的翻转或抬升设备，将钢板由水平状态调整为直立或倾斜状态，导致抛丸机组设备结构复杂，操作维护困难，目前已较少采用。卧式抛丸机是将钢板水平通过抛丸清理室，无需对钢板状态进行调整，机组设备配置简单，操作维护方便，因此广泛应用于中厚板企业。

该设备主要包括如下几部分：内部辊道、抛丸室、丸料净化系统、丸料循环系统、丸料去除装置、抛头单元、除尘系统、噪声防护罩、控制系统等。图 4-1 为某厂抛丸机设备整体示意图。图 4-2 为丸料去除装置。

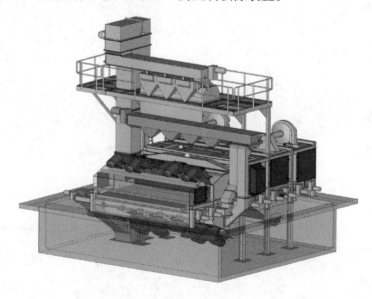

图 4-1　某厂抛丸机设备整体示意图

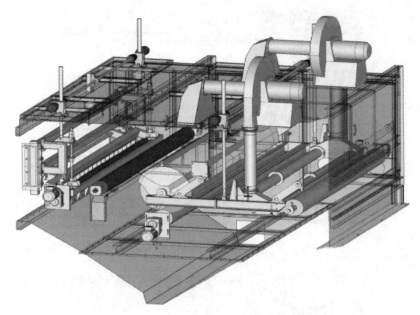

图 4-2 丸料去除装置

4.2 冷床

中厚板冷床有多种类型，例如：拉钢链式、滚盘式以及步进式等。早期中厚板生产中采用的是拉钢链式的冷床（图 4-3），这种冷床的钢板与链条接触，在运行过程中两者之间无相对移动，可避免划伤钢板。但其缺点在于高温的钢板与链条直接接触后，链条的润滑条件非常恶劣，极容易发生故障，且钢板与链条的接触位置固定不变，会形成局部黑印。拉钢链式冷床台面的分区域控制，冷床面积的有效利用率不高。在近年来新建和拟建的厚板厂中，鉴于拉钢链式冷床的缺点，已经很少采用。本书主要对滚盘式冷床和步进式冷床进行说明。

4.2.1 滚盘式冷床

滚盘冷床采用长轴串列布置滚盘承载钢板，电机在一端传动。每根长轴均由一台齿轮电机传动。滚盘下采用托轮支承。滚盘冷床的优点在于设备结构相对简单，造价较低。整个台面通风条件尚可。长轴传动可进行分组控制。其不利之处在于：（1）冷床两侧由于设有传动电机，设备基础和结构阻挡了空气流通，影响了部分冷却效果。（2）滚盘与钢板之间有相对运动，可能造成钢板表面划伤。（3）长轴上滚盘出现损坏时更换较麻烦。图 4-4 为滚盘式冷床生产情况。

滚盘冷床在我国 20 世纪建设的厚板厂得到广泛应用，通常情况下冷却钢

图 4-3　拉钢链式冷床

图 4-4　滚盘式冷床

板的厚度为 5~50mm，滚盘直径约 600mm，钢板运行速度约 4.5m/min。滚盘长轴由齿轮电机驱动，随着变频调速技术的使用，滚盘冷床的运行速度也可在一定范围内调节，以适应不同厚度钢板冷却的时间。在以往的设计中，滚盘长轴为实心轴。近来在一些厂家也有采用空心轴的，主要是为了能够减轻设备重量，降低造价。实心轴受钢板温度影响小，长轴末端的扭转角较空心轴小。以直径 140mm 的实心轴为例，若轴长为 3775mm，电机的最大输出扭矩为 8000N·m时，轴一端的扭转位移约为 0.347mm。若改用同等外径（140mm），壁厚为 20mm 的空心轴，同等载荷，同等材料情况下，轴一端的扭转位移约为 0.476mm。

由前述分析中推算，当实心滚盘轴用刚性联轴器联接，长度累计达到 9m 时，扭转位移通过滚盘直径放大后将达到约 3.6mm。当钢板从冷床的输入侧运送到输出侧时每根滚盘轴的扭转位移将会被累积，从而导致钢板偏斜。冷床越长（输入输出辊道中心线距离越大），钢板偏斜越严重。钢板运行过程中的偏斜也是导致表面划伤的因素之一。因此滚盘冷床的台面宽度不宜过宽。

4.2.2　步进冷床

步进式冷床台面与钢板之间接触时无相对运动，避免了表面划伤，如图 4-5 所示。由于冷床台面采用了栅格，有利于钢板的冷却。可根据冷床台面大小分为两个区或者四个区控制，有利于提高冷床台面的利用率。由于冷床台面一般标高为+800mm，冷床两侧高于车间地坪，形成了侧向与台面上方空气流动的渠道，有利于钢板的冷却。在实际工程设计中，冷床的入口或出口侧基础还可设置通风道，引导空气流向冷床底部，与台面上方的空气形成对流，增加冷却效果。步进冷床的另一个特点是可实现"踏步"功能，即下游出现阻塞时，"踏步"功能可使钢板原地在冷床的活动梁和固定梁上停留，而不出现局部"黑印"。图 4-6 所示为步进式冷床传动装置。

进入 21 世纪步进式冷床在我国中厚板生产中得到应用，在此之前仅有柳钢中板轧机生产线上有一座来自国外二手设备的步进冷床。自宝钢 5m 厚板建设开始，国内很多新建的厚板生产线上都采用了步进式冷床。整个步进冷床由电机驱动运行，由固定梁、活动梁、抬升装置以及横移装置等四部分组成。固定梁主要为焊接结构件，承托钢板的部分有两种形式的栅格，一种是铸钢材质的，布置在冷床的前半区，目的是承受较高的钢板温度。另一种是焊接结构的，布置在冷床的后半区。活动梁用于抬升和移送钢板。抬升装置和横移装置用于驱动活动梁。

图 4-5　步进式冷床

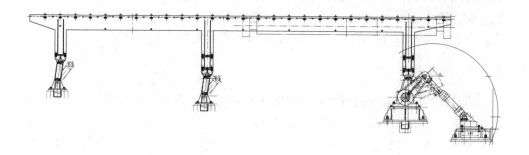

图 4-6　步进式冷床传动装置

4.2.2.1　抬升装置

冷床的抬升装置是由电机驱动摆杆拉动活动梁，活动梁下部设有斜台面，当斜台面沿固定的滚轮运动时即产生抬升动作。图 4-7 中圆形部分为抬升装置的简要示意。冷床横移装置不动，抬升装置反复运行时即可实现"踏步"功能。

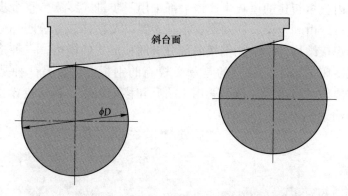

图 4-7　抬升装置斜台面示意图

斜台面上有两个斜度。第一段角度略大，在此角度上抬升时，冷床的活动梁位于固定梁下方，抬升速度较快。此时由于活动梁未承托钢板，负载也较小。在两个斜度之间有一个平段，在此范围内运行时是活动梁与钢板接触的过程。第二段角度略小，在此角度上抬升时冷床活动梁已承托了钢板，并高于固定梁，抬升速度较慢，可避免划伤钢板。

4.2.2.2　横移装置

冷床横移装置是由电机通过减速机驱动齿轮轴，齿轮轴带动齿条运动。齿条通过摆臂和活动梁联接，齿条运动时即可带动活动梁前后移动，实现钢板的移送。图 4-8 为横移装置的三维示意图。

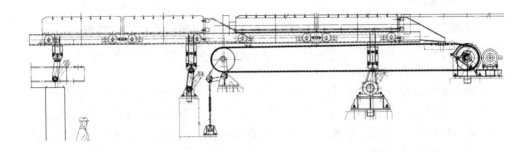

图 4-8　横移装置

4.2.2.3　步进冷床分区

　　为了有效利用冷床台面，步进式冷床多按分区设计。如图 4-9 所示，冷床分为四个区，物流方向为 I、II 区至 III、IV 区。每个区均有抬升装置，可单独升降。横移装置布置在 III 和 IV，分左右两部分，中间通过离合器联接实现同步或单独运行。I 和 III 区之间的活动梁通过图 4-10 所示的连杆铰接，分别升降时可实现两个区钢板的分别移送。

　　经过实践检验，拉钢链式冷床已逐渐退出生产，滚盘式和步进式冷床应在综合分析工艺

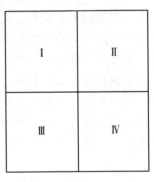

图 4-9　冷床分区示意图

流程、台面尺寸、投资等因素后被广泛选择。热处理线上由于台面尺寸较小，建议采用滚盘式。当冷床输入输出中心距超过 30m，台面宽度超过 30m 时建议采用步进式冷床。

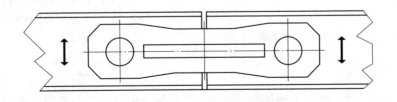

图 4-10　活动梁铰接

4.3　矫直设备

4.3.1　矫直机

一般在中厚板企业使用的矫直机有三种，分别起到预矫直、热矫直和冷矫直的作用。矫直机全部是平行辊矫直机。虽然辊的数量不同，但原理基本相同。不同的是各部结构在细节的原理上有所区别。

矫直机与轧机虽然外形完全不同，但在组成上与轧机基本一致。具体包括：辊系、主传动、压下、平衡、弯辊、换辊装置等。目前比较先进的矫直机采用的是全液压矫直机，压下、平衡、弯辊等全部靠液压缸或液压马达来完成，控制精度更高，且便于自动化控制。

目前国内外很多中厚板厂都相继建设了各种类型的连续热处理炉，其中部分生产线根据生产实际需要在炉后配置了矫直机、压平机。热处理矫直机一般有热矫直和冷矫直机两种形式。

热矫直机一般用于高温回火钢板。对于高强钢，某些规格和强度的钢板难以在冷矫后得到理想的板形，在回火后直接进行热矫，矫直效果要优于冷矫直，能够提升产品性能，改善板形，降低次品发生率，提高生产效率和产品竞争力，同时为新钢种的开发创造条件。

很多钢板在冷矫后的板形状态通过了质量验收，但其内部应力状态并未达到平衡，应力不均的状态只是被约束在钢板内，当钢板放置一段时间或在下游工厂进行加工时，就会产生应力时效，难以保证使用，从而引起质量异议。根据国外生产经验，对这类钢板若采用温矫工艺处理，对保证钢板的平直度将会起到"治本"的作用。

温矫工艺中矫直温度十分重要，应根据钢板的回火温度进行确定，原则上不应高于450~500℃，一般在150~350℃之间进行温矫直。钢板在加热过程中充分释放了内应力，在温矫过程中又进一步均匀了内应力，容易获得永久良好的板形。

根据热处理后产品的实际板形状况，一般热处理矫直机布置在回火炉后，主要对回火产品进行矫直。

由于热处理钢板的特点，与轧线热矫直机相比，热处理矫直机的矫直温度范围更宽，一般为150~750℃。矫直的钢板强度更高，最高可达1200MPa（甚至超过1400MPa），因此要求更高的矫直力。

4.3.2　压平机

为处理超过冷矫能力或用辊式矫直机难以矫直的钢板，一些中厚板厂设置了压平机。中厚板厂装备的压平机的压力设计和选型时需按矫平的最大板厚和强度选定压力。

钢板压平利用过矫正原理，在钢板弯曲处垫有垫板，弯曲部位向下弯，两端翘，则在钢板上面（压头工作范围内）弯曲最大对称点垫两块垫板，在工作台板上（钢板弯曲最低点）垫一块垫板，压头向下加压时弯曲钢板朝反方向略微弯曲，释放压力后，钢板反弹成水平。反之道理一样，钢板上面垫一块垫板，工作台板上面垫两块垫板。

在压平机的前后设有运输台架或辊道，便于钢板纵向移动；压平机的压头能横向移动，这样组合能够对钢板任何位置进行压平矫直。压平机的驱动方式有油压和水压两种。

4.4 连续喷淋酸洗设备

酸洗钝化工艺广泛应用于不锈钢板的规模生产中，是目前去除奥氏体不锈钢板表面氧化铁皮，形成均一、完整、致密防腐钝化膜最经济、有效的工艺技术，槽式酸洗法、喷淋酸洗法为其最为常见的两种形式。随着社会对环境的要求越来越高，废气、废酸、废水等排放的要求也越来越严，环保低耗的喷淋酸洗技术日益成为各大不锈钢中厚板生产企业进行酸洗线老线改造、新线建设的首选。

4.4.1 技术特征

喷淋酸洗技术通过装在密闭罩内的喷淋集管将酸液连续喷射到要处理钢板表面，无需在酸液中浸泡，钢板在连续输送中实现上、下表面氧化铁皮的去除。同传统的槽式酸洗技术相比，连续喷淋酸洗技术在生产效率、酸洗效果、节能环保等方面的优势更加明显，具体表现为：

（1）酸洗参数调整更加便捷、高效，可根据待酸洗钢板表面状况，通过调节酸洗速度、浓度及温度等参数，实现对钢板表面酸洗质量的有效控制；

（2）酸洗成品成材率大大提高，因酸洗参数可调可控，故可有效避免过酸洗、欠酸洗现象，提高了成品的成材率；

（3）酸液利用率高、运行成本低廉，喷淋酸洗实现酸液与酸洗钢板的充分接触，酸液利用率高、循环量小，酸液消耗少，生产运行成本相对较低；

（4）现场操作环境更加环保，虽然喷淋酸洗更易产生酸雾，但整条酸洗生产线设备连续密闭，且配有酸雾净化系统，可实现现场操作环境的保护。

4.4.2 典型机组构成及生产工艺

完整的连续喷淋酸洗机组通常包含主体上下料设备、酸洗前机械预除鳞处理设备、酸洗槽及喷淋装置、清洗烘干装置，以及辅助酸液循环系统、酸液储存系统、酸雾净化系统、废酸处理系统等。连续喷淋酸洗机组设计成连续分段封闭的隧道空间组合结构，一方面可有效防止酸及酸雾外泄，使现场操作环境更加安全环保；另一方面还可实现分段检修，减少设备维护量。根据钢板酸洗时的运行状态，连续喷淋酸洗机组分为卧式和立式两种形式。

4.4.2.1　卧式酸洗机组

卧式连续喷淋酸洗机组的喷淋装置均匀分布在酸洗槽的上下方，酸洗时单张钢板沿喷淋装置中间连续水平通过。通常采用 $H_2SO_4+(HNO_3+HF)$ 酸洗介质对奥氏体不锈钢中厚板进行酸洗。酸洗机组主体一般包含预清洗密闭罩、硫酸酸洗密闭罩、硫酸水洗密闭罩、混合酸酸洗密闭罩、混合酸水洗密闭罩、最终清洗密闭罩、风幕吹扫设备、烘干设备等。作为一项成熟的工艺技术，国内外众多公司都可提供整体设备的供货服务方案，业内比较知名的公司有德国史道勒公司、美国 UVK 公司、捷克 EKOMOR 公司以及国内的宜兴晨力环保公司等。国内常见的卧式酸洗工艺方案以太钢、临钢等企业的成套机组为代表，具体生产工艺流程见图 4-11，机组酸洗介质控制参数见表 4-1。

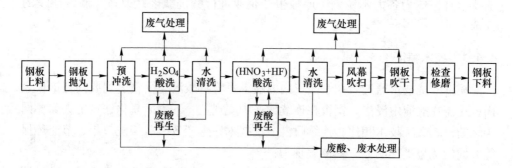

图 4-11　典型卧式连续喷淋钢板酸洗工艺流程图（宜兴晨力）

表 4-1　卧式连续喷淋酸洗机组 $H_2SO_4+(HNO_3+HF)$ 酸液参数控制表

工序名称	酸液种类	酸液浓度/g·L^{-1}	酸液温度/℃	金属离子浓度/g·L^{-1}
H_2SO_4 酸洗	H_2SO_4	180~250	60±5	≤55
混酸酸洗	HF	60~100	45±5	≤40
	HNO$_3$	100~220	45±5	≤40

4.4.2.2　立式酸洗机组

立式连续喷淋酸洗机组采用立式结构设计，酸洗时钢板以 85°近垂直角度逐张从喷淋装置中间连续通过。酸洗机组设备主要由入口翻转台、立式运输辊道、立式抛丸机、立式酸洗机组、立式观察台、出口翻转台等设备构成。

作为近年来兴起的一项酸洗新工艺，立式酸洗的关键技术和核心装备仍为德国史道勒公司、美国 UVK 公司等国外老牌酸洗设备供货商牢牢掌控。国内公司已开始涉足该领域，并已完成设备研发。

典型的立式连续喷淋酸洗机组，如德国史道勒公司提供的奥氏体不锈钢板酸洗解决方案，该方案采用（HCl+HF）+HNO$_3$ 替代卧式连续喷淋酸洗机组所用的 H$_2$SO$_4$+（HNO$_3$+HF）作为酸洗介质，并且将酸洗段分成预酸洗+终酸洗二段，每段分为高压喷酸段和低压喷酸段。具体生产工艺流程见图 4-12，机组酸洗介质控制参数如表 4-2 所示。

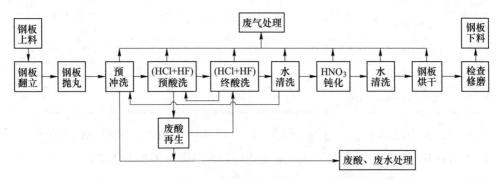

图 4-12　典型立式连续喷淋酸洗工艺流程图（德国史道勒）

表 4-2　立式连续喷淋酸洗机组（HCl+HF）+HNO$_3$酸液参数控制表

工序名称	酸液种类	酸液浓度/g·L^{-1}	酸液温度/℃	金属离子浓度/g·L^{-1}
预酸洗	HCl	18~20	45~60	≤100
	HF	100~120	45~60	≤100
终酸洗	HCl	18~20	45~60	≤100
	HF	100~120	45~60	≤50
HNO$_3$钝化	HNO$_3$	18~20	25~40	≤50

4.4.3　立式和卧式连续喷淋酸洗工艺比较

同卧式酸洗工艺相比，立式酸洗工艺在生产成本、酸洗质量、环保指标等方面更具优势，立、卧式连续喷淋酸洗工艺比较见表 4-3。立式酸洗工艺优势具体表现在 5 个方面：

（1）酸洗质量高。因近垂直状态对钢板进行喷酸，可获得两面都无水印、酸印或黄斑等缺陷的钢板，酸洗后钢板的表面光洁度更高。

（2）检查修磨便捷。由于酸洗后的钢板仍处于垂直状，方便进行表面检查、修磨等操作。

表 4-3　立式和卧式酸洗工艺特征比较

比较项目	卧式酸洗	立式酸洗
酸洗质量	较好	好
酸耗指标	较高	低
酸洗成本	较低	低
表面粗糙度	较低	较高
占地面积	大	小
酸洗速度	快	慢
酸洗段长度	短	较长
氮氧化物排放	较多	少
表面检查修磨	下表不方便	方便

（3）生产成本低。由于采用价格便宜的（$HCl+HF$）$+HNO_3$ 代替 H_2SO_4+（HNO_3+HF）作为酸洗介质，且新酸液具有基本不侵蚀钢板基体的优点，酸液损耗低，每吨损耗酸液约 0.3kg，生产成本低。

（4）环保指标高。因溶解到酸洗液中的金属少，废酸中自由酸较低，并且几乎没有氮氧化物产生，对环境的影响更小，环保指标好。

（5）酸洗段长度大。HCl 的酸洗速度较 HNO_3 低，机组生产同样产品时，要实现相同产量就必须加长酸洗段的长度。

4.4.4　连续喷淋酸洗技术的应用

国内钢铁行业在 21 世纪前十年井喷式发展，不锈钢中厚板产业的生产工艺和装备水平亦取得长足进步，一大批具有国际先进水平的新工艺、新技术引入国内不锈钢中厚板生产线。宝钢特殊钢公司引进了 SMS 特殊钢炉卷生产技术，并采用国内晨力公司自主开发的卧式连续喷淋酸洗生产技术，酒钢宏兴不锈钢中板热处理线采用由东北大学自主集成的不锈钢固溶热处理技术，引进了美国 UVK 公司的立式连续喷淋酸洗生产技术等。

以连续喷淋酸洗技术为代表的酸洗新技术在国内不锈钢中厚板生产企业中的推广应用，使我国不锈钢中厚板酸洗生产成本得以降低而表面酸洗质量得以提高，绝大部分品种的生产指标已经接近国际先进水平。近年来国内新建、改造的连续喷淋酸洗机组如表 4-4 所示。从表 4-4 中可以看出，我国不锈钢板生产企业大多采用卧式连续喷淋酸洗技术。

表 4-4　近年来国内新建的连续酸洗机组

企业名称	酸洗机组形式	生产钢板规格（宽×厚）/mm×mm	投产时间
酒钢宏兴公司	立式连续喷淋	（1500~3000）×（6~80）	2010 年
宝钢特殊钢公司	卧式连续喷淋	（600~2500）×（4~40）	2008 年
太钢集团临汾公司	卧式连续喷淋	（1500~3000）×（6~80）	2006 年
常熟益成特殊钢	卧式连续喷淋	（1000~1800）×（6~40）	2004 年
太钢不锈热轧厂	卧式连续喷淋	（1200~2000）×（6~40）	2004 年

4.5　热处理线物料过程跟踪管理系统

跟踪功能是中厚板厂热处理车间过程控制系统的中枢。通过钢板跟踪功能对生产线上钢板的情况进行记录和跟踪，为操作员显示正确的信息，包括钢板位置、状态和相关的工艺参数以及生产线各位置情况；同时还可以为模型控制准备相应的数据。依据钢板跟踪信息触发相应的程序：调用设定计算、产生控制信息等。准确的钢板跟踪是整个过程控制系统各项功能投入的前提。本书以酒钢不锈钢中厚板厂热处理车间跟踪系统为例，对跟踪系统开发进行介绍。在热处理线的过程跟踪系统中，一般有客户端、通信中间件和数据库的三层结构平台。

4.5.1　生产线布置

示例生产线的布置如图 4-13 所示，该生产线用于钢板的固溶、正火和回火热处理。钢板经上料装置后上线，进入辊底式热处理炉进行加热，当加热到工艺所需的温度后需要淬火的钢板进入淬火机进行淬火处理，正火和回火的钢板从淬火机空过，经过矫直和剪切，在冷床进行自然冷却后，进入酸洗线。

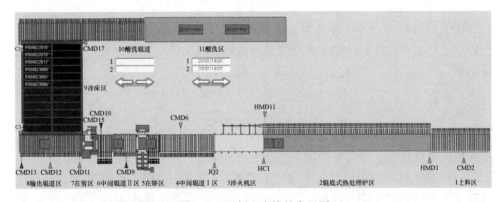

图 4-13　示例生产线的布置图

4.5.1.1　过程跟踪功能的内容

根据现场需要，过程跟踪流程如下：

(1) 接收原料钢板信息，录入到原料库；

(2) 接收生产计划信息；

(3) 维护生产工艺数据库；

(4) 匹配原料钢板和生产计划信息，形成预装钢板队列，同时添加生产工艺信息；

(5) 炉前辊道钢板上线确认，形成炉前钢板队列；

(6) 按照跟踪区域划分，进行生产线上的物料跟踪；

(7) 为模型计算系统提供钢板信息和工艺数据；

(8) 下线后记录和提交生产实绩。

4.5.1.2　库区管理

库存管理作业内容，主要包括物料的入库、出库和倒垛作业。

(1) 入库管理。入库管理的目的是为进入库区的钢板选择最佳垛位，以便加快入库节奏，减少倒垛次数，降低劳动强度，有利于库区的入库作业管理。

(2) 倒垛管理。倒垛管理的目的是为了减少倒垛量。倒垛分为主动倒垛和被动倒垛。主动倒垛指整理倒垛作业，在吊车作业不多的情况下对库区进行管理的一种作业，例如将钢板数量少的垛位进行腾空，以准备新钢板入库。被动倒垛主要指为执行生产计划而倒垛。当生产计划下达后，库内的钢板不一定在最优状态，即在上料的时候不需要进行倒垛，并且在生产计划下达和执行这阶段对有该计划内钢板的垛位不能再放其他钢板，所以要对计划内的钢板进行检查和封锁，进行相关的倒垛作业，以保证在计划开始执行的时候保证计划内的钢板在最优状态。

(3) 出库管理。出库作业即为上料作业。该作业是将库区内的钢板根据生产计划进行出库的作业，除了生产线进行检修的情况下之外始终进行，并且不允许出错。

4.5.1.3　计划管理

生产计划的管理从接收上级生产计划开始，下发计划到各个操作台；跟踪生产计划的执行过程，形成生产记录；在生产完成后上报计划的完成情况。

(1) 从上级接收生产计划的方式有三种。1) 通过 TCP/IP 协议与上级生产管理系统进行通信，接收计划；2) 接收上级生产管理系统生成的文件，包括文本、EXCEL 文件，读入系统；3) 人工录入计划。

（2）下达生产计划，使现场挂料员可以根据计划形成上料表，组织安排上料操作。由生产计划形成上料队列，在经过确认钢板以后形成炉前队列，入炉后形成炉内队列。

（3）挂料操作。下达生产计划，上料员根据生产调度计划及库存情况，将实际上料与计划数据建立对应关系生成准备上线钢板队列及上线钢板的原始数据信息，并保存到数据库为跟踪程序做好调用的准备工作。该动作是生产过程全线跟踪的起点，俗称挂料。

4.5.1.4 物料跟踪

库区、热处理炉、淬火机、矫直机、滚切剪和冷床操作台根据冷热检信号确认坯料或产品到达位置和生产完成情况，记录于数据库中，可以在客户端中实时显示。应具有一定的容错功能，即当某一位置操作员没有确认时，可以在下一段的操作员确认或下一块钢板到来后时进行修正。

4.5.1.5 生产数据收集与备份

生产数据收集功能主要实现工序的生产日/月报，管理生产实绩信息，以及生产日期，钢种，规格，班组，缺陷原因等信息。支持用户多样的分析，管理主要分类项目的数据，减少非定型分析时间，最终生成统计报表，上报生产管理部门。

由于数据库的存储空间有限，繁冗的数据也会严重影响数据库系统的运行效率，所以需要定期将数据库中的数据移出，释放空间，以备新的数据进入。但是，定期移出的数据中可能存在后续工作需要查询的部分。定期移出的数据存储格式为文本形式，所占存储空间不大，由数据库定时自动生成。

4.5.2 过程跟踪功能的具体设计

4.5.2.1 生产线区域划分

区域划分主要考虑设备布置，以冷检、热检为界，如表4-5所示。

表4-5 生产线区域划分

序号	名称	起点	终点
1	炉前钢板队列	冷检 C1	冷检 C4
2	炉内队列	冷检 C4	热检 HC1
3	淬火机队列	热检 HC1	冷检 C5

序号	名称	起点	终点
4	矫直机队列	冷检 C5	冷检 C9
5	滚切剪队列	冷检 C9	冷检 C11
6	冷床输入辊道队列 1	冷检 C11	冷检 C12
7	冷床输入辊道队列 2	冷检 C12	冷检 C13
8	冷床队列 1	冷检 C14	冷检 C16
9	冷床队列 2	冷检 C15	冷检 C17

4.5.2.2　跟踪功能的数据结构

钢板跟踪功能的任务概括起来就是对钢板进行位置跟踪和数据跟踪。跟踪事件判断模块利用人机界面的界面按钮触发信息、L3 系统下发计划信息和其他系统的钢板跟踪信息进行跟踪事件的判断；在判断得到跟踪事件后进行跟踪事件的处理，对跟踪分区信息、在线钢板信息及计划序列信息进行修改，并传递到人机界面用于显示；对控制信息进行处理，传递到基础自动化，如图 4-14 所示。

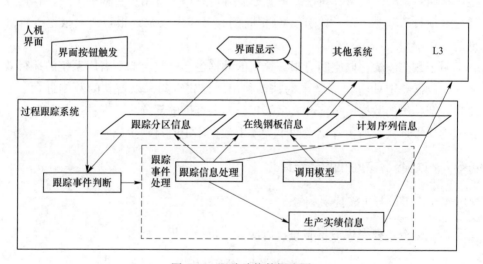

图 4-14　跟踪功能数据流图

跟踪数据结构的定义必须考虑对跟踪过程的生产线逻辑分区、在线钢板序列及计划序列情况能够进行完整而充分的记录，并通过这三方面信息的互相校验保证跟踪的准确性。在表 4-6~表 4-8 中已经反映出这三方面的内容，相应的数据结构应该分别针对这三部分内容进行定义。

表 4-6 生产实绩信息

变量名	变量类型	类型	长度/byte	备 注
热处理计划号	PLAN NO	C	9	
材料号	MAT_NO	C	11	
表面朝向	BETTER_SURF_WARD_CODE	C	1	
热处理类型	HOT_TREAT_METHOD_CODE	C	1	T：正面；B：反面朝上
装炉时刻	LOAD_FUR_TIME	C	14	每个钢号对应一个组号
出炉时刻	HEAT_TIME	C	14	
出炉温度	HEAT_TREAT_KEEP	C	4	1：固溶；2：正火；3：退火
在炉时间	HEAT_TREAT_STAY_TIME	C	3	9999℃
头部温度（平均）	PLATE_TEMP_AVRG_T	C	4	9999℃
头部温度（表面）	PLATE_TEMP_SURF_T	C	4	9999℃
头部温度（中央）	PLATE_TEMP_MID_T	C	4	9999℃
中部温度（平均）	PLATE_TEMP_AVRG_M	C	4	999℃
中部温度（表面）	PLATE_TEMP_SURF_M	C	4	999℃
中部温度（中央）	PLATE_TEMP_MID_M	C	4	999℃
尾部温度（平均）	PLATE_TEMP_AVRG_B	C	4	0：无；1：空冷；2：水冷；3：风冷；4：水雾冷
尾部温度（表面）	PLATE_TEMP_SURF_B	C	4	999.99
尾部温度（中央）	PLATE_TEMP_MID_B	C	4	999.9mm
钢板温度（高温计）	TEMP_PYROMET	C	4	9999mm
摆动模式	SWING_MODE	C	1	99999mm

表 4-7 计划信息

变量名	变量类型	类型	长度
热处理计划号	PLAN_NO	C	9
计划内钢板总数	PLATE_NUMBER_OF_PLAN_APPOINTED	N	4
热处理炉类型	HEAT_FURNACE_TYEP	C	1
热处理类型	HOT_TREAT_METHOD_CODE	C	1

表 4-8 钢板信息

变量名	变量类型	类型	长度/byte	备 注
材料号（材料号）	MAT_NO	C	11	
热处理计划号	PLAN NO	C	9	
热处理炉号	HEAT_FURNACE_TYEP	C	1	

变量名	变量类型	类型	长度/byte	备　注
好面朝向	BETTER_SURF_WARD_CODE	C	1	T：正面朝上；B：反面朝上
钢（牌）号	SG_SIGN	C	30	
钢种组号	SG_SIGN_GROUP	C	7	每个钢号对应一个钢种组号，作为索引
标准	SG_STD	C	30	
热处理加热类型	HEAT_TYPE_CODE_CURR	C	1	1：固溶；2：正火；3：退火
出炉温度（目标）	KEEP_TEMP_AIM	C	4	9999℃
出炉温度（下限）	KEEP_TEMP_MIN	C	4	9999℃
出炉温度（上限）	KEEP_TEMP_MAX	C	4	9999℃
保温时间	HOLDING_TIME	C	4	9999℃
在炉时间（目标）	HEAT_TREAT_KEEP_TIME	C	3	999℃
在炉时间（下限）	HEAT_TREAT_KEEP_TIME	C	3	999℃
在炉时间（上限）	HEAT_TREAT_KEEP_TIME	C	3	999℃
热处理冷却方式	CLDN_PATTERN_CODE	C	1	0：无要求；1：空冷；2：水冷；3：风冷；4：水雾冷
冷却速率	COLD_SPEED	N	7	999.99
钢板厚度	PLATE_THICK	N	5	999.9
钢板宽度	PLATE_WIDTH	N	4	9999mm
钢板长度	PLATE_LEN	N	5	99999mm
钢板重量	PLATE_WT	N	6	99999kg

4.5.2.3　跟踪事件判断

跟踪事件主要由 L3 下达计划、人机界面的按钮触发和其他系统的信息触发，故跟踪事件的判断也可以分为三类。

A　L3 下达计划及接收入库钢板信息触发事件判断

当 L3 通过 TCP/IP 协议向 L2 下达计划信息或接收到入库钢板信息时，写入相应数据表，并显示在人机界面上，具体内容如表 4-9 所示。

表 4-9　计划及入库钢板信息跟踪事件

序号	跟踪事件	优先级	说　明
1	L3_PLAN_INSERT	3	L3 下达计划新增信息
2	L3_PLAN_DELETE	3	L3 下达计划删除信息
3	L3_PLAN_UPDATE	3	L3 下达计划更新信息

续表 4-9

序号	跟踪事件	优先级	说　明
4	L3_PLATE_RESERVOIR	3	L3 下达钢板入库信息
5	L3_PLATE_ENT_LINE	2	钢板上线确认信息

B　基础自动化触发事件判断

基础自动化的触发事件为冷热检的信号，当钢板到达某一特定位置时触发该信号。在使用这些信号前必须进行信号有效性检测，根据当前信号和当前跟踪状态的综合校验，排除干扰信号的影响，防止错误跟踪事件判断，如表 4-10 ~ 表 4-13 所示。

表 4-10　冷热检跟踪事件

序号	跟踪事件	优先级	说　明
1	PLC_WEIGTH_CONFIRM	2	称重确认
2	PLC_LOCATE_CONFIRM	2	炉前辊道对中确认
3	PLC_LENGTH_CONFIRM	2	炉前辊道测长确认
4	PLC_ENT_FURNACE	1	入炉触发
5	PLC_OUT_FURNACE	1	出炉触发
6	PLC_ENT_QUENCH	1	入淬火机触发
7	PLC_OUT_QUENCH	1	出淬火机触发
8	PLC_ENT_LEVELER	2	进矫直机区触发
9	PLC_OUT_LEVELER	2	出矫直机区触发
10	PLC_ENT_CUT	2	进剪切区触发
11	PLC_OUT_OUT	2	出剪切区触发
12	PLC_ENT_COOL_1	2	上 1 号冷床触发
13	PLC_ENT_COOL_2	2	上 2 号冷床触发
14	PLC_OUT_COOL_1	2	下 1 号冷床触发，同时为发送生产实绩触发
15	PLC_OUT_COOL_2	2	下 2 号冷床触发，同时为发送生产实绩触发
16	PLC_ENT_PICKLING_LINE	1	进入酸洗线

C　人机界面的按钮触发事件判断

在人机界面上的操作按钮对应的标签发生变化时，如果可以得到确切的跟踪事件，就不再需要经过逻辑判断；如果不能得到确切的跟踪事件，还需要再结合跟踪信息进行判断，如跟踪修正前移和跟踪修正后移操作。而全线修正按钮不产生跟踪事件，只调用相应的跟踪功能模块，如表 4-11 所示。

表 4-11   HMI 跟踪事件

序号	跟踪事件	优先级	说　明
1	HMI_MODIFY_PLAN_CONFIRM	4	修改计划信息确认
2	HMI_MODIFY_PLATE_CONFIRM	4	修改钢板信息确认
3	HMI_POSITION_CONFIRM	4	修改钢板库位置信息确认
4	HMI_DELTE_PLATE	4	删除在线钢板信息
5	HMI_ADD_PLATE	4	添加在线钢板信息
6	HMI_BACK_PRE_PLATE	3	返回预装钢板队列
7	HMI_BACK_FUR_BEFORE	3	返回炉前钢板队列
8	HMI_BACK_FUR	3	返回炉内队列
9	HMI_BACK_QUENCH	3	返回淬火机队列
10	HMI_BACK_LEVELER	3	返回矫直机区队列
11	HMI_BACK_CUT	3	返回剪切区队列
12	HMI_RE_SEND_RESULT	5	补发生产实绩

4.5.2.4 跟踪事件处理

对典型跟踪事件的处理如下：

（1）接收钢板信息、入库。在接收到钢板信息电文后，根据指定位置的操作代码判断操作类型，如添加、修改或删除钢板，如果是添加钢板，需要根据库区剁位的钢板分布情况，选择合适的剁位。另外两种情况则可以直接在数据库中直接操作。接收钢板信息流程如图 4-15 所示。

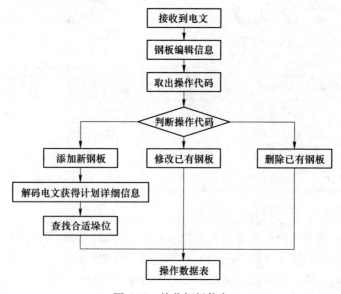

图 4-15　接收钢板信息

（2）计划信息。在接收到计划信息电文后，根据指定位置的操作代码判断操作类型，如添加、修改或删除计划信息，如果是添加计划，需要在取出计划详细信息后加入相应数据表。另外两种情况可以根据计划号直接在数据库中直接操作。接收计划信息流程如图4-16所示。

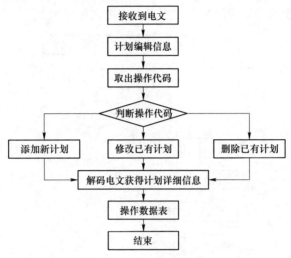

图 4-16　接收计划信息

（3）匹配形成预装钢板信息。将实际上料与计划数据建立对应关系生成准备上线钢板队列及上线钢板的原始数据信息，这个过程中需要比较计划需要的钢板数量和库区所能提供的钢板数量，只有当两者数量都满足要求时才能进行操作，在添加生产工艺信息生成钢板预装队列后，钢板还属于虚拟状态。只有当钢板完成测长、测宽、称重确认满足计划要求后，才正式形成炉前辊道钢板队列，并保存到数据库为跟踪程序做好调用的准备工作。匹配钢板和计划信息流程如图4-17所示。

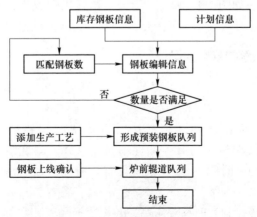

图 4-17　匹配钢板和计划信息

（4）钢板跟踪信息。如图 4-18 所示，对于钢板在各个逻辑分区之间的转移，首先判断源队列钢板数量是否为 0，源队列钢板数量为 0 时，表明无钢板可进行转移操作；源队列钢板数量大于 0 时，表明可以进行转移操作，取出序号最小的钢板信息准备插入到目标队列中，如果目标队列钢板数量为 0，新插入的钢板序号为 1，否则新插入的钢板序号为原有钢板中最大序号加 1。

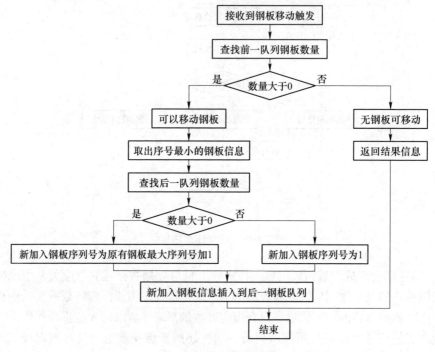

图 4-18   钢板信息跟踪

（5）实绩信息。如图 4-19 所示，当一块钢板出炉或出淬火机后，过程机将相应的生产实绩信息写入到相应的数据表，并上传实绩信息到 L3。

4.5.3 过程跟踪系统的软件实现

在系统架构的设计过程中，主要基于以下原则：（1）先进可靠原则，建立完善的任务调度功能，使用线程和进程技术，基于任务的同步与灵活的通信配置使系统形成一个同步并发的环境，并提高系统的容错能力和自恢复能力；（2）系统可进行离线调试，仿真生产现场触发事件，测试系统的健壮性，方便调试和开发，缩短调试时间。（3）系统具有开放性，采用易于扩展的软硬件配置，便于系统的维护和升级。

考虑到整个系统控制实时性要求高、数据交换频繁、数据量大等特点，采用三层结构设计，分别为客户端、实时中间件和数据库。数据库服务器负责存储生

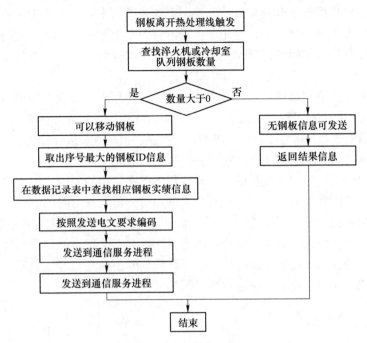

图 4-19 上传钢板实绩

产数据和进行事务处理，是整个系统的核心；实时中间件负责与 HMI 客户端、PLC、L3 及其他系统的通信；客户端负责数据录入和操作。整个系统架构如图 4-20 所示。

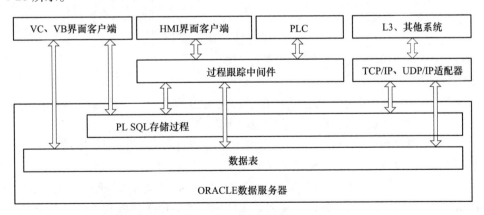

图 4-20 系统架构设计

4.5.3.1 实时中间件的线程、队列管理

对系统的存储资源控制是实时中间件管理的一个重要能力。在实时中间件体

系结构中，使用线程池和优先级队列控制系统规模。实时中间件为了避免在请求处理过程中发生优先级翻转，使用了大量的管理线程和执行线程。这种多线程的体系结构使得实时中间件比通用中间件需要更多的存储资源，相应地也需要更多的线程。

（1）模型具有很强的并发能力和抢先能力。使用不同线程，使模型具有很强的并发能力。可以通过线程优先级的控制，使得高优先级的请求在多个环节抢先低优先级的请求执行，这对于预测请求的执行顺序，预测请求执行时间非常关键。

（2）模型使用线程池控制系统的规模。因为在预测请求执行时间时，必须考虑请求执行过程中创建线程的时间和线程上下文切换的时间。但是这两个时间受系统负载的影响很大，特别是负载急剧增加时创建线程的时间和线程切换时间都急剧增大，最终变得不可预测。使用线程池，一方面可以限定系统的最大规模，确定系统的最大负载量，从而可以增强线程上下文切换的可预测性；另一方面，线程池的线程在系统启动时创建，所以线程的创建时间可以忽略，从而减少了请求的执行时间，提高了请求执行时间的可预测性。

4.5.3.2　多线程并发

对于实时中间件来说，典型的并发模型如图 4-21 所示，在请求每一个环节都派生一个线程时，可以最大限度地利用处理机的资源。

但是这种模型有着致命的缺陷：

（1）当请求到达非常频繁时，由于系统规模的可预测性较弱，系统中的线程数量增加过大，造成系统的性能低下，甚至使系统无法工作；

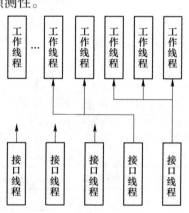

图 4-21　简单线程并发模型

（2）因为线程都是动态创建，在请求执行过程中，需要在多个线程的上下文切换，从而造成系统的响应速度的急剧下降；

（3）在网络负担很重时，这种模型由于没有对网络提供细粒度的控制，如果请求到达非常频繁时，可能造成网络拥塞。

工作者并发模型如图 4-22 所示，在这种模型中，包含有一个 I/O 线程，负责从接口线程队列中取出数据，插入请求队列，然后由工作线程逐个从请求队列中取出数据进行处理，请求队列以 FIFO 的方式工作。

工作者并发模型虽然实现起来比较简单，但并不适用于实时系统，原因如下：

（1）各个线程共享动态分配的数据缓冲区，从而限制了其他优化措施的能力；

（2）为了在线程中传递数据，需要一定的同步，因此增加了锁定负载；

（3）先进先出的请求将首先处理在队列中时间最长的请求，而不管请求的优先权问题，这将导致无法预料的优先权倒置。

为了克服缺点，TAO 对工作者并发模型进行优化，形成了所谓领导者/跟随者并发模型，如图 4-23 所示。

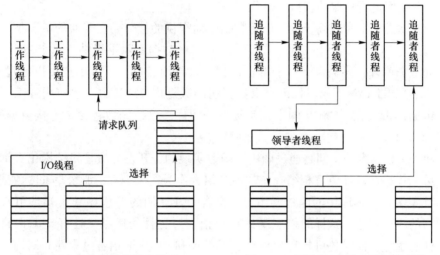

图 4-22　工作者线程并发模型　　　　图 4-23　领导者/追随者线程并发模型

该模型取消 I/O 线程，分配一个线程池，线程池中的某一个线程扮演 I/O 线程的作用，称为领导者，而其他线程成为跟随者。当请求到达时，领导者从内存中读请求，对于合法的请求，在线程池中的某个跟随者成为新的领导者，而领导者则负责向上调用，调用结束后，该线程返回线程池，成为跟随者。该模型的优点是不需要将请求从专门负责读请求的线程传输到处理请求的线程，从而减少了对请求的上下文切换的消耗。其缺点是实现起来较难，且可能会造成优先级翻转。

在过程控制实时中间件中，因为事先已经确定通信客户端的数量和通信方式，接口线程采用动态配置的方式，程序一旦运行就不再变动。对于数据库线程，考虑到实时任务数量大、负载变化的情况，采用领导者/追随者并发模型，并采用优先级控制。

线程池中的线程的优先级，线程的堆栈都可以通过相应的策略加以控制。在预测请求执行时间时，必须考虑请求执行过程中线程上下文切换和创建线程的时间。但是这两个时间受系统负载的影响很大，负载急剧增加时，线程切换时间也急剧增大，最终变得不可预测。使用线程池，一方面线程池的线程在系统启动时即已经创建，所以预测执行时间时可以忽略线程的创建时间。另一方面使得可以确定系统的最大规模，这样可以确定系统的负载，从而可以增强对线程上下文切换时间的可预测性。

4.5.3.3　数据库线程的接口选择

在 C++中可以有多种接口方式，可以使用 OCI，可以使用 ADO 通用接口，还可以使用 OLE DB 及 ODBC 等方式。在这些方式中，ADO 与 OCI 是应用最为广泛的两种方式。Oracle 调用接口（Oracle Call Interface，OCI）提供了一组可对 Oracle 数据库进行存取的接口子例程。

OCI 就是为了实现高级语言访问数据库而提供的接口。在普通的情况下，用户可以通过 SQL 来访问数据库中的数据。Oracle 数据库除了提供 SQL 和 PL/SQL 来访问数据库外，还提供了一个第三代程序设计语言的接口，用户可以通过 C、COBOL、FORTRAN 等第三代语言来编程访问数据库。OCI 由一组应用程序开发接口组成，Oracle 提供 API 的方式是提供一组库。这组函数包含了连接数据库、调用 SQL 和事务控制等一系列的函数调用。

OCI 对数据库的访问是通过调用库函数实现的，开发方法是将结构化查询语言和第三代程序设计语言相结合，若将 C 语言作为宿主语言，那么 Oracle 数据库调用其实就是 C 程序中的函数调用，一个含 OCI 调用的 C 程序其实就是用 C 语言编写的应用程序。这样的程序既具有 C 语言过程性的优点又具有 SQL 语言非过程性的优点，同时还可具有 SQL 语言的扩展和 PL/SQL 语言过程性和结构性的优点，因此使得开发出的应用程序具有高度灵活性。

ADO（ActiveX Data Objects，ActiveX 数据对象）是为数据访问接口 OLE DB（对象链接和嵌入数据库）而设计的，是一个便于使用的应用层的编程接口。使用 ADO 编写的应用程序可以通过 OLE DB 提供者访问和操作数据库服务器中的数据。ADO 最主要的优点是易于使用、可以访问多种数据库及可以在多种语言中开发。

各接口访问数据库的模型如图 4-24 所示。

可以看出 ADO 是以 OLE DB 为基础，它对 OLE DB 进行了封装，所以 ADO 其实是 OLE DB 的应用层接口，是介于 OLE DB 与应用程序之间的中间层。这种结构数据访问接口提供了很好的扩展性，不再局限于特定的数据源，只要 OLE DB 支持的数据源，ADO 都可以很好地支持。

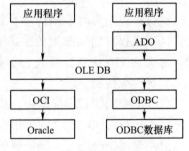

图 4-24　数据库接口之间的关系

OCI 是其他 Oracle 开发接口的底层实现，如 ADO、JDBC 都是在 OCI 上层的封装，由于 OCI 是比较底层的接口，少了很多层的封装，可以提供应用程序与 Oracle 的直接连接，所以 OCI 可以提供最佳的性能。正是基于此，Oracle 自身的一些工具及许多著名的 Oracle 数据库工具如 Toad、PL/SQL Developer 等也都是用 OCI 开发的。但由于 C/C++的学习难度比较大，每一个函数的参数都非常多，比较难以理解，所以 OCI 的开发难度与 ADO、JDBC 等开发接口相比要大许多，所以使用 OCI 开发应用程序的程序员相对 ADO 的程序员要少得多。

为比较 ADO 和 OCI 接口两者的效率，在 CPU 主频 2.13GHz 计算机上执行相同任务，代码分别为 354 行和 602 行，性能如表 4-12 所示。

表 4-12 ADO 与 OCI 接口性能的比较

序号	项目	ADO	OCI
1	读取数据时间/s	14.2	5.5
2	写入数据时间/s	130.6	1.6

可以看到，由于可以直接访问数据，省掉了应用程序与 Oracle 服务器之间的中间层封装，OCI 在速度方面具有较大优势，因此，在实际使用中选择了 OCI 作为访问 Oracle 数据库的接口。

4.5.3.4 队列及优先级

当有大量的请求到达并且和请求的处理速度不匹配时，就需要临时缓存请求，待系统资源有空闲时再做处理。排队是一种经典的解决方法。图 4-25 所示为 FIFO 执行方式与优先级执行方式在负载逐渐变大时等待执行时间的变化趋势图，可以看到，在优先级执行方式下，高优先级任务的等待时间变化较小，符合部分重要任务的执行需要，而对一些重要性稍差的任务，则相对 FIFO 方式增加了等待时间。

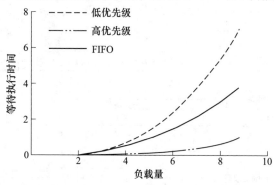

图 4-25 FIFO 与优先级控制的差异

实时中间件在缓存请求时按照优先级排队，以便系统资源空闲时，能够优先处理高优先级的请求。为控制系统规模，必须能够控制队列的存储属性和排队行为，否则队列无限制膨胀会导致系统时间特性难以预测，系统资源更加紧缺。

在跟踪平台中，针对酒钢现场的优先级划分情况建立的丢弃策略如表 4-13 所示，在这里采用序号 4 的优先级丢弃策略。

表 4-13　丢弃策略

序号	丢弃策略	说　　明
1	DISCARD_ANY	丢弃新到达的请求
2	DISCARD_BY_PRIORITY	按照优先级替换，即新到达的高优先级请求可以替换已到达的低优先级请求
3	DISCARD_BY_ORDER	按照到达顺序替换，即新到达的请求可以替换已到达的请求
4	DISCARD_BY_PRIORITY_DISC DISCARD_BY_ANY	按照优先级替换，如果所有的请求优先级相同则丢弃新到达的请求
5	DISCARD_BY_PRIORITY_DISC DISCARD_BY_ORDER	按照优先级替换，如果所有的请求优先级相同则丢弃最早已经到达的请求

4.5.3.5　数据库

使用数据库中 PL/SQL 存储过程完成业务处理，架构如图 4-26 所示，包括以下部分：

（1）实现业务处理，如钢板队列的生成和前后队列间的钢板移动操作等；

（2）实现优化算法，如入库堆垛算法和出库垛位选择算法等；

（3）对通信服务进程发送过来的数据包进行解码操作；

（4）对数据库向通信服务器发送的数据进行编码操作，并通过 TCP/IP 协议发送到通信服务进程；

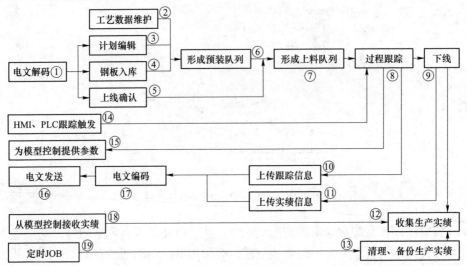

图 4-26　数据库系统结构

（5）利用 JOB 任务功能实现业务处理的定时功能；

（6）为报表系统提供查询后的数据。

在图中所示功能中，①~⑬、⑰为 PL/SQL 存储过程；④、⑤、⑱为过程模型进程直接读写数据库；⑯为 Java 程序；⑲为 Oracle 系统提供。

业务处理使用 PL/SQL 存储过程来完成有如下优点：（1）PL/SQL 存储过程能够组合起来完成复杂业务处理过程，并且支持面向对象的编程方法和重载，提高程序的可重用性；（2）PL/SQL 存储过程在编译后生成中间代码，该代码的执行效率比客户端数据库访问快；（3）PL/SQL 存储过程中包含完备的容错功能，提高系统的稳定性；（4）外部程序直接调用 PL/SQL 存储过程，仅需传递存储过程名和参数，减少网络流量，降低外部程序与数据库服务器之间的数据交换量；（5）可以使用 PL/SQL Developer、Toad 等开发工具模拟运行环境和设置断点，方便调试。

4.5.4 应用

图 4-27 和图 4-28 为过程跟踪平台软件界面，该平台已成功应用于宝钢热处理线，满足现场要求，针对酒钢热处理线的过程跟踪系统处于现场调试阶段。

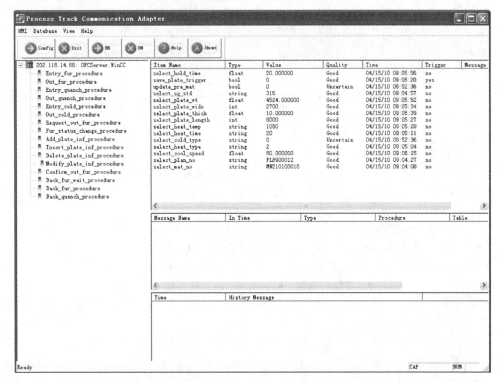

图 4-27　Process Track Communication Adapter 软件界面

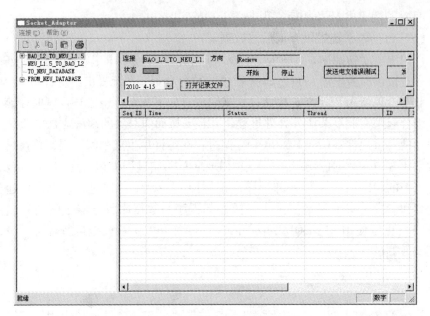

图 4-28　Socket Adapter 软件界面

参 考 文 献

[1] 王国栋. 中国中厚板轧制技术与装备 [M]. 北京：冶金工业出版社，2009.

[2] 张景进. 中厚板生产 [M]. 北京：冶金工业出版社，2005.

[3] 王生朝. 中厚板生产实用技术 [M]. 北京：冶金工业出版社，2009.

[4] 丁嘉庆. 中厚板冷床的选择 [J]. 冶金管理，2008 (6)：58~61.

[5] 陈瑛. 中厚钢板冷床的选择 [J]. 宽厚板，2002，8 (4)：27~30.

[6] 沈继刚，闫君. 奥氏体不锈钢中厚板连续喷淋酸洗工艺浅析 [J]. 宽厚板，2015 (4)：
   45~48.

[7] 赵大东. 集成中厚板厂过程控制平台及优化理论研究 [D]. 沈阳：东北大学，2010.

[8] 赵大东，薛君安，王昭东，等. 中厚板热处理线过程控制系统平台的开发与应用 [J].
   东北大学学报（自然科学版），2009，30 (10)：1441~1444.

[9] 周良忠. C++面向对象多线程编程 [M]. 北京：人民邮电出版社，2003.

[10] Jim Beveridge，Robert Wiener，Win32 多线程程序设计 [M]. 侯捷，译. 武汉：华中科技
   大学出版社，2005.

[11] Gregory R. Andrews. 多线程、并行与分布式程序设计基础（影印版）[M]. 北京：高等
   教育出版社，2002.

[12] 何子述. 现代数字信号处理及其应用 [M]. 北京：清华大学出版社，2009.

[13] Xiaorui Wang，Chenyang Lu，Christopher Gill. FCS/nORB：A feedback control real-time

scheduling service for embedded ORB middleware [J]. Microprocessors and microsystems, 2008, 32 (8): 413~424.

[14] Aniruddha Gokhale, Krishnakumar Balasubramanian, Arvind S. Krishna, et. al. Model driven middleware: A new paradigm for developing distributed real-time and embedded systems [J]. Science of Computer Programming, 2008, 73 (1): 39~58.

[15] Xiaorui Wang, Yingming Chen, Chenyang Lu, et. al. FC-ORB: A robust distributed real-time embedded middleware with end-to-end utilization control [J]. Journal of Systems and Software, 2007, 80 (7): 938~950.

[16] Jorg Kaiser, Cristiano Brudna, Carlos Mitidieri. COSMIC: A real-time event-based middleware for the CAN-bus [J]. Journal of Systems and Software, 2005, 77 (1): 27~36.

[17] Seth Copen Goldstein, Klaus Erik Schauser, David E. Culler. Lazy threads: implementing a fast parallel computing [J]. Journal of Parallel and Distributed Computing, 1996, 37 (1): 5~20.

[18] David K. Lowenthal, Vincent W. Freeh, Gregory R. Andrews. Using fine-grain threads and run-time decision making in parallel computing [J]. Journal of Parallel and Distributed Computing, 1996, 37 (1): 41~54.

[19] Stuart Fiske, William J. Dally. Thread prioritization: a thread scheduling mechanism for multiple-context parallel processors [J]. Future Generation Computer Systems, 1995, 11 (6): 503~518.

[20] Korch M, Rauber T. Comparison of parallel implementations of runge-kutta solvers: message passing vs. threads [J]. Advances in parallel Computing, 2004, 13 (1): 209~216.

[21] 赵大东, 王昭东, 熊江华, 等. 中厚板厂制造执行系统的设计 [J]. 轧钢, 2009, 26 (5): 51~54.

[22] 赵大东, 李勇, 王昭东, 等. 中厚板厂 MES 体系结构的研究与实现 [C]//第五届先进结构钢及轧制新技术国际研讨会, 沈阳, 2008.

5 中厚板热处理产品

5.1 钢板热处理过程中的组织转变、冶金学原理

金属的热处理是将固态金属放在一定的介质中，通过特定的加热和冷却的方法，以此获得工程技术上所需性能的一种工艺过程总称。钢铁材料经过热处理可以获得不同的组织，从而得到不同的力学性能和使役性能，以此满足制造装备的需要。

通过控制适当的热处理工艺，不但可以强化钢铁材料、充分挖掘其性能潜力，以此降低结构重量和节省材料和资源，而且还可以提高所制造装备的质量，大幅度延迟机器零件的使用寿命。同时，适当的热处理，还可以消除铸造、锻造和焊接等热加工工艺造成的缺陷、细化晶粒、消除偏析、降低内应力、均匀组织和稳定力学性能等。此外，通过热处理，还可以改善工件的使役性能，如磨损、腐蚀等，从而延长工件的使用寿命。

钢铁材料在热处理过程中会发生固态相变，从而使得内部组织结构发生转变，热处理通常包括加热、保温和后续冷却三个阶段。大多数热处理时，都是先把钢加热到奥氏体化的状态，然后以适当的方式冷却，从而获得所需的组织和性能。

5.1.1 钢在加热时的组织结构转变

加热时奥氏体的化学成分、均匀化程度及晶粒尺寸的大小对随后冷却时奥氏体的转变特征和转变产物都有显著的影响，从而影响后续获得的力学性能。因此，研究钢在加热时的组织转变规律，控制和优化加热工艺制度，从而改变钢在高温时的组织结构状态，对理解和充分挖掘钢材的性能潜力、保证热处理产品的最优性能和产品质量具有重要意义。

钢中化学成分不同，在加热时组织结构转变也有一定的差异。以共析钢为例，如果其原始组织是片状珠光体，当将其加热至 A_{c1} 以上的某一温度保温一定时间时，珠光体处于不稳定状态，通常会首先在铁素体和渗碳体向界面上形成奥氏体晶核，主要是由于铁素体和渗碳体相界面上存在碳浓度分布不均，原子排列不规则，从而易于产生浓度和结构区起伏，为奥氏体形核创造了条件。同时，珠光体边界也可以成为奥氏体的形核部位。此外，在快速加热条件下，部分铁素体亚晶界也可以成为奥氏体的形核部位。

　　奥氏体在形核后即开始长大。通常情况下，奥氏体的晶粒长大是通过渗碳体的溶解和分解、碳原子在奥氏体和铁素体中的扩散和铁素体向奥氏体转变进行的。碳原子在奥氏体中扩散的同时，也在铁素体中进行扩散，这是由于分别与渗碳体和奥氏体相接触的铁素体两个相界面之间也会存在碳浓度差，二者扩散的结果也使与奥氏体接触的铁素体碳浓度升高，促使铁素体向奥氏体转变，从而也能促进奥氏体长大。研究表明，由于铁素体与奥氏体相界面浓度差远小于渗碳体与奥氏体相界面上的浓度差，使得铁素体向奥氏体转变的速度比渗碳体溶解的速度快得多，因此，珠光体中的铁素体总是先消失。当铁素体全部转变为奥氏体时，可以认为珠光体向奥氏体的转变基本完成，但仍然有部分剩余的渗碳体尚未溶解，说明奥氏体化的过程仍然在继续进行，因此，控制珠光体、铁素体向奥氏体的转变进程，对于后续获得不同的组织具有重要的意义。

　　当铁素体完全转变为奥氏体时，钢件继续保温或者加热，使得碳原子在奥氏体中继续扩散，剩余的渗碳体会不断地向奥氏体中溶解，当渗碳体刚刚全部溶入奥氏体时，此时的奥氏体内的碳浓度是不均匀的，会出现原来的渗碳体的地方碳浓度较高，而原来铁素体的地方碳浓度较低，只有通过长时间的保温或继续加热，才能让碳原子得到充分的扩散，从而获得均匀的奥氏体。由于珠光体中铁素体和渗碳体的相界面相对较多，所以奥氏体形核部位会更多，当奥氏体化温度不高且保温时间足够长时，可以获得更加细小且相对均匀的奥氏体晶粒。

　　亚共析钢和过共析钢的奥氏体化过程与共析钢的基本相同，但当加热温度仅超过 A_{c1} 时，只能使原始奥氏体中的珠光体转变成奥氏体，仍然会保留一部分先共析铁素体或渗碳体，只有当加热温度超过 A_{c3} 或 A_{cm} 并保留足够的时间后，才能获得均匀的单相奥氏体。

　　奥氏体的形成是形核和长大的过程，在整个过程中会受到原子扩散所控制。因此，影响扩散、形核和长大的因素均会影响奥氏体的形成速度。通常情况下，加热温度越高，奥氏体形成速度越快。这主要是由于形成奥氏体晶核需要原子扩散，而扩散需要一定的时间，随着温度的增加，原子的扩散速率急剧加快，相变驱动力也会迅速增加，同时奥氏体中的碳浓度梯度显著增大，因此，奥氏体的形核和长大速度会大大增加。在影响奥氏体形成速度的诸多因素中，温度的作用最为显著。部分研究表明，在较低温度下长时间保温和在较高温度下短时间加热均可以得到相同状态的奥氏体，因此，在制定奥氏体化的加热工艺时，应当全面考虑加热温度和保温时间的影响。

　　奥氏体的形核会受到原始组织的影响。原始组织中的相界面越多，则形成奥氏体的晶核越多，晶核长大速度越快，可以加速奥氏体的形成过程。通常情况下，奥氏体化最快的是原始组织为淬火状态得到马氏体组织的钢，其次是正火状态得到珠光体和铁素体组织的钢，最慢是球化退火状态获得大量渗碳体的钢。这是因为淬火态获得马氏体的钢在 A_1 点以上升温过程中已经分解为微细粒状珠光体，组织最为弥散，相界面最多，有利于奥氏体的形核与长大，所以转变最快。正火状态获得细片状珠光体，其相界面也很多，所以转变也会很快。球化退火状态时得到粒状珠光体组织，其相界面最少，因此奥氏体化最慢。

奥氏体的形核也会受到化学成分的影响。钢中的碳含量越高，奥氏体形成速度越快。而合金元素对奥氏体的形核的影响则主要体现在两个方面，一是合金元素影响碳原子在奥氏体中的扩散速度，如 Co、Ni 可以提高碳原子在奥氏体中的扩散速度，可以加快奥氏体的形成速度；Al、Mn 等元素对碳原子在奥氏体中扩散能力影响不大；而 Cr、Mo、W、V 等碳化物形成元素则显著降低了奥氏体中碳原子的扩散速度，从而大大减慢了奥氏体形成速度。二是合金元素改变了钢的临界点和碳在奥氏体中的溶解度，改变了钢的过热度和碳原子在奥氏体中的扩散速度，从而影响奥氏体的形成过程。此外，钢中合金元素在铁素体和碳化物中的分布通常不均匀，因此，合金钢在奥氏体化时，除了需要碳元素分布均匀外，还有一个合金元素的均匀化过程。而合金元素在奥氏体中的扩散速度相对于碳元素则要慢许多，仅为碳元素的万分之一到千分之一，因此，合金钢的奥氏体均匀化时间要比碳钢长得多[1,2]。

奥氏体形成的晶粒尺寸会对后续冷却转变的组织和性能产生较大的影响。通常情况下，奥氏体晶粒尺寸越细小，热处理后的强度越高，韧塑性越好；粗大的奥氏体晶粒会显著降低钢的低温冲击韧性、减少裂纹扩展功和提高韧脆转变温度。同时，晶粒粗大的钢件，淬火时的开裂和变形倾向会增大，尤其是当晶粒尺寸不均时，还会显著降低钢的结构强度，引起应力集中，使得钢件易于产生脆性断裂。因此，在热处理加热和保温过程中，必须注意防止奥氏体晶粒粗化[3]。

5.1.2　钢在加热后冷却过程中的组织结构转变

钢在加热或保温时主要是为了获得均匀细小的奥氏体晶粒，并通过后续冷却工艺获得所需的组织和性能。钢在奥氏体化后主要有两种冷却方式：一种是连续冷却方式，即钢从高温的奥氏体状态连续冷却至室温；另一种是等温冷却方式，即将奥氏体状态的钢迅速冷却至临界温度以下的某一温度保温，让其发送等温转变，然后再冷却至室温。

奥氏体在临界转变温度以上时，通常属于稳定状态，不会发生转变。当奥氏体冷却至某一临界温度以下时，由于其存在热力学上的不稳定状态，在冷却过程中会发生分解转变。此种临界温度以下不稳定、即将发生转变的奥氏体被称为过冷奥氏体。过冷奥氏体以较小的冷速缓慢冷却时，类似于热处理时的退火或者正火的随炉冷却或空冷，由于过冷度较小，在高温下有足够的时间进行扩散分解，从而可以得到近乎平衡的珠光体类型组织。当冷却速度较快时，过冷奥氏体会在较短的时间内冷却至较低的温度，此时碳原子尚可以扩散，但铁原子不能进行扩散，奥氏体会转变成贝氏体组织。如果采取更快的冷却速度，奥氏体会在极短的时间内快速冷却至不能扩散分解的低温 M_s 点以下，只能得到马氏体组织。这种冷却速度接近于水冷的快速冷却方式，在工业生产时叫做淬火，其相变叫做马氏体相变。

过冷奥氏体在临界温度 A_1 以下冷却时，由于过冷度的不同，转变组织的类型也有较大的差异，可转变为珠光体、贝氏体或马氏体。过冷奥氏体的转变也是一个形核和核长大的过程，在该过程中除了会发生组织和性能变化外，还会发生体积膨胀和磁性转变。因此，通常可以采用膨胀法、磁性法和金相-硬度等方法显示过冷奥氏体的转变过程。过冷奥氏体转变速度与形核率和生长速度有关，而形核率和形核速度又取决于过冷度[4]。随着过冷度增大，转变温度降低，奥氏体与珠光体自由能差增大，转变速度应当加快。但过冷奥氏体的分解是一个扩散的过程，随着过冷度增大，原子扩散度显著减小，形核率和生长速度降低，故过冷度增大又会使转变速度变慢。因此，过冷奥氏体的转变速度是由新旧两相转变自由能差和原子扩散速度二者综合作用的结果。

以下通过典型中厚钢板热处理产品热处理过程，来详细叙述各类产品在热处理过程中的组织性能演变。

5.2 热处理典型产品应用一：工程机械用高强钢板

5.2.1 工程机械用高强度结构钢板性能要求与组织特点

目前，我国已成为工程机械制造大国，产销量跃居全球第一[5]。近年来，随着国民经济的快速发展，资源和能源的限制逐渐凸显，环保问题日趋严峻，工程机械行业向大型化、轻量化和重载化方向发展，要求结构件重量更轻、承载能力更强，对工程机械用钢提出了更高的要求。比如，对于重载商用自卸车，车身重量每减轻10%，就可降低燃油消耗6%~8%，降低 CO_2 排放量5%~6%[6]。为了实现工程装备的轻量化，同时满足其大型化的要求并提高其载荷能力，需要应用更多更高级别的结构钢板，原材料升级换代的需求十分迫切。工程机械用结构钢向高强度、高韧性、易焊接和方便成型的方向发展已成为必然趋势。

工程机械用高强钢以其低成本、高强度、高韧性、易焊接等优点，被广泛应用于工程机械的关键零部件制造。按强化方式及处理工艺的不同，低合金高强度结构钢的发展大致可以分为三个阶段：高抗拉强度钢（high tensile strength，HTS），调质型高强度钢（quenching and tempering steel，QTS）和低合金高强钢（high strength low alloy，HSLA）[7]。早期的工程机械用钢采用传统轧制工艺，得到铁素体-珠光体的显微组织，屈服强度在350MPa左右。20世纪50年代，调质型高强钢开始出现，美国研制出以 Ni、Cr、Mo、V 合金元素为主的 HY 型系列用钢（包括 HY80、HY100、HY130），通过调质处理得到回火索氏体组织，具有良好的强韧性。同一时期，苏联也成功开发了 AK25、AK27、AK28 系列调质高强钢。在调质型高强钢中，为了获得良好的淬透性和强度，添加了较高的碳和合金元素，导致钢的碳含量和裂纹敏感性增加，对焊接工艺提出了较高的要求。在 20 世纪 80 年代，美国海军通过降低碳含量，采用微合金成分设计和热机械轧制（thermo-mechanical control process，TMCP）工艺开发出 HSLA-80 钢，具有比同级别 HY-80 钢更好的可焊性，随后又相继开发出 HSLA-100 和 HSLA-115 低合金高强钢[8]。

目前，国外先进钢铁企业相继开发出自己品牌的工程机械用结构钢，其中最具代表性的有 JFE 的 HITEN 系列、新日铁住金的 WEL-TEN 系列、SSAB 的 STRENX 系列、RUUKKI 的 OPTIM 系列、蒂森克虏伯的 XABO 系列和安赛乐米塔尔的 AMTRONG 系列[9]。HITEN 系列高强度结构钢具有高韧性和良好的焊接性能；WEL-TEN 系列高强钢采用先进的 TMCP 技术，包括最高抗拉强度 1130MPa 在内的 6 个强度级别，广泛应用于对抗拉强度要求较高的工程机械领域；STRENX 系列高强钢主要用于制造起重机吊臂等高应力结构件，采用精确控制碳含量、合金元素和残余有害元素，通过先进的淬火和回火技术，保证钢板具有良好的强度、韧性和焊接性，开发出屈服强度为 420～1300MPa 的系列工程机械用高强钢。STRENX1300 是目前世界上强度最高的工程机械用结构钢，最小屈服强度不小于 1300MPa，且具有良好的低温韧性。

国内工程机械用高强钢的开发起步较晚。自改革开放以后，伴随着国家加大基础建设的投资，工程机械行业得到了快速发展的机会，对工程机械用高强钢的开发也起到了推动作用。鞍钢作为国内研发工程机械用钢最早的企业之一，先后开发出 HQ 系列、IE 系列和 DB 系列工程机械用高强钢。舞钢采用轧后直接淬火+回火工艺开发出 960MPa 级的工程机械用高强钢，简化了生产流程，提高了生产效率，降低了生产成本。宝钢作为国内最具竞争力的企业，与国内工程机械企业展开合作，已成功研制出屈服强度 700MPa、960MPa 和 1100MPa 级的工程机械用钢[10]。武钢从 1986 年开始研发和推广高强度钢板，现已开发出 600～900MPa 级 Cu-Nb-B 系列低碳贝氏体工程机械用高强钢。南钢和东北大学合作，采用东北大学自主研发的辊式淬火装备开发出屈服强度 690～1300MPa 的工程机械用高强钢。涟钢与东北大学合作，采用独特的热连轧轧制并结合横切开平然后离线热处理方式，采用东北大学新研制的辊压式薄规格淬火装备技术，解决了在极高冷速下薄规格钢板对温差波动敏感、板形质量差等问题，成功开发出厚度最薄 2mm、屈服强度 1300MPa 的工程机械用高强钢。

随着工程机械装备制造的大型化、轻量化和结构复杂化方向发展，要求所用的钢板要求同时具有高强度和高韧塑性、易焊接、高冷成型性和高平直度板形等综合性能。屈服强度 960MPa 级工程机械用钢不能完全满足工程机械大型化和轻量化的制造需求，屈服强度 1100~1300MPa 级结构钢会得到越来越多的应用。

5.2.2 工程机械用高强钢板热处理过程中组织演变及性能变化规律

5.2.2.1 屈服强度 960MPa 级工程机械用高强钢板热处理过程中的组织性能演变

随着工程机械装备制造的大型化、轻量化和结构复杂化方向发展，要求所用的钢板要求同时具有高强度和高韧塑性、易焊接、高冷成型性和高平直度板形等综合性能。

实验钢的力学性能随回火温度变化规律如图 5-1 所示，随回火温度升高力学性能变化的总体趋势为强度下降，塑韧性能提高，在高温回火区间内材料不存在回火脆性区间。550~600℃ 强度下降速度略为缓慢，但 600℃ 之后则快速下降，塑韧性也随之显著增加。

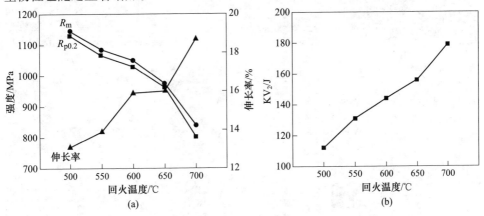

图 5-1 实验钢力学性能随回火温度变化趋势
(a) 室温横向拉伸性能；(b) -40℃ 纵向冲击性能

高强钢 Q960 于 900℃ 保温 20min 后淬火状态下的组织如图 5-2 所示，由于组织极为细小在光镜下难以发现典型的马氏体板条平行成束的形态，但能观察到散乱分布的块或条状组织尺寸约 1μm 左右，其在 SEM 图中可知是尺寸较宽的板条或由小角度板条构成的板条块，边界有大角晶界构成。由 TEM 组织可知马氏体类型全部为板条形，含高密度位错，另据介绍低碳马氏体部分板条间含微量残留奥氏体薄膜，有利于改善韧性。图 5-2 中板条 (lath) 宽度大部分为几百纳米，少数尺寸较宽达 1~2μm，有时甚至呈块形，也可能是由于观察面接近平行于板条惯习面所致。宽板条形成于马氏体转变初期，转变温度高（M_s 约 450℃），奥

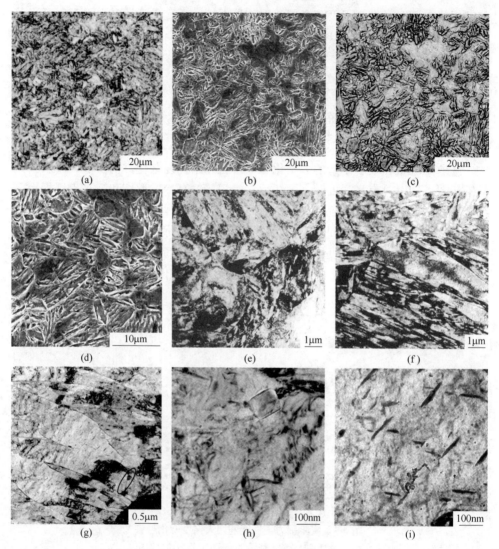

图 5-2　高强钢 Q960 淬火态微观形貌

(a) 光学金相组织；(b)~(d) SEM 组织；(e)~(i) TEM 组织

氏体尚未相变应变，阻力较小，马氏体板条晶容易长大。由于形成温度高，宽板条往往表现出明显的自回火现象，如图 5-2 (g) 所示。自回火析出碳化物一般呈针状，长约 100nm 厚约 10nm，空间形状为片状，与基体呈共格关系，在特定的惯习面上析出，因此在一个板条内只观察到某些特殊方向的针。自回火片状碳化物的尺寸较小，能够有效钉扎位错起到沉淀硬化的作用。自回火碳化物针片在光镜上无法显示与分辨。图 5-2 (i) 中能观察到另一种细小粒状颗粒 B，平均尺寸在 10nm 以下，并且分布均匀，这种尺寸的颗粒对阻碍奥氏体晶粒的长大及对基体的沉淀强化均有明显的作用。实验钢中添加了铌、钒、钛等微合金元素，在轧制均热过程中大部分溶解于奥氏体，轧制及冷却过程中以细小碳氮化物颗粒部分析出，部分保持固溶。淬火保温过程中，在900℃的淬火温度下，即使保温达到平衡状态仍有大量微合金元素未溶解，以碳氮化物颗粒存在（主要为大部分的铌和钛的碳化物，钒基本固溶），而且该加热温度和时间下其 Ostwald 熟化程度甚小，在淬火过程中便以纳米级颗粒保留下来。而高强钢 Q960 在淬火冷却的过程中冷速极大，无论在奥氏体和马氏体铁素体中微合金碳氮化物的析出动力学条件不足，不会有微合金碳化物的析出。还有实验钢中添加的 Al 元素，900℃正是AlN 质点析出的最高点，析出物能有效地起到阻碍晶界运动的作用，防止奥氏体晶粒长大，因此能有效地细化本质晶粒度。另一种情况是在自回火中析出直径3～8nm 的碳化物颗粒。相关研究证实低碳马氏体自回火析出的片状和纳米颗粒均为 θ-碳化物即渗碳体。相关研究表明，在低温回火过程中纳米微合金碳化物保持不变，而纳米渗碳体颗粒将有所长大。另外在基体中能发现一种方形析出物零星分布于基体，长 120nm、宽 100nm 左右，边缘有半球形附着析出物，能谱显示方形部分构成元素原子分数为 33%Ti、4.5%V、5.6%Nb、37%N、19%C，因此是溶有 Nb、V 的 Ti(C,N) 颗粒。这种粗大的方形 Ti(C,N) 形成于轧制均热阶段或直接液析形成，轧制和冷却过程及淬火加热过程中有 Nb、V 溶于或附着在Ti(C,N) 上析出。该实验钢淬火态的微观结构决定了其具有极高的强度，并有相当的韧性，是设计更高强度级别钢种所考虑的组织结构。

　　500～700℃回火冲击韧性得到恢复并快速增加，而强度也明显下降，微观组织如图 5-3 所示。从光学金相中可以看到随温度升高，铁素体基体的块状形貌越来越明显，而且尺寸逐渐粗大，然而直到 700℃回火（图 5-3（h））依然能分辨在近似等轴的铁素体晶粒（或为亚晶）内仍保留有原马氏体板条束的痕迹。SEM 组织则更明显，与淬火态图对比容易发现高温回火后的铁素体晶粒基本是由原马氏体板条束（块）回复形成，铁素体晶内的板条方向只有一种且已经变宽。

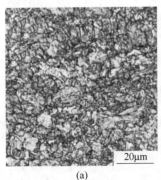

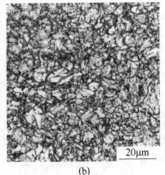

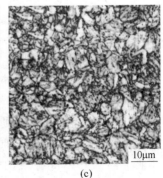

(a)　　　　　　　　　　　(b)　　　　　　　　　　　(c)

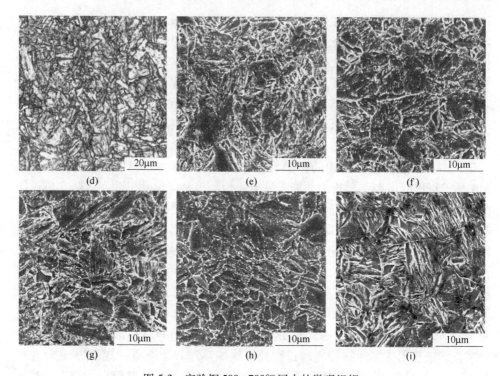

图 5-3　实验钢 500~700℃ 回火的微观组织
(a)~(d) 500℃、600℃、650℃、700℃回火 OM 组织；
(e)~(h) 500℃、550℃、600℃，700℃回火 SEM 组织；(i) 淬火态 SEM 组织

　　550~700℃ TEM 组织如图 5-4~图 5-6 所示，直到 700℃ 回火一直能发现有板条的存在，说明实验钢因添加的一些微合金元素而有较强的回火抗性，但相邻板条的合并却越来越明显，即使板条特征明显的区域板条尺寸也逐渐变宽。相邻板条合并的结果是形成铁素体晶块，这种铁素体晶粒或亚晶是由板条束、块，或经位错胞亚结构回复形成的。同一个块中有两种 K-S 关系变体（能形成两个所谓 sub-block），其中的板条都以小角度相邻，块之间以大于 15° 的大角度边界构成，在同一 {111} γ 惯习面上（同一个板条束）最多包含 6 个变体即马氏体取向，最多形成 3 种不同的各包含一对变体的块，当然一个束能包含数量更多或更少的块，但其类型最多有三种。如图 5-6（b）中的 A、B、C 便是由同一个板条束中的不同块形成的铁素体晶块，C 中下部板条边界（相同变体板条界接近 0°，邻近变体即 sub-block 接近 10°）已消失上部还有剩余。这种铁素体晶粒是 Hall-Petch 关系中的有效晶粒，能起到明显的细晶强化作用。随回复程度的发展，板条内的位错组态也有明显变化，原来的位错胞状亚结构通过胞壁的规整能发展成为铁素体亚晶。一些紊乱缠绕的位错也逐渐有序化，如图 5-5（e）呈半网络状态，图 5-6（e）近似于网络状排列，这种组态使位错有最低的能量，稳定性高。

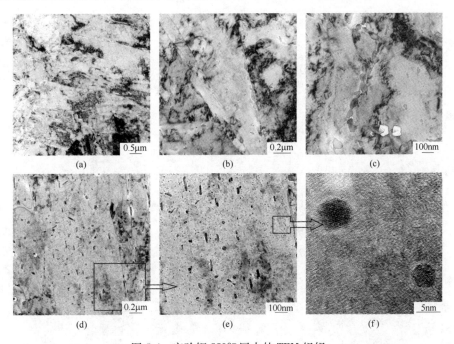

图 5-4 实验钢 550℃ 回火的 TEM 组织

(a)~(c) 典型位置的回火马氏体板条合并和位错分布；(d)~(f) 纳米析出物及其局部放大照片

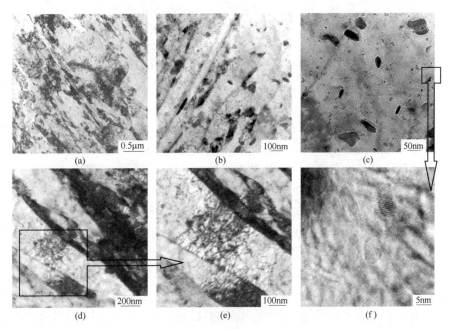

图 5-5 实验钢 600℃ 回火 TEM 组织

(a)，(b)，(d)，(e) 典型位置的回火马氏体板条合并和位错分布；

(c)，(f) 纳米析出物及其局部放大照片

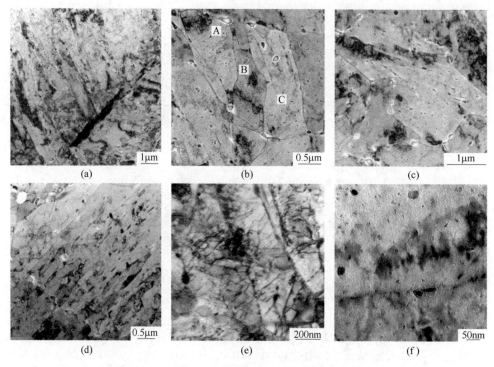

图 5-6　实验钢 650℃、700℃回火 TEM 组织

(a)~(c) 650℃回火；(d)~(f) 700℃回火

随回火温度升高，将发生两种析出物的形状尺寸和数量明显的变化。首先是较粗大的渗碳体颗粒，能谱显示有的颗粒还含有少量 N、Cr、Mn。在回火初期析出在边界上的长片随回火程度的发展将发生熔断和球化的现象，如图 5-4 (b)(c) 所示，在板条内部形成的渗碳体片也发生短粗化和球化。在大角度边界的碳化物更容易粗化，而且需要内部较细的渗碳体回溶以提供碳析出，因此内部渗碳体颗粒变得越来越少。并且随渗碳体的粗化，其颗粒数量也逐渐减少。在 600~650℃左右回火时，大角边界（原 γ 晶界，板条束界，特别是三叉晶界上）的渗碳体最粗大能达 100~200nm，多为椭球状，沿相邻板条界渗碳体多为棒状约在 50~100nm，而在铁素体基体中碳化物尺寸最小，约 30~50nm，多为球形或短棒状，如图 5-6 (c) 所示。渗碳体数量的减少还因为从约 550℃开始有大量的纳米级颗粒析出，如图 5-4 (d)~(f) 所示，这些颗粒为微合金碳化物。实验钢中的 Mo、Nb、V 等强碳化物形成元素在淬火保温过程有一定量的溶解，淬火后在铁素体中的平衡溶解度很小，但直到 550℃以上回火时才能具有足够的扩散系数，在铁素体基体中析出大量细小弥散颗粒。图 5-1 中观察到强度下降趋势稍有放缓便是这些碳化物的沉淀强化作用，并且能通过对位错和边界的钉扎而减缓回

复软化的进程，如图 5-5（f）所示。随回火温度的升高，纳米颗粒的尺寸和数量在变化。550℃回火大部分直径小于 5nm，600℃时平均在 5nm 左右，650℃时平均在 8nm 左右，700℃时平均约 10nm，温度低时尺寸分布较均匀，温度升高尺寸大小不均颗粒较明显，颗粒数量也明显减少。这是因为碳化物颗粒的粗化会导致更小的颗粒溶解，并且不同碳化物的熟化趋势存在差别，如 Mo、V 碳化物的粗化趋势大于 Nb。

一般高质量光学显微镜的分辨率达 200nm，硝酸酒精侵蚀的高温回火试样在 100×10 倍光镜下（图 5-5（c））能观察到的组织：由原奥氏体晶界、板条束界、板条块界回复形成的铁素体晶界，而还没有回复的相邻板条界则不能辨认，但模糊地能观察到板条方向的痕迹（主要因为沿板条界碳化物的存在）；在大角边界析出的 100～200nm 的粗大渗碳体颗粒及板条界上析出的部分较大尺寸（>100nm）的颗粒或基体上很少量的个别大尺寸颗粒能够辨认得出，颗粒尺寸越小在光镜下显示越模糊颜色越浅直至分辨不出。由于电化学侵蚀过程中碳化物不被侵蚀，铁素体具有较负电位作为阳极被氧化，并且碳化物界面的铁素体侵蚀较深，在碳化物周围形成一层凹陷，电镜下显示的黑色质点实际上包括碳化物颗粒及其周围的凹陷，因此看上去尺寸要比实际情况大，如光镜下测量这些质点尺寸多在 0.2～0.4μm，而实际上在 TEM 组织中这样粗尺寸的碳化物较少。另外基体上 30～50nm 的较小渗碳体则不能辨认，微合金碳化物更不能辨认。

第二相尺寸小时以位错切过机制起强化作用，其尺寸越大强化效果越大，而第二相颗粒尺寸较大时以 Orowan 绕过机制起强化作用，其尺寸越小强化效果越大，两种机制的转变存在一个临界转换尺寸 d_c。钢中常见的微合金碳氮化物的临界尺寸约在 2～5nm，即实验钢在 550℃回火时可获得最佳的第二相尺寸，回火温度高于 600℃时强化效果减弱。尺寸因素比起体积分数影响更大，强化效果与体积分数 1/2 次方成正比，与尺寸大致呈反比。假定不同温度时碳化物的体积分数不变（用测量面积的方法实验钢纳米颗粒含量约 0.06%～0.09%），其沉淀强化的效果从 550℃回火的约 200MPa 降至 700℃、10nm 时的约 100MPa。而 30～80nm 的渗碳体的沉淀强化效果很小，至于 100～200nm 的粗大渗碳体基本起不到沉淀强化的作用，反而尺寸越大对韧性的损害越大。实验钢强度的大幅下降除微合金碳化物粗化外，位错密度的减小，板条的合并和铁素体晶粒的形成都有很大的影响。

在高温回火过程塑韧性的显著提高则是因为铁素体基体的回复，淬火应力的消除，位错密度降低及片状渗碳体的球化等作用。微合金碳化物的析出与渗碳体相比对韧性的损害小得多。其本身具有高强度并与基体呈共格或半共格关系，结合力较强，其对韧性的有限损害是因为对周围基体带来的点阵畸变所致。

通过以上分析，达到 Q960 钢种所要求强度并具有较好塑韧性的回火温度范围为550~650℃。其高强度的获得首先通过回复形成的铁素体晶粒或亚晶以及剩余的板条结构产生显著的细晶强化效果，粗略估量平均有效晶粒尺寸不大于1μm，这种尺寸的基体屈服强度能达约700MPa，细晶强化又能同时改善冲击韧性和塑性。第二种重要的强化方式为析出强化，实验钢中均匀弥散分布的纳米微合金碳化物能够使强度提高约150~200MPa，并且由于第二相本身的高强度及与基体较强的结合力使得对韧性的损害降到最低。另外，基体中保留下的位错组态稳定有较大的不可动性，对强度也有一定的贡献。由于碳化物形成元素的存在固溶于铁素体基体中的碳较少，包括固溶的Si、Mn、Cu等能起到约100~150MPa的强化增量。以下对回火时间的考察所选定的温度为550℃、600℃、650℃，并且由于实验钢在250℃回火也出现了一种较好的强韧性配合，因此也做了考察。

5.2.2.2　屈服强度1300MPa级工程机械用高强钢板热处理过程中的组织性能演变

马氏体板条束和板条块是板条马氏体钢强韧性的控制单元，并且板条束和板条块的尺寸与原始奥氏体晶粒尺寸密切相关。因此，首先研究不同淬火工艺参数对实验钢原始奥氏体晶粒尺寸的影响。实验材料为经两阶段控轧+轧后超快冷的钢板，不同淬火温度下实验钢的原始奥氏体晶粒形貌如图5-7所示。

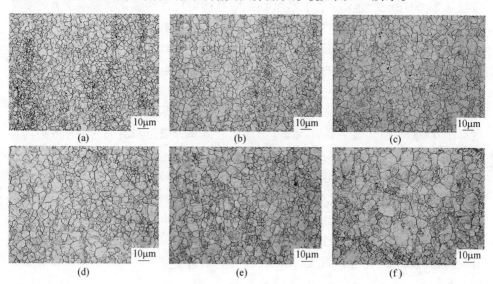

图5-7　不同淬火温度下试样的原始奥氏体晶粒形貌

(a) 820℃；(b) 840℃；(c) 860℃；(d) 880℃；(e) 900℃；(f) 920℃

由图5-7可见，当淬火温度为820℃时，奥氏体晶粒尺寸较小，随着淬火温度增加，晶粒缓慢长大并保持较好的尺寸均匀性。当淬火温度增加到920℃时，奥氏体晶粒明显长大，除了平均晶粒尺寸增加外，还出现了一些异常长大的晶粒，形成混晶组织。当淬火温度较低时，组织中细小的微合金元素碳氮化物能够钉扎原始奥氏体晶界，阻碍奥氏体晶粒长大，所以实验钢的奥氏体晶粒长大速度相对缓慢。随淬火温度升高，尤其当温度升高到900℃以上时，微合金元素碳氮化物（此温度下主要是 V 的碳氮化物）固溶到奥氏体中，钉扎奥氏体晶界的作用减弱，因此该温度下奥氏体晶粒的尺寸较大。

不同淬火温度下奥氏体晶粒尺寸的分布情况如图 5-8 所示，晶粒尺寸分布近似呈对数正态分布曲线。随着淬火温度的提高，小尺寸晶粒（<2μm）的数量不断减少，大尺寸晶粒（>10μm）的数量逐渐增加。

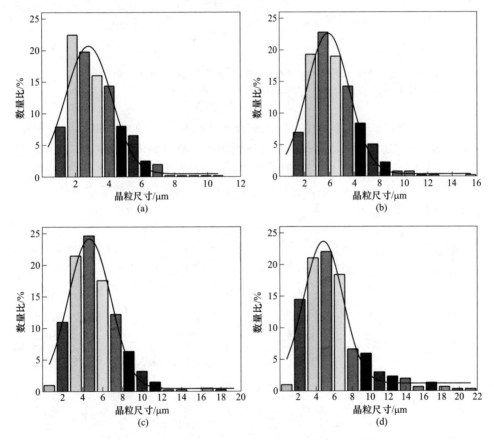

图 5-8　不同淬火温度下试样的原始奥氏体晶粒尺寸分布
(a) 820℃；(b) 860℃；(c) 880℃；(d) 900℃

淬火温度对奥氏体平均晶粒尺寸和尺寸分布均匀性的影响如图 5-9 所示。随着淬火温度的增加，奥氏体平均晶粒尺寸逐渐增大，晶粒尺寸分布的方差系数（标准偏差和平均晶粒尺寸的比值）先减小后增加，在840℃和860℃淬火时，能够获得较高的再加热原始奥氏体晶粒尺寸均匀性。

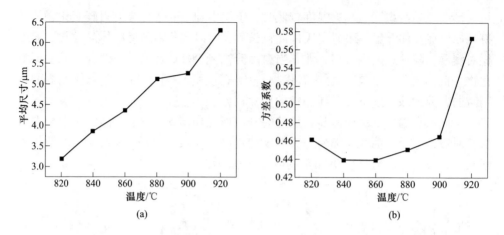

(a)   (b)

图 5-9   淬火温度对实验钢奥氏体平均晶粒尺寸的影响

(a) 平均晶粒尺寸；(b) 方差系数

    淬火温度 860℃时，不同保温时间对奥氏体晶粒尺寸的影响如图 5-10 所示。随着保温时间的延长，奥氏体晶粒尺寸逐渐增大，如图 5-10（a）~（c）所示。当晶粒尺寸增加到一定程度时，随着时间的增加，晶粒尺寸并未发生明显的变化，如图 5-10（e）所示。由图 5-10（f）可知，对实验钢进行多次循环淬火处理可有效细化原始奥氏体晶粒。

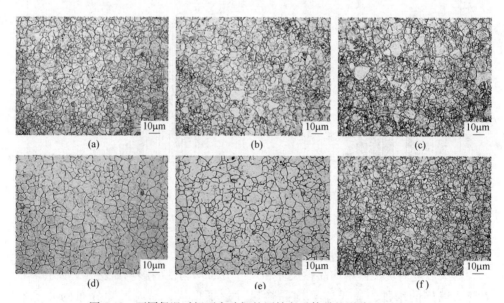

(a)   (b)   (c)

(d)   (e)   (f)

图 5-10   不同保温时间下实验钢的原始奥氏体晶粒形貌（860℃）

（a）15min；（b）30min；（c）60min；（d）120min；（e）240min；（f）循环淬火

　　不同淬火温度下实验钢的显微组织形貌如图 5-11 和图 5-12 所示。结果表明，实验钢淬火态的组织为典型的板条马氏体，通过 SEM 能够观察到实验钢淬火马氏体板条束和板条块的形貌。当淬火温度较低，奥氏体晶粒尺寸较小时，在一个原始奥氏体晶粒内通常只能观察到一个位向的板条束，而当晶粒尺寸较大时，则可以观察到数个不同方向的板条束，如图 5-11（d）所示。通过 TEM 可以观察到马氏体板条间薄膜状的残余奥氏体（retained austenite，RA）和板条内的纳米级析出粒子（图 5-12）。此外，不同淬火温度试样的 EBSD 检测结果（图 5-13）表明，在 840℃ 和 860℃ 淬火时得到的马氏体板条块尺寸要比 880℃ 和 900℃ 时的板条块尺寸小。

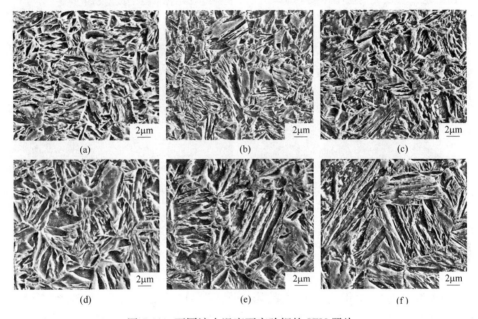

图 5-11　不同淬火温度下实验钢的 SEM 照片

（a）820℃；（b）840℃；（c）860℃；（d）880℃；（e）900℃；（f）920℃

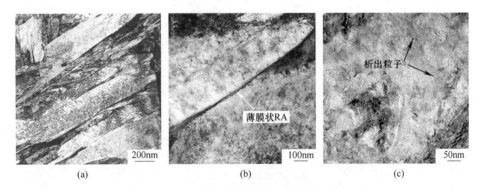

图 5-12　淬火态实验钢的精细组织

（a）板条马氏体；（b）薄膜状残余奥氏体；（c）纳米析出粒子

图 5-13　不同淬火温度下实验钢的 EBSD 照片

（a）840℃；（b）860℃；（c）880℃；（d）900℃

（扫书前二维码看彩图）

　　淬火温度对实验钢力学性能的影响如图 5-14 所示。当淬火温度在 820～860℃范围内变化时，实验钢的屈服强度和抗拉强度未发生明显变化，这与此时

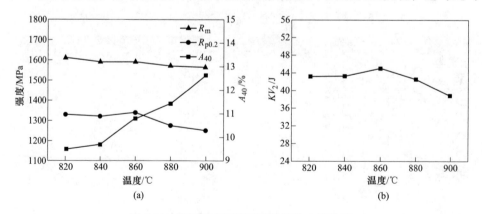

图 5-14　不同淬火温度下实验钢的力学性能

（a）拉伸性能；（b）-40℃冲击吸收功

奥氏体晶粒尺寸并没有发生较大变化有关。继续增加淬火温度，屈服强度和抗拉强度均下降，且屈服强度的下降幅度比抗拉强度更大，这主要是因为奥氏体晶粒尺寸对屈服强度的影响作用更大。实验钢的断后伸长率随淬火温度的提高而有所增加，这可能是由于奥氏体晶粒尺寸增大提高了加工硬化能力引起的。实验钢的冲击吸收功随淬火温度的增加呈现出先略微增加再降低的趋势，原始奥氏体晶界、板条束界和板条块界作为大角度晶界具有一定的阻碍裂纹扩展能力，通过对不同淬火温度下板条马氏体的大角度晶界所占比例进行统计（图5-15），可以发现实验钢冲击吸收功的变化规律与大角度晶界所占比例的变化规律一致。此外，对于本实验钢并不是原奥晶粒尺寸越小，大角度晶界的数量越多。通过对显微组织观察我们发现，当原始奥氏体晶粒尺寸很小时，其晶内的板条束数量减少，如图5-11（a）中所示，一个原始奥氏体晶粒内只观察到了一种位向的板条束，而当晶粒尺寸较大时，在晶内存在3个不同位向的板条束，如图5-11（f）所示。

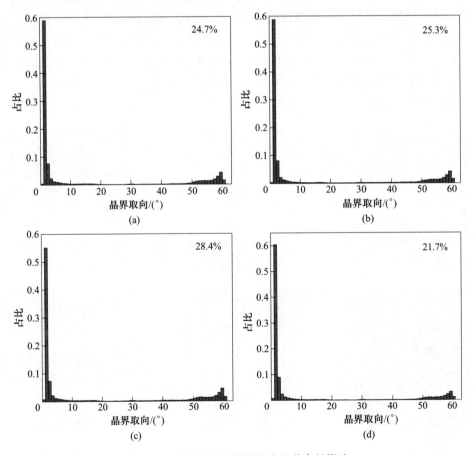

图5-15 淬火温度对晶界取向差分布的影响
(a) 820℃；(b) 840℃；(c) 860℃；(d) 900℃

原始奥氏体晶界、板条束界和板条块界均是大角度晶界，而且板条束或板条块是板条马氏体钢强韧性的控制单元，因此板条马氏体钢有效晶粒尺寸的大小与淬火温度之间存在一个最优关系，试样在 860℃ 淬火时大角度晶界数量最多，比900℃ 淬火试样的大角度晶界高出了约 7%。力学性能的检测结果也表明实验钢在860℃ 淬火时，能够获得比较好的强度和塑韧性。

　　回火是调整淬火态钢板组织性能的重要工序，一方面可降低淬火应力，另一方面通过改变组织调控强韧性。不同回火温度下实验钢的显微组织形貌如图 5-16所示。结果表明，当回火温度低于 300℃ 时，相比于淬火态组织（图 5-11），马氏体板条仍然清晰可见，板条内弥散分布着呈短棒状或针状的细小碳化物，如图5-16（b）和（c）所示。对碳化物做能谱分析表明，其主要元素构成及其原子百分数为 29.67%C 和 70.33%Fe，因此推测该碳化物为密排六方结构的 ε 过渡碳化物（$Fe_{2.4}C$）。对于中低碳钢，淬火马氏体中的过饱和 C 原子主要偏聚在位错线的张应力区域以降低系统的弹性畸变能。当回火温度高于 200℃ 时，C 原子具有一定的扩散能力，同时"位错管道"可以作为 C 原子快速扩散的通道，易于形成富 C 的核心，促使位错线附近的富 C 原子偏聚区开始析出碳化物。ε 过渡碳化物弥散分布在马氏体板条内部，可以起到钉扎位错的作用，有利于提高实验钢的屈服强度。当回火温度增加到 400℃ 时，马氏体板条形貌模糊，板条内碳化物的

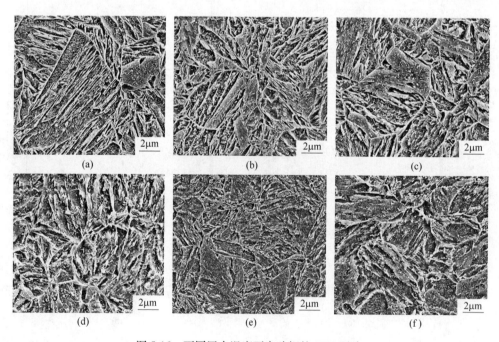

图 5-16　不同回火温度下实验钢的 SEM 照片
(a) 220℃；(b) 250℃；(c) 300℃；(d) 400℃；(e) 500℃；(f) 600℃

尺寸增大，并且此时碳化物不仅在晶内出现，在一些原奥晶界和马氏体板条界面处也分布着薄片状的碳化物，如图 5-16（d）所示。原始奥氏体晶界处由于原子排列不规则以及杂质原子富集，也是碳化物析出的有利位置；中温回火时，马氏体板条间薄膜状残留奥氏体分解驱动力增大，并且马氏体板条中析出一定量的碳化物后，引起马氏体收缩，板条间的残留奥氏体受到拉应力的作用，促使其分解形成脆性的碳化物。当回火温度增加到 630℃时，板条形貌完全消失，棒状和薄片状渗碳体转变为球状渗碳体弥散分布在完全再结晶的铁素体基体上，形成回火索氏体组织。

不同回火温度下实验钢的 TEM 形貌如图 5-17 所示，碳化物的形貌变化如图 5-18 所示。由图 5-17（a）可见，220℃回火时，实验钢的显微组织是高位错密度的板条马氏体，板条的宽度在 200nm 左右。通过 TEM 可以观察到长为 50～100nm、宽约 10nm 的 ε 碳化物在板条内无规则分布，如图 5-17（b）所示，这主要是由于碳化物沿着不同惯习方向析出所造成。400℃回火时，板条内的位错密度明显下降，马氏体板条间断续分布的条状碳化物清晰可见，板条尺寸增大，如图 5-17（d）所示。当回火温度增加到 600℃时，板条特征完全消失，α 相发生

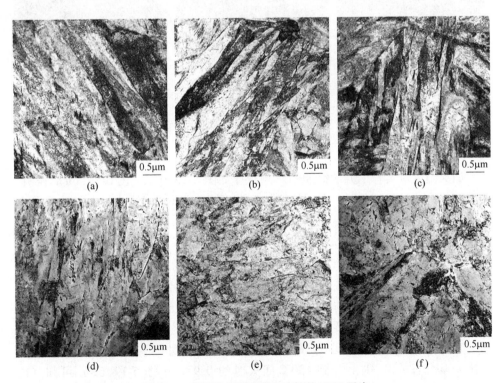

图 5-17　不同回火温度下实验钢的 TEM 照片
(a) 220℃；(b) 250℃；(c) 300℃；(d) 400℃；(e) 500℃；(f) 600℃

再结晶，实验钢的基体组织为完全再结晶的等轴铁素体，除球状渗碳体以外，还可以观察到尺寸小于 10nm 的微合金元素碳氮化物弥散分布在铁素体基体上，这些纳米级的析出粒子可以阻碍位错运动，起到沉淀强化的作用，如图 5-17（f）所示。

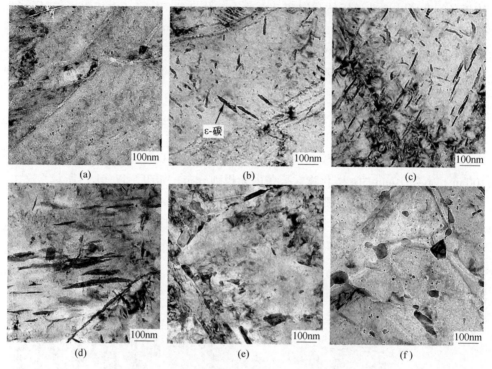

图 5-18　实验钢回火过程中的碳化物形貌变化
(a) 淬火态；(b) 220℃；(c) 300℃；(d) 350℃；(e) 500℃；(f) 600℃

回火温度对实验钢力学性能的影响规律如图 5-19 所示。图 5-19（a）表明，实验钢的抗拉强度随着回火温度的增加逐渐下降，经 630℃ 回火后，抗拉强度由 1636MPa 降低到 1149MPa。实验钢的屈服强度呈现先增加后降低的趋势，淬火态钢板的屈服强度为 1331MPa，在 220~300℃ 范围内回火时，实验钢的屈服强度保持在 1380MPa 以上，此后继续增加回火温度，屈服强度逐渐下降。实验钢经低温回火后屈服强度提高的主要原因是，ε 碳化物的析出可以钉扎位错起到沉淀强化的作用，虽然 ε 碳化物的析出造成 C 原子间隙固溶强化作用有所下降，但是此时前者对强度的提高作用要大于后者对强度的削弱。此外，值得注意的是，随着回火温度的增加，抗拉强度下降的幅度要高于屈服强度下降的幅度，实验钢的屈强比由淬火态的 0.81 上升到 630℃ 回火时的 0.97。由图 5-19（b）可知，在 250℃ 以下回火时，钢板的低温冲击韧性相比于淬火态钢板有所提高，这主要是因为一方面低温回火消除了一部分淬火应力（位错密度的降低），另一方面 ε 碳化物的析出使间隙固溶强化作用有所降低，减小了对韧性的损害。而且，此时ε碳化物主要在板条内析出，尺寸较小，不会促进微裂纹形核。当回火温度增加到300℃时，实验钢的低温冲击韧性开始下降，这主要是由于板条间的残余奥氏体薄膜开始分解以及板条内碳化物的尺寸增大。在400~450℃回火时，钢板的冲击吸收功降到最低，此后继续增加回火温度，实验钢的低温冲击韧性又逐渐升高。

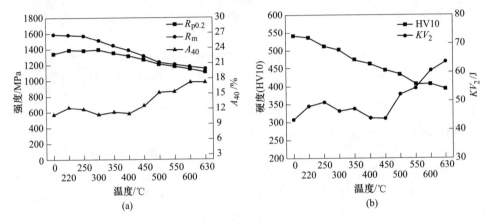

图 5-19 不同回火温度下实验钢的力学性能
(a) 拉伸性能；(b) 硬度和冲击韧性

实验钢不同回火温度下板条间残余奥氏体（retained austenite，RA）薄膜的变化规律如图 5-20 所示。谷底冲击功的出现主要是因为在该温度下板条界面的薄膜状奥氏体分解，形成薄壳状碳化物，削弱了晶界结合力，使板条界面成为裂纹扩展的路径。随着回火温度增加，α 相发生回复或再结晶，位错密度逐渐降低，晶界上的碳化物球化，降低了对晶界的危害，使实验钢的低温冲击韧性逐渐提高。

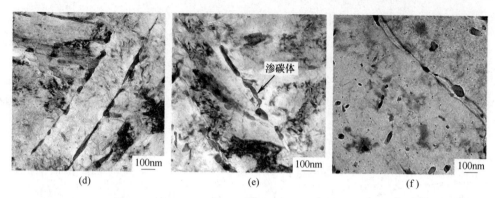

图 5-20　实验钢回火过程中薄膜状残余奥氏体的变化

（a）~（c）残余奥氏体薄膜及其在组织中的分布；（d）~（f）残余奥氏体薄膜的分解

　　不同回火温度下强度和塑韧性的检测结果表明，淬火态实验钢在 220~250℃ 范围内回火时，可获得良好的综合力学性能。

　　不同回火温度下实验钢-40℃冲击试样的断口形貌如图 5-21 所示。淬火态、低温回火和高温回火态冲击试样的断口表面均分布着大量的韧窝，表明实验钢具有较好的冲击韧性。淬火态和低温回火态实验钢的良好韧性主要是得益于中低 C 的成分设计和一定含量的 Ni 元素，以及以位错型板条马氏体为基体的复合强化机制不会大幅度地损害韧性。观察实验钢经 400℃ 回火后的断口形貌，如图 5-21（d）所示，

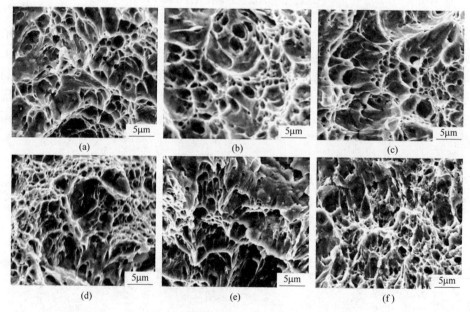

图 5-21　不同回火温度下实验钢冲击断口形貌

（a）220℃；（b）250℃；（c）300℃；（d）400℃；（e）500℃；（f）600℃

可以发现断口表面小尺寸韧窝数量有所减少，局部出现了准解理断口形貌。当回火温度增加到600℃时，韧窝尺寸明显减小，如图5-21（f）所示。

5.3 热处理典型产品应用二：海洋平台用特厚齿条钢

5.3.1 特厚齿条钢板性能要求与组织特点

特厚齿条钢是近海自升式海洋平台和海上风电安装船关键结构材料，用于支撑平台升降桩腿结构核心部件。随着平台作业海域深度的增加，对齿条钢厚度需求从127mm、152mm，到现在主流的178mm，甚至有210mm和256mm等更大厚度规格的需求与生产，以适应不同水深作业的自升式海洋平台建造需求[11,12]。图5-22所示为使用齿条钢自升式钻井平台和自升式风电安装船。

图 5-22　使用齿条钢自升式钻井平台和自升式风电安装船

除了大规格厚度要求，齿条钢化学成分、交货状态、力学性能、焊接性能均要遵守国际公认的规范标准。目前主要是基于 ASTM A514/A517 GrQ 的修改版本和国际船级社规范技术要求，钢板生产、切割、焊接工艺评价要通过 ABS 或 DNV 等船级社等国际船级社型式认可，获得市场准入的认证证书，才能应用于实际建造。规范限定了 690MPa 级齿条钢焊接碳当量 $C_{eq} \leqslant 0.70$[3,4]，同时对具体成分做出详细的范围要求（表 5-1），从中可以看出齿条钢为低碳低合金体系，交货状态为淬火+回火（QT）。

表 5-1　ABS 船级社规范对 QT 状态 690MPa 级钢主要化学成分上限要求

（质量分数）/%												
C	Si	Mn	Ni	Cr	Mo	Cu	Nb	V	Ti	Al$_T$	B	C$_{eq}$
0.18	0.80	1.70	3.50	2.00	0.70	0.50	0.06	0.12	0.05	0.018	0.005	0.70

$$C_{eq}(\%) = C + \frac{Mn}{6} + \frac{Cr + Mo + V}{5} + \frac{Ni + Cu}{15}$$

齿条钢拉伸性能和冲击韧性要求如表5-2所示，其中屈服强度≥690MPa，纵向试样-40℃夏比冲击功平均值不低于69J[13,14]。

表 5-2　　690MPa 级齿条钢基本力学性能指标[3,4]

船级社 钢级	取样 部位	拉伸性能			-40℃夏比冲击性能 KV_2/J
		屈服强度/MPa	抗拉强度/MPa	伸长率/%	
ABS EQ70	1/4t	≥ 690	770～940	≥ 14	L ≥ 69
DNV E690	1/2t				T ≥ 46

注：L 为纵向平行于轧制方向，T 为横向垂直于轧制方向。

　　齿条钢采用低碳低合金成分体系和淬火+回火工艺交货状态，其微观组织类型为回火马氏体，淬火态板条马氏体经过再加热回火而形成。低碳合金钢的板条马氏体从再加热奥氏体经过无扩散型切变相变机制而形成，在回火过程中马氏体分解为板条形铁素体和细小渗碳体或合金碳化物，工艺过程和相应显微组织如图 5-23 和图 5-24 所示。

图 5-23　回火马氏体形成主要工艺过程

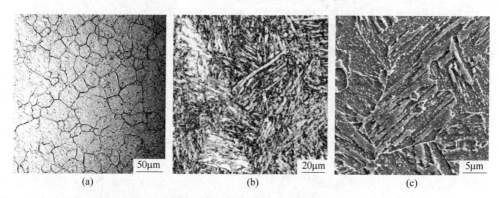

图 5-24　齿条钢奥氏体(高温原位)(a)、淬火马氏体(OM)(b)和
回火马氏体(SEM)(c)显微组织[15]

　　高强度和低温韧性要求就决定了齿条钢为低碳低合金马氏体钢，但特厚钢板在淬火过程厚度方向上受到传热过程限制，钢板表层到心部的冷速差异非常显著（图 5-25），在 600～300℃范围内，心部冷却速率约为 0.6℃/s，远低于表层位置的 6.8℃/s，这是特厚钢板尺寸效应的刚性约束[16-18]。而马氏体相变需要冷却过程达到一定临界冷速才能发生，只有足够的马氏体比例才能保证心部位置的强度和韧性，这是特厚板调质钢开发面临的刚性约束条件之一。

　　通过添加高淬透性合金成分可以显著提高钢的马氏体形成能力，即可以降低马氏体相变所需临界冷速，但海洋平台桩腿采用焊接工艺拼装，且实施现场没有大工

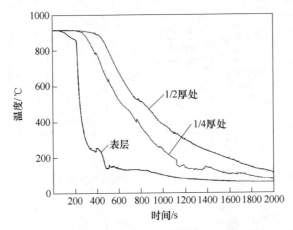

图 5-25　特厚钢板淬火过程表层、1/4 厚度、心部温度曲线[16-19]

件的焊后热处理条件，因此船级社规范对钢板母材焊接碳当量有明确的规定，所以如何平衡提高淬透性和保证可焊接性能是齿条钢开发面临的约束条件之二。

　　因此，如何保证大规格齿条钢强度、韧性及其均匀性，同时保持可焊接性，成为齿条钢研制开发的关键难题。解决这些难题需要基础研究和工程应用研究密切合作，不仅要厘清工业约束条件下的淬透性匹配成分设计、马氏体相变行为等机理，更需要高品质大钢锭、高强度淬火等工业装备技术取得重大突破。

5.3.2　特厚齿条钢热处理过程中组织演变及性能变化规律

5.3.2.1　大规格齿条钢淬透性成分设计

　　采用淬火+回火热处理的调质特厚齿条钢开发的一个关键是设计合适的淬透性合金体系。根据自主研制特厚钢板辊式淬火机的冷却能力，采用 JMatPro® 软件[20]计算了齿条钢中 Ni、Cr、Mo、Mn、V 主要合金元素对淬透性的影响，如图 5-26~图 5-30 所示。可以看出，其中 Ni、Cr、Mo、Mn 含量对淬透性影响明显，但随着含量提高，对淬透性提高效果呈现衰减趋势，如 Mo 含量提高到 0.60%、

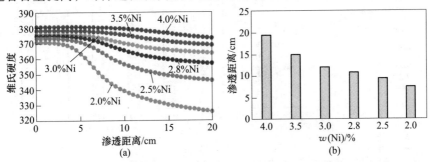

图 5-26　Ni 含量对齿条钢淬透性(a)和 50%马氏体淬透距离影响(b)

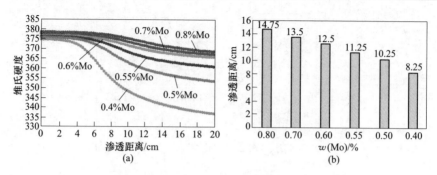

图 5-27　Mo 含量对齿条钢淬透性(a)和 50%马氏体淬透距离影响(b)

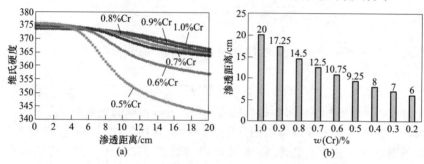

图 5-28　Cr 含量对齿条钢淬透性(a)和 50%马氏体淬透距离影响(b)

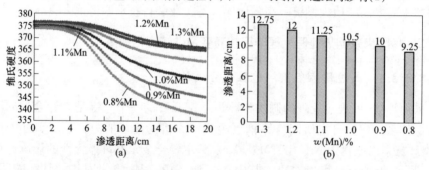

图 5-29　Mn 含量对齿条钢淬透性(a)和 50%马氏体淬透距离影响(b)

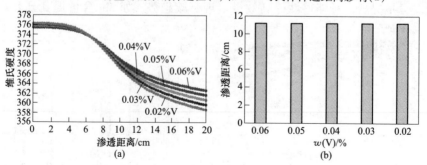

图 5-30　V 含量对齿条钢淬透性(a)和 50%马氏体淬透距离影响(b)

Cr 含量提高 0.70%、Mn 含量提高 1.2%以上时对淬透性的影响弱化。因此，可根据淬火装备能力、厚度规格、强韧性指标等优化组合不同合金含量配比。

5.3.2.2 178mm 厚度齿条钢热处理过程中组织与性能演变

根据淬火过程厚度尺寸效应和合金元素对钢淬透性影响研究，工业上 178mm 厚度 ASTM A517 GrQ 齿条钢采用了如表 5-3 所示的化学成分，并采用模铸、热轧、淬火+回火的工业工艺生产。对钢板表层、1/4 厚度和心部的显微组织，并比较不同位置的硬度、强度和冲击韧性，发现心部的强度和韧性最低，在这里发现了粗大的回火马氏体和贝氏体的混合组织，心部板条间边界被高度致密的薄膜状或粗大的球状碳化物占据。根据工业工艺过程数据测得钢板心部淬火过程冷却速率约为 0.6℃/s。因此，所形成的粗大组织显著降低了屈服强度和冲击能量，在-60℃时完全丧失裂纹扩展功。本部分将力学性能的变化与基于工业淬火条件的不同转变微观组织相关联，为改进超厚淬火回火钢的淬透性设计和碳化物调控提供了参考。

表 5-3 178mm 齿条钢化学成分

				(质量分数)/%					
C	Si	Mn	Ni+Cr+Mo	Cu	Nb	V	Al	B	Fe
0.12	0.23	1.06	3.50	0.26	0.02	0.03	0.05	0.0015	余量

A 连续冷却相变行为

图 5-31 和图 5-32 显示了齿条钢的连续冷却相变图（CCT）和对应冷速的组织，结合图 5-25 中厚度位置的淬火过程温度下降曲线，就可以清楚地分析厚度效应对相变的影响，这对工业化产品开发具有重要价值。

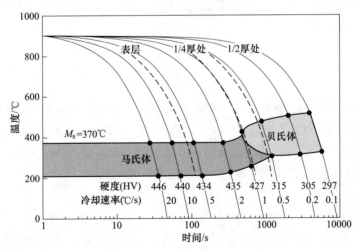

图 5-31 178mm 厚度齿条钢淬火冷却速率对应连续冷却相变(CCT)曲线

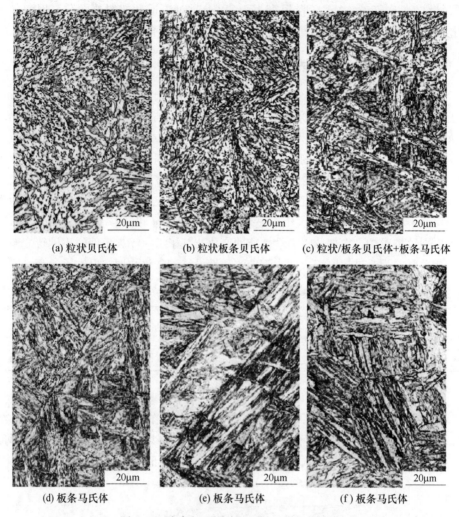

(a) 粒状贝氏体　　　　(b) 粒状板条贝氏体　　(c) 粒状/板条贝氏体+板条马氏体

(d) 板条马氏体　　　　(e) 板条马氏体　　　　(f) 板条马氏体

图 5-32　齿条钢不同冷速下的显微组织变化

(a) 0.2℃/s; (b) 0.5℃/s; (c) 1.0℃/s; (d) 2.0℃/s; (e) 5.0℃/s; (f) 10.0℃/s

　　对比显微组织和硬度值，可以发现齿条钢的完全马氏体化临界冷却速率约为 1℃/s，硬度从 0.5℃/s 冷速的 316HV 显著增加到 427HV。结合不同厚度位置的测量冷却速率。我们可以清楚地看到，心部组织主要是贝氏体和少量马氏体，而 1/4 厚度位置则主要是马氏体组成，而表层全部是马氏体。

　　B　显微组织

　　图 5-33 为调质态齿条钢板的亚表面、1/4 厚度和心部位置的光学（OM）和扫描电镜（SEM）显微照片。回火马氏体的分数以及回火显微组织的大小和形态在厚度方向上各位置之间的变化相当大。在亚表面和 1/4 厚度处，完全得到了细

小的回火板条马氏体。而在心部处，除回火马氏体外，还形成了回火贝氏体，其分数在25%左右。图5-33（b）（d）（f）显示，在钢板心部碳化物析出量最大，其中板条内的短棒状碳化物以特定角度排列，板条间的长针状碳化物沿板条边界排列，这说明对于特厚板来说，淬火回火过程中碳化物析出在心部比较复杂。

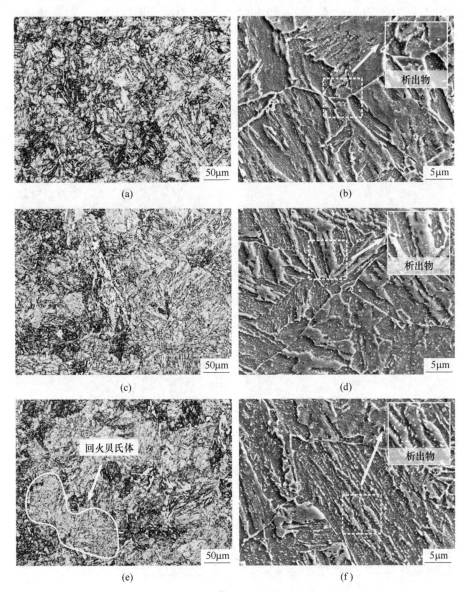

图 5-33　厚度178mm调质态齿条钢光学显微组织（OM）（a,c,e）和
扫描电镜 SEM 显微照片（b，d，f）
（a），（b）表层；（c），（d）1/4 厚度；（e），（f）心部

　　图 5-34 为通过 EBSD 对 178mm 厚度齿条钢不同厚度位置的晶体学特征分析，其中 15° 为区分小角晶界（LAGB）和大角晶界（HAGB）的临界取向差角。图 5-34（b）（d）和（f）中红线代表 2°~15° 的小角晶界，蓝线为高于 15° 的大角晶界。平行的板条组成区块或板条束。钢板表层、1/4 厚度和心部的板条束平均尺寸分别为 3.77μm、4.20μm 和 4.65μm，表明随着厚度增加，增强和增韧的有效晶粒尺寸也随之增加，这将弱化强韧化效果。亚结构的板条宽度在厚度方向上也呈现出相同的趋势。图 5-35 绘制了三个厚度位置的晶界取向差相对频率，

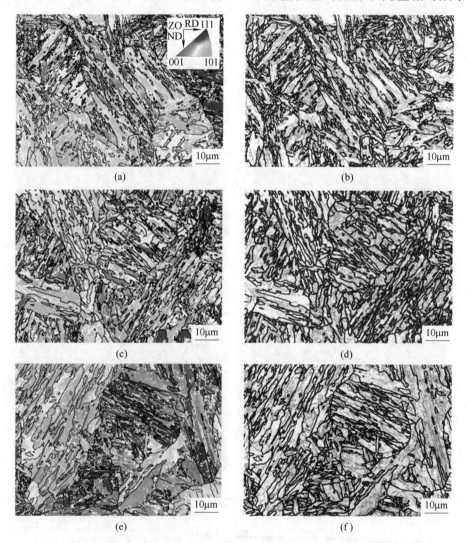

图 5-34　厚度 178mm 调质态齿条钢不同厚度部位 IPF 图和大小角度晶界分布

（a），（b）表层；（c），（d）1/4 厚度；（e），（f）心部

（扫描书前二维码看彩图）

大角度晶界比例在表层、1/4 厚度和心部的百分比分别为 65%、64% 和 61%，呈减少趋势。三个部位取向差角度 55°以上比例急剧升高，在 59°时有一个尖锐的峰，这些都是马氏体组织的特征之一。

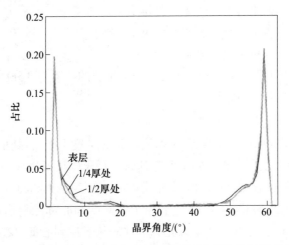

图 5-35　厚度 178mm 调质态齿条钢不同厚度部位晶界角度分布

C　XRD 表征

图 5-36 显示了齿条钢三种部位的 XRD 衍射峰，没有发现奥氏体相，从衍射峰半高宽中，可以根据 Williamson-Hall 公式确定所含位错密度[21-23]

$$\frac{\left(\dfrac{2\delta\cos\theta}{\lambda} - \dfrac{0.9}{D}\right)^2}{\left(\dfrac{2\sin\theta}{\lambda}\right)^2} = M^2 b^2 \frac{\pi\rho}{2} \times 0.285 \times \left[1 - q\,\frac{h^2 k^2 + k^2 l^2 + l^2 h^2}{(h^2 + k^2 + l^2)^2}\right] \quad (5\text{-}1)$$

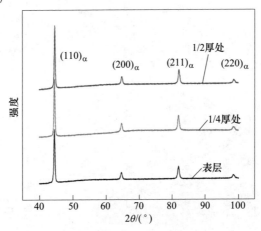

图 5-36　厚度 178mm 调质态齿条钢不同厚度部位 X 射线衍射峰

式中　δ，θ，λ——分别代表半高宽、衍射角度和 X 射线波长，本研究采用 Cu

　　　　　　　　　靶衍射，λ = 0.15405nm；

　　　D，ρ，b——分别为平均晶粒尺寸、位错密度和柏氏矢量；

　　　　　　　　M——常数 2[23]；

　　　h，k，l——分别代表各峰的 Miller 指数；

　　　　　　　q——位错特征参数。

由此可以计算 178mm 齿条钢厚度方向三个部位的位错密度分别为 $2.18×10^{14}m^{-2}$、$4.17×10^{14}m^{-2}$ 和 $5.12×10^{14}m^{-2}$。

D　TEM 微观组织分析

图 5-37 为 178mm 厚度齿条钢表层、1/4 厚度和心部处的透射电子显微镜（TEM）图像。表层的析出物主要为球状，马氏体板条边界和基体中有棒状碳化物。表层球状和棒状析出相尺寸分别约为 20 ~ 100nm（直径）和 75 ~ 250nm（长度）（图 5-37（a）（b））。在 1/4 厚度和心部处析出的球状碳化物直径约为 125 ~ 320nm，远大于表层碳化物尺寸。从表层到心部，在组织界面处析出的大尺寸碳化物数量增加，而在基体和边界处析出的棒状碳化物数量减少，马氏体板条边界处析出的碳化物尺寸明显比基体中析出的碳化物大。

图 5-37（c）中的 EDS 分析表明，在板条内析出的球状颗粒 P1 为富 Cr 碳化物，图 5-37（i）中的 P3 也是富 Cr 碳化物，同时也含有 V、Mo 成分。图 5-37（e）则显示，在板条边界处析出的较大球状颗粒 P2 是 Fe_3C。图 5-37（h）中的 P4

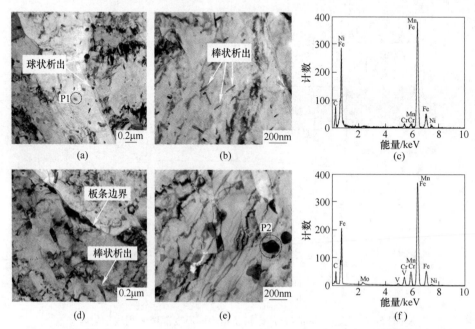

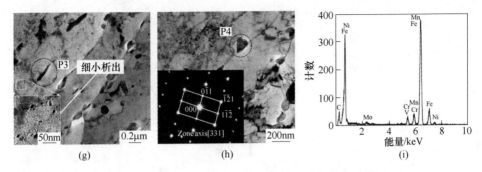

图 5-37 178mm 齿条钢 TEM 显微照片和碳化物能谱分析

(a)，(b) 表层；(d)，(e) 1/4 厚度；(g)，(h) 心部；

(c)，(f)，(i) 分别代表 P1，P2 和 P3 碳化物 EDS 能谱

析出在马氏体板条边界，选区衍射和 EDS 结果表明是含有大量 Cr、V、Mo 的 Fe_3C。此外，在心部基体中观察到直径为 15~25nm 的更细小微合金化 NbC 析出相。

E　拉伸性能

表 5-4 列出齿条钢表层、1/4 厚度和心部的拉伸性能，从表层到心部，屈服强度和抗拉强度分别从 782MPa 和 852MPa 小幅度降低到 750MPa 和 830MPa。而心部具有最低的伸长率和断面收缩率。

表 5-4　178mm 厚度齿条钢不同部位的拉伸性能

位置	$R_{p0.2}$/MPa	R_m/MPa	A/%	Z/%
表层	782	852	20.0	75
1/4 厚度	757	841	20.5	74
心部	750	830	18.0	70

F　厚度方向硬度分布

图 5-38 绘制了齿条钢不同厚度的硬度变化，可以发现全厚度硬度有较大波动，从上表面位置到中间厚度，平均数值从 305HV 大幅度降低到 270HV，心部是由于淬火过程冷速过低，导致具有最低的硬度。

G　系列温度冲击韧性

图 5-39 显示了齿条钢不同厚度试样的冲击能量与测试温度的关系。当温度从 0℃降至-120℃时，表层的平均冲击功从 177J 至 41J，1/4 厚度的平均冲击功从 163J 降至 30J，显示出两个位置之间冲击韧性有轻微差异。然而，在整个冲击温度范围内，心部的冲击能量最低，从 112J 下降到 11J，显示出比表层和 1/4 厚度明显更低冲击韧性。对于所有位置，从-20℃到-120℃范围内，冲击功呈线

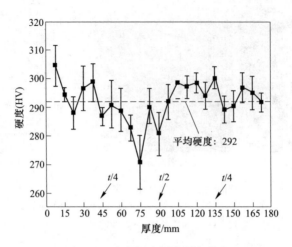

图 5-38　齿条钢全厚度硬度分布

性下降趋势，没有出现陡峭的韧脆转变。如果以 27J 冲击能量为韧脆转变判据，则表层、1/4 厚度韧脆转变温度约为-120℃，而心部韧脆转变温度只有-80℃。

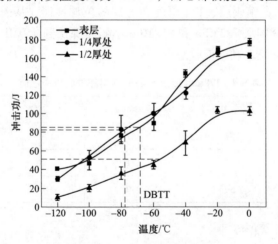

图 5-39　178mm 厚度齿条钢不同部位的冲击功随温度变化

H　-60℃冲击断口与冲击阶段能量分析

图 5-40 显示了-60℃冲击试样断口的扫描电子显微镜 SEM 显微照片。对应表层、1/4 厚度和心部的平均冲击功分别为 89.2J、100.0J 和 54.2J。如图 5-40 所示，试样的断裂均为韧性和解理混合断裂模式，测得相应位置的纤维和剪切唇的面积分数分别为约 46%、约 54% 和约 30%，与冲击功的变化趋势一致。亚表面和 1/4 厚度试样的断裂面出现了大量深而宽的韧窝，而心部试样断口形貌则是浅而小的，在纤维带内出现的解理面和撕裂脊。

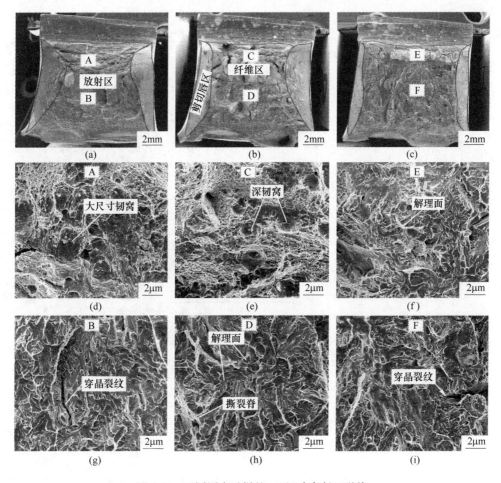

图 5-40　不同厚度试样的-60℃冲击断口形貌

（a）表层；（b）1/4 厚度；（c）心部；（d），（g）分别是 A 和 B 位置局部放大；
（e），（h）分别是 C 和 D 位置局部放大；（f），（i）分别是 E 和 F 位置局部放大

　　图 5-41 为-60℃时示波冲击载荷和冲击能量与位移的关系曲线。根据载荷的变化，可将断裂过程分为 5 个阶段：弹性阶段（E_1）、裂纹起始的塑性变形阶段（E_2）、裂纹传播阶段（E_3）、脆性断裂阶段（E_4）和脆性后断裂阶段（E_5）。表 5-5 列出了裂纹起始阶段和裂纹传播阶段的吸收能量。裂纹起始能量（E_1 和 E_2）在表层、1/4 厚度和心部分别确定为 44.0J、40.2J 和 33.5J，说明从表层到 1/4 厚度的变化能在小范围内影响弹性和塑性变形阶段。但随后的裂纹传播阶段存在明显差异：从表层表面到心部的裂纹传播能量（E_3）分别为 28.4J、29.1J 和 0J，说明裂纹在表层和 1/4 厚度处的传播所需能量高于心部。心部冲击过程几乎没有裂纹传播阶段，说明心部在-60℃时发生了脆性断裂。

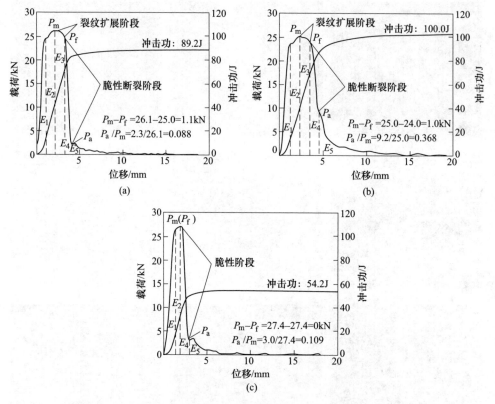

图 5-41　-60℃条件下的示波冲击曲线

（a）表层；（b）1/4 厚度；（c）心部

表 5-5　不同厚度部位试样的示波冲击各阶段载荷与能量

位置	P_m/kN	P_f/kN	P_a/kN	E_{cf}/J		E_3/J	E_4/J	E_5/J
				E_1	E_2			
表层	26.1	25.0	2.3	15.8	28.2	28.4	10.2	6.6
1/4 厚度	25.0	24.0	9.2	14.3	25.9	29.1	17.5	13.2
心部	27.4	27.4	3.0	16.7	16.8	0	15.7	5.0

I　齿条钢微观组织的厚度效应

　　根据淬火过程中记录的温度和实验绘制 CCT 图，在 178mm 厚度齿条钢板的典型厚度位置的淬火+回火态微观组织观察结果，可以定量解释为淬火过程的厚度效应影响，特别是在心部位置。形成完全马氏体的临界冷却速率约为 1.0℃/s。在淬火过程中，测得中间厚度处的冷却速率为 0.6℃/s，远低于临界冷却速率，这意味着淬火过程中钢板心部先发生贝氏体转变，残余奥氏体再形成部分马氏体，这就解释了图 5-33 中心部组织组成除了回火马氏体以外，还有约 25%的回火贝氏体微观组织。此外，随着冷却速率增加，马氏体板条区块尺寸减小，即有效晶粒得到细化[24,25]。这与图 5-37 TEM 观察结果一致，表层、1/4 厚度和心部区块分别为 3.77μm、4.20μm 和 4.65μm。心部冷却速率较低，导致马氏体板条尺寸较大。心部除了不完全马氏体外，在 SEM 和 TEM 显微照片中还可以看到形状和尺寸变化的高密度碳化物，反映了该处碳化物析出行为的复杂性。从图 5-25 中估计钢板心部从 500℃降至 150℃的持续时间约为 20min，这为淬火过程中自回火提供了足够温度和时间，碳原子得以在马氏体和贝氏体板条界面和位错处偏聚。

J　齿条钢强度的厚度效应

淬火回火钢的强化机制来自铁素体基体的摩擦应力（$\Delta\sigma_0$）、固溶（$\Delta\sigma_{SS}$）、晶界（$\Delta\sigma_{GB}$）、位错（$\Delta\sigma_{DS}$）和析出（$\Delta\sigma_{PS}$）的共同强化贡献，可由式（5-2）表示[26-29]。

$$\Delta\sigma_y = \Delta\sigma_0 + \Delta\sigma_{SS} + \Delta\sigma_{GB} + \sqrt{\Delta\sigma_{DS}^2 + \Delta\sigma_{PS}^2} \qquad (5\text{-}2)$$

$$\Delta\sigma_0 + \Delta\sigma_{SS} + \Delta\sigma_{GB} = 88 + (32.24w_{Mn} + 83.16w_{Si} + 360.36w_C +$$
$$33w_{Ni} + 11w_{Mo} + 354.2w_N) + 17.40d^{-1/2} \qquad (5\text{-}3)$$

式中　w_{Mn}，w_{Si}，w_C，w_{Ni}，w_{Mo}——合金元素的质量分数。

齿条钢厚度方向各部位的实际化学成分如表 5-6 所示。w_N 为游离氮含量，由于加入了高含量的 Al 和 B，可以考虑 N 含量为 0，由于 Cr 和 Fe 的原子尺寸相差较小，故省略了 Cr 对固溶强化的影响[19]。马氏体区块可以作为贡献强度的有效晶粒[16,17]，因此 d 用各厚度部位的区块尺寸代入。

表 5-6　齿条钢不同厚度部位的实际化学成分（质量分数）　　（%）

位置	C	Si	Mn	Ni	Mo	Cu
表层	0.13	0.22	1.06	2.40	0.50	0.26
1/4 厚度	0.14	0.23	1.08	2.40	0.51	0.26
心部	0.15	0.24	1.12	2.50	0.52	0.27

公式（5-2）中的位错强化可以用如下公式计算：

$$\Delta\sigma_{DS} = 0.38\mu b\rho \qquad (5\text{-}4)$$

式中　μ——82GPa 的剪切模量；

b——0.248nm 的 Burgers 向量；

ρ——位错密度，上文中用 XRD 方法获得。

通过公式（5-2），以计算出齿条钢不同厚度处强化贡献，结果如图 5-42 所示。可以看出，不同位置强度差异主要是由有效晶粒尺寸、位错和析出强化三种强化机制引起。由于淬火的厚度效应，形成的马氏体区块尺寸从表层到心部逐渐增大，心部的有效晶粒尺寸所贡献的强度最小。板条马氏体高密度位错是另一个主要强化贡献。根据图 5-36 中对应 XRD 测得各部位位错密度，可以估算出 1/4 厚度和心部的位错强化贡献分别为 159MPa 和 175MPa，心部位错密度增加与心部碳等元素偏析严重有关（表 5-6）。

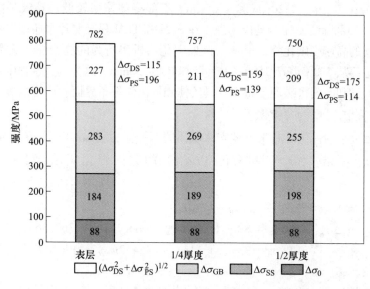

图 5-42　齿条钢表层、1/4 厚度和心部的强化机制

除了上述两种主要强化机制外，析出强化在淬火回火钢中也起着重要的作用，其强度贡献由析出颗粒的尺寸和体积分数决定。齿条钢的碳化物析出相尺寸和分布在不同厚度上有明显不同。图 5-25 所示的 1/4 厚度和心部由于淬火厚度效应，淬火过程长时间处于较高温度，不可避免地会出现自回火现象[30,31]。马氏体基体里就析出碳化物，在后续回火过程中，粗化过程会更加迅速。因此，我们在 1/4 厚度和心部试样的 SEM 和 TEM 显微照片中看到了尺寸明显偏大的高密度碳化物。考虑到尺寸和体积分数的影响，对各位置的析出强化贡献进行了评价：表层为 196MPa、1/4 厚度为 139MPa、心部为 114MPa。

K　韧性的厚度效应

齿条钢心部淬火温度曲线更接近于 1/4 厚度，但是低温冲击能量却显著低于 1/4 厚度。因此，1/4 厚度和心部之间存在有一个位置，在淬火过程中达到临界冷却速率，离心部越近马氏体含量越低。从 CCT 曲线显示的硬度从 427HV 急剧下降到 315HV，可以确认临界冷却速率在 1℃/s 到 0.5℃/s 之间。把不同厚度冷却曲线叠加到 CCT 曲线中，得到图 5-31，可以清楚看到，在心部冷却速率接近 0.6℃/s，产生了由贝氏体和部分马氏体组成的显微组织，大角晶界比例很低。此外，在心部的成分偏析使得回火过程中贝氏体和自回火马氏体中已经析出的碳化物，沿着板条界面形成高密度的粗大碳化物链，提供了大量的裂纹起始点和裂纹传播路径。这可以解释为什么图 5-41 中心部 -60℃ 冲击过程裂纹传播阶段的 E_3 能量为零，比表层和 1/4 厚度试样少了 30J。因此，心部冲击韧性恶化主要是由于完全丧失了抵抗裂纹传播的能力。

参 考 文 献

[1] 夏苑. Mn，Mo 等合金元素对钢中奥氏体形成及分解动力学的影响［D］. 北京：清华大学，2015.

[2] 谢振家，尚成嘉. 低碳低合金钢中残余奥氏体稳定化机理研究［C］//全国固态相变，凝固及应用学术会议，2016.

[3] 兰亮云，邱春林，赵德文，等. 低碳贝氏体钢焊接热影响区中不同亚区的组织特征与韧性［J］. 金属学报，2011，47（8）：1046~1054.

[4] 齐俊杰，杨王玥，孙祖庆，等. 低碳钢 SS400 形变强化相变组织演变的动力学［J］. 金属学报，2005，41（6）：605~610.

[5] 易小刚. 特钢新材料创新 助推工程机械腾飞［C］//技术创新·企业发展·新材料与装备制造论坛. 江阴：中国金属学会，2012：77~84.

[6] 司康. 轻量化：目前我国重卡企业节能减排的研发重点——国内主要重卡企业轻量化车型大比拼［J］. 交通世界，2010（22）：76~80.

[7] 张中武，魏兴豪，赵刚. 低合金高强钢的强韧化机理与焊接性能［J］. 鞍钢技术，2018，412（4）：5~12.

[8] 张中武. 高强度低合金钢（HSLA）的研究进展［J］. 中国材料进展，2016，35（2）：36~40.

[9] 陈付红，丁伟，黄维，等. 国外先进公司工程机械用高强钢发展现状［J］. 上海金属，2015，37（1）：47~51.

[10] 郑磊，张爱文，唐文军. 宝钢研制成功特高强度热轧工程机械用钢［J］. 重钢技术，2008（1）：62~62.

[11] Otani K，Muraoka H，Tsuruta S，et al. Development of ultraheavy-gauge（210mm thick）800 N/mm² tensile strength plate steel for racks of jack-up rigs［J］. Nippon Steel Technical Report，1993（58）：1~8.

[12] 冯小东，王维玉，马向前，等. 自升式平台桩腿超厚度齿条切割工艺［J］. 船舶与海洋工程，2018，34（5）：62~65.

[13] ABS. ABS rules for materials and welding［R］. American Bureau of Shipping，2019.

[14] Part 2 materials and welding，Chapter 2 metallic materials，Rules for Classification ships［S］. DNN. GL，2021.

[15] 王庆海. 高强度海洋工程用特厚钢板相变及组织均匀性研究［D］. 沈阳：东北大学，2017.

[16] Han J，Fu T，Wang Z，et al. Effect of different heat exchange zones on microstructure and

properties of ultra-heavy steel plate during jet quenching [J]. Steel Research International, 2019, 90 (8): 1900089.

[17] Han J, Fu T, Wang Z, et al. Effect of roller quenching on microstructure and properties of 300 mm thickness ultra-heavy steel plate: 9 [J]. Metals, 2020, 10 (9): 1238.

[18] 付天亮, 田秀华, 韩钧, 等. 特厚钢板辊式淬火过程厚向温降规律研究 [J]. 哈尔滨工业大学学报, 2019, 51 (11): 122~127.

[19] Wang Q, Ye Q, Wang Z, et al. Thickness effect on microstructure, strength, and toughness of a quenched and tempered 178mm thickness steel plate: 5 [J]. Metals, 2020, 10 (5): 572.

[20] Schillé J P, Guo Z, Saunders N, et al. Modeling phase transformations and material properties critical to processing simulation of steels [J]. Materials and Manufacturing Processes, 2011, 26 (1): 137~143.

[21] Ungár T, Ott S, Sanders P G, et al. Dislocations, grain size and planar faults in nanostructured copper determined by high resolution X-ray diffraction and a new procedure of peak profile analysis [J]. Acta Materialia, 1998, 46 (10): 3693~3699.

[22] Shintani T, Murata Y. Evaluation of the dislocation density and dislocation character in cold rolled type 304 steel determined by profile analysis of X-ray diffraction [J]. Acta Materialia, 2011, 59 (11): 4314~4322.

[23] Renzetti R A, Sandim H R Z, Bolmaro R E, et al. X-ray evaluation of dislocation density in ODS-Eurofer steel [J]. Materials Science and Engineering: A, 2012, 534: 142~146.

[24] Morito S, Igarashi R, Kamiya K, et al. Effect of cooling rate on morphology and crystallography of lath martensite in Fe-Ni alloys [J]. Materials Science Forum, 2010, 638~642: 1459~1463.

[25] Gao Q, Liu Y, Di X, et al. Martensite transformation in the modified high Cr ferritic heat-resistant steel during continuous cooling [J]. Journal of Materials Research, 2012, 27: 2779~2789.

[26] Morito S, Yoshida H, Maki T, et al. Effect of block size on the strength of lath martensite in low carbon steels [J]. Materials Science and Engineering: A, 2006, 438~440: 237~240.

[27] Shibata A, Nagoshi T, Sone M, et al. Evaluation of the block boundary and sub-block boundary strengths of ferrous lath martensite using a micro-bending test [J]. Materials Science and Engineering: A, 2010, 527 (29): 7538~7544.

[28] Yen H W, Chen P Y, Huang C Y, et al. Interphase precipitation of nanometer-sized carbides in a titanium-molybdenum-bearing low-carbon steel [J]. Acta Materialia, 2011, 59 (16): 6264~6274.

[29] Kim B, Boucard E, Sourmail T, et al. The influence of silicon in tempered martensite: understanding the microstructure-properties relationship in 0.5-0.6wt. %C steels [J]. Acta Materialia, 2014, 68: 169~178.

[30] Wu Y X, Sun W W, Gao X, et al. The effect of alloying elements on cementite coarsening during martensite tempering [J]. Acta Materialia, 2020, 183: 418~437.

[31] Wu Y X, Sun W W, Styles M J, et al. Cementite coarsening during the tempering of Fe-C-Mn martensite [J]. Acta Materialia, 2018, 159: 209~224.

索　引